我国农业面源污染的本质与归宿

杨育红 著

中国水利水电出版社
www.waterpub.com.cn
·北京·

内 容 提 要

本书从污染全生命周期的整体观和生命共同体的大环境观论述我国农业面源污染产生的表象和根本原因；通过阐述热力学第一、第二定律和自然-社会系统中的生物地球化学循环理论，深刻理解农业面源污染的发生—发展—发生作用的常规路径；最后以保护和改善环境质量为目标导向，从全局角度和系统工程科学方向寻求农业绿色发展，实现我国面源污染的最佳归宿。

本书可供涉水、涉农相关专业的高校院所科研人员、本科生、研究生温习专业常识；帮助行业部门管理人员、环保企业技术人员，以及社会公众树立大保护的整体观和系统论，为普及科学思维、提高科学素养贡献微薄之力。

图书在版编目（CIP）数据

我国农业面源污染的本质与归宿 / 杨育红著. -- 北京 : 中国水利水电出版社, 2020.12

ISBN 978-7-5170-9212-4

Ⅰ. ①我… Ⅱ. ①杨… Ⅲ. ①农业污染源－面源污染－污染防治－研究－中国 Ⅳ. ①X501

中国版本图书馆CIP数据核字(2020)第241753号

书　　名	我国农业面源污染的本质与归宿 WO GUO NONGYE MIANYUAN WURAN DE BENZHI YU GUISU
作　　者	杨育红　著
出版发行	中国水利水电出版社 （北京市海淀区玉渊潭南路1号D座　100038） 网址：www.waterpub.com.cn E-mail：sales@waterpub.com.cn 电话：(010) 68367658（营销中心）
经　　售	北京科水图书销售中心（零售） 电话：(010) 88383994、63202643、68545874 全国各地新华书店和相关出版物销售网点
排　　版	中国水利水电出版社微机排版中心
印　　刷	清淞永业（天津）印刷有限公司
规　　格	170mm×240mm　16开本　17.25印张　273千字
版　　次	2020年12月第1版　2020年12月第1次印刷
印　　数	001—800册
定　　价	**98.00**元

前言

农业是立国之本，强国之基。我国农业发展正徘徊在是跟随欧美现代石油农业还是发扬中国朴素生态农业的十字路口。在经济高速发展转向高质量发展大背景下，在“创新、协调、绿色、开放、共享”新发展理念引导下，在统筹推进“五位一体”总体布局的战略高度下，为响应国家“粮食和食品安全”“水安全”“城市黑臭水体整治”“乡村振兴”“美丽中国”“美丽乡村”建设等重大需求，深化认识“绿水青山就是金山银山”的价值理念，践行新时期“节水优先、空间均衡、系统治理、两手发力”的治水兴水新思路，亟待解决农业生态环境突出问题，特别是要加大、加强农业面源污染治理。

当前，我国农业面源污染研究态势呈现出区域百花齐放、内容百家争鸣、专业背景复杂多样、学科多元交叉等特点，考虑到我国环境治理的攻坚战场将在农村，水利工程、农业工程、环境工程必将交叉汇集到农村，广阔天地，大有作为。无视农业面源污染治理的重要性必然影响到我国全面建成小康社会目标的实现。

本书是作者近20年从事农业面源污染防控相关专业学习、科学研究、教育教学工作实践和交叉融合的思考和探索。本书得到华北水利水电大学管理科学与工程学科资助出版。全书分为两部分共九章，第一章为自然规律，介绍了环境学原理、科学思考和系统思考方法；第二章介绍了环境伦理观念的确立和层次；第三章介绍了水文、营养物质循环和能量流；第四章介绍了水污染种类和我国农业发展现状以及农业生产中的面源污染；第五章研究了农业生产的外部效应演变；第六章总结了我国农业面源污染管控制度及环境政策；第七章梳理了面源污染负荷量化工具；第八章展示了我国农业面源污染控制技术；第九章探讨了农业绿色发展的内涵、技术导则和意义。

农业面源污染成因复杂，污染治理涉及环境科学、环境工程、土壤学、气象学、农田水利、哲学、社会学、系统论等学科、领域，作者对部分领域研究认识水平有限，书中不妥、不周、不到之处在所难免，敬请广大读者不吝指正。希望本书对所有致力于水环境污染防治、农业面源污染控制的人士有所裨益。

作者

2020年11月

目录

第二部分　实践篇

第一部分　理论篇

马克思主义哲学认为，懂得了客观世界的规律性并且能够解释世界不是十分重要的问题，重点在于用这种对客观规律性的认识去能动地改造世界。

污染是资源的时间、空间错位。20世纪60年代，蕾切尔·卡逊的《寂静的春天》犹如一声惊雷，唤醒了当代人的环境保护意识。环境污染以农药撒播这种典型的面源形式得到世人关注，而在与环境污染斗争的过程中，农业面源污染因其潜在性、隐蔽性、顽固性、艰巨性、综合性等特点，成为我国乃至世界环境污染治理领域的顽瘴痼疾。

农业面源污染的产生不是人们生产、生活行动的本意。人们的认识经历了“吃了祖宗饭，断了子孙路”而不自知的第一阶段；只考虑自己的小环境、小家园而不顾他人，以邻为壑，有的甚至将自己的经济利益建立在对他人环境的损害上的第二阶段；真正认识到没有地区性环保问题，认识到人类只有一个地球，地球是我们的共同家园，保护环境是全人类的共同责任，生态建设成为自觉行动的第三阶段。

处境决定立场，理论指导实践。第一部分理论篇共有五章，介绍了自然规律（包括必要的科学思考和系统思考）、环境伦理、物质和能量循环、水体污染、农业生产的外部效应演变，为实践篇的各章讨论奠定理论基础。

第一章　自　然　规　律

你善待环境，环境是友好的；你污染环境，环境总有一天会翻脸，会毫不留情地报复你。这是自然界的客观规律，不以人的意志为转移。

——习近平

第一节 环境学原理

一、基本概念

自然是生命之母，人与自然是生命共同体。了解基本环境学概念，有助于理解环境问题的产生根源。

（一）环境

环境是个非常广义的概念。在生物体的生命周期内，影响生物的任何事物总称为环境（environment）。反过来说，所有生物，包括人类，在其所存在的环境中，又会对其他许多组分产生影响。在生命周期内，动物（例如狗）可能与上百万的其他生物（细菌、食物有机体、寄生虫、配偶、掠夺者）发生相互作用，饮用大量的水，呼吸大量的空气，并对每天变化的温度和湿度作出反应。这仅仅列出了狗这种动物的生存环境中的各种成分。因为环境的复杂性，将环境的概念进一步分为非生物因子（abiotic factor）和生物因子（biotic factor）。

1. 非生物因子

非生物因子又可分为能量、非生物质以及涉及非生物质与能量之间相互作用的过程。所有生物都需要能源来维持生命。几乎所有生物的最终能源是太阳。对于植物，太阳直接供给它们维持生命所需的能量，动物通过食用植物或其他以植物为生的动物来获得能量。最终，一个区域能够存在的活的有机体的量，取决于该区域内植物、藻类和细菌所能捕获的太阳能的量。

所有形式的生命都需要碳、氮、磷等元素以及水等分子，以构建和维持自己的生命。生物不断地从它们所处的环境中获取这些物质。这些原子在短期内就成为生物体结构的一部分，最终，它们都通过呼吸、分泌或死亡与分解回归到环境中去。

生物栖息空间的结构和位置，也是重要的非生物环境。有些生存在树根，有些则生存在更高的树干中；有的生存空间处处相同、一马平川，有的生存空间怪石林立、形态各异；有的靠近赤道，有的则在极地附近。

重要的生态过程都涉及物质和能量间的相互作用。一个地区的气候涉及太阳辐射能与构成地球的物质之间的相互作用。气候类型由多种不同的因素决定，包括太阳辐射的量、离赤道的远近、盛行风的特征以及离水体的远近。在一个地区，阳光的强度和持续时间是引起日温度变化和季节性温度变化的主要原因。同时，温差产生风，太阳辐射还会产生洋流，使水蒸气进入大气，随后形成降水，降水有雨、雪、冰雹和雾等形式。而且，降水具有季节性模式。土壤的形成过程受盛行的天气特征、当地的地形以及该区域的地质史等因素影响。这些因素相互作用，形成各种各样的土壤，如砂土、壤土、瘦土、沃土以及颗粒细微的湿土等。

2. 生物因子

生物生存环境的生物因子包括与之相互作用的所有的生命形式。广义的分类包括：进行光合作用的植物、以其他生物为食物的动物、引起腐烂的细菌和真菌、致病的细菌病毒和其他寄生生物以及其他相同物种的个体。

3. 立法需要的环境概念

为了适应立法时技术上的需要，世界各国的环境保护法规中，往往把环境要素或应保护的对象称为环境。《中华人民共和国环境保护法》[1]“第二条　本法所称环境，是指影响人类生存和发展的各种天然的和经过人工改造的自然因素的总体，包括大气、水、海洋、土地、矿藏、森林、草原、湿地、野生生物、自然遗迹、人文遗迹、自然保护区、风景

[1] 1989年12月26日，由《中华人民共和国环境保护法》在第七届全国人民代表大会常务委员会第十一次会议通过，于2014年4月24日第十二届全国人民代表大会常务委员会第八次会议修订，自2015年1月1日起施行。

名胜区、城市和乡村等”，以法律的语言准确地规定了应予保护的环境要素和对象。

从哲学概念上讲，与某一中心事物有关的周围事物，就是该中心事物的环境。二者构成了矛盾的两个方面，二者之间经常进行着物质、能量和信息的交流。

（二）限制性因素

生物以多种方式与其外界环境相互作用，对某种生物的生存来说，其中某些因素是至关重要的。缺少这些因素将限制某些物种的生存，因此，这些因素称为限制性因素（limiting factor）。限制性因素既可以是非生物的，也可以是生物的，不同的物种相差很大。

许多植物受水分、阳光或某些特殊的土壤养分的限制。氮（N）、磷（P）作为植物体内重要的生命元素，可以限制生态系统的初级生产力，并在植物群落中起重要作用。由于自然界中氮和磷元素的供给往往受限，因而成为生态系统中两个关键的限制性因子。“最小因子定律”认为，氮和磷的含量低于特定的 N ∶ P 时，植物受 N 限制；高于此 N ∶ P 时，植物受 P 限制；当实际 N ∶ P 等于此特定比值时，植物的生长受 N 和 P 的同时限制。

动物可能受气候或获取某种食物的难易度限制。例如，许多蛇和蜥蜴只能在较温暖的地区生活，因为它们很难在寒冷的环境中维持其体温，从而无法度过漫长的寒冷季节。例如，大熊猫受竹子、水源和地形的影响，主要分布在中国的四川和陕西两省。

许多鱼类的限制性因素是水中的溶解氧。湍急、树木成荫的山区河流中，溶解氧含量高，是鲑鱼生活的有利环境。随着河水顺山势流动，河床坡度变得平缓，拍打岩石而使水体充氧的湍流变少。另外，随着河流变宽，河流两岸树木稀少，更多的阳光直射河流，使水温上升，溶解氧含量降低。因此，与流速高、水温低的河流相比，流速低、水温高的河流的溶解氧含量低。黑鲈、大眼鲥鱼因为能够忍耐低的溶解氧和较高的水温，从而可以适应这种环境。在这种条件下，鲑鱼则不能生存。每种鱼类，对溶解氧和水温都有其特定的耐受范围（range of tolerance）。因此，低含量的溶解氧和高的水温是鲑鱼分布的限制性因素。

其他因素，如淤泥的多少，也会影响某些鱼类的生存。因为淤泥降低了水体的能见度，使鱼类难以觅食，淤泥还覆盖了鱼类适宜产卵的砾石河床。进入水体中的阳光减少，也会减弱光合作用，这对水体中氧的含量则有重要影响。因为淤泥使水的颜色变深，而水中的颗粒物吸收阳光，使水温上升。在这些条件下，更能忍耐高水温和低溶解氧的鲇鱼、大头鱼和鲤鱼就取代黑鲈、大眼鲥鱼在淤泥含量高的水体中较好地生存下来。例如，黄河大鲤鱼在沙多的黄河水中得以生存，并成为与淞江鲈鱼、兴凯湖大白鱼和松花江鳜鱼齐名的我国四大名鱼之一。

（三）生境和小生境

环境影响生物，生物影响环境。生物的生境（habitat）是生物栖息的地方，生物生活在这个空间。我们在描述生物的生境时，倾向于强调它们生存环境中突出的自然或生物特征，如土壤类型，可利用的水、气候条件或该地区存在的主要的植物类型。例如，苔藓是一种小植物，必须被一层水膜覆盖后才能繁殖。此外，许多种苔藓，如果暴露于阳光、风的环境中及土壤干旱，将会脱水并死亡。因此，苔藓的典型生境可能是阴凉和潮湿的（图 1-1）。同样，水流湍急、阴凉和充氧好，并有许多底栖昆虫的溪流，是鲑鱼的理想生境。辽阔的稀疏大草原，则是野牛、野狗和许多种鹰和隼所偏爱的生境。榆树皮甲壳虫仅居住在有榆树的地方。一种生物的特定生物要求，决定了它可能的生境。

生物的小生境（niche），也称生态位，是指它在环境中的功能性作用。小生境的描述包括所有影响生物的途径，通过这些途径生物与自然环境如何相互作用，以及生物如何改变自然环境。另外，小生境的描述包括所有与生物相关的事件。

蒲公英是我们熟悉的植物，它通常侵入一些扰动的地区。另外，它是多种草食动物的食物，当其叶子被除去后，可迅速重新生长。

图 1-1　苔藓生境

图 1-2　蒲公英的小生境

蒲公英（图 1-2）是一种条件性植物，在光照条件好、扰动的环境中迅速生长。几天内，它能产生无数的降落伞形状的种子，这些种子很容易随风飘移到很远的地方。而且，蒲公英在一年内能开多次花。既然它是植物，其小生境的一个主要方面应该是进行光合作用和生长的能力。蒲公英需要直接的光照才能生长良好，所以修剪草坪可以为蒲公英生长创造条件，因为蒲公英不能在其他高的植物的阴影下生长。许多种类的动物，包括一部分人，能够以该植物为食。嫩叶可以凉拌生调，花可以做蒲公英酒。蜜蜂经常光顾蒲公英的花，以获取花蜜和花粉。

二、生态系统

生态系统（ecosystem）是一个区域，在其范围内的各种生物体与其周围的物质环境形成一个相互作用、相互关联的单元。例如，气候影响植物生长，植物利用土壤中的矿物质并影响动物，动物撒播植物种子，植物保护土壤，而植物蒸发水分又影响气候。

1935 年，英国植物生态学家坦斯利（A.G.Tansley）第一次对生态系统提出了正式的、当代的描述。他指出，生态系统是由动物和植物组成的一个单元，不仅包括植物，还包括与植物紧密相关的动物，以及周围环境的物理和化学成分，所有这些共同体组成了一个可辨认的独立的实体。他说："像这样一个生态系统，其各个组分是相互影响、相互作用的。"生态系统可以分为不同组织层次，见图 1-3。

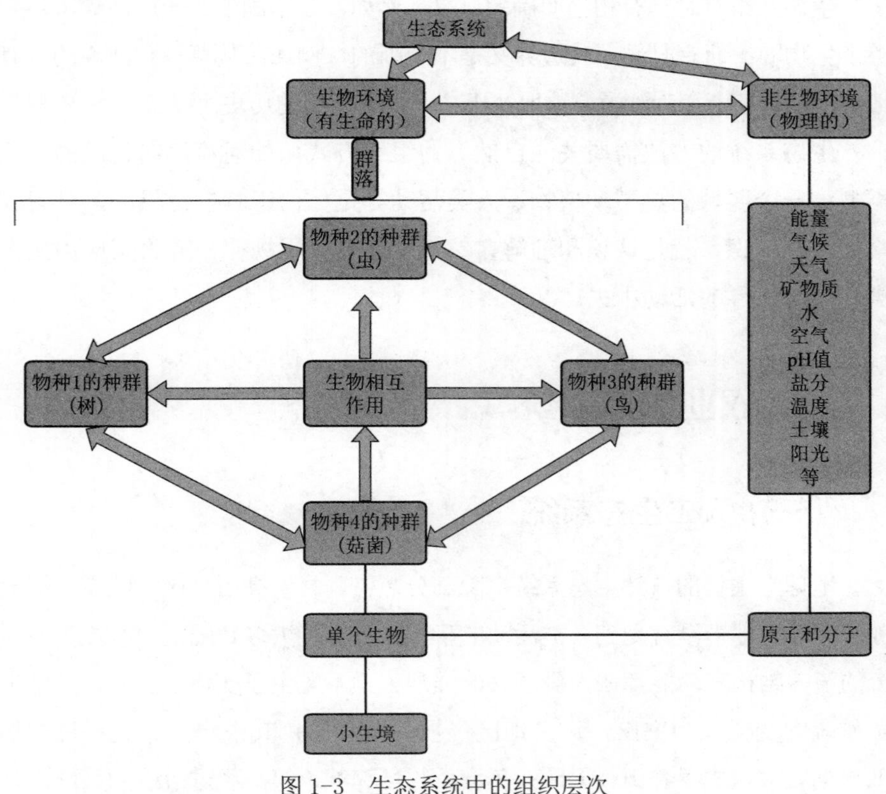

图 1-3　生态系统中的组织层次

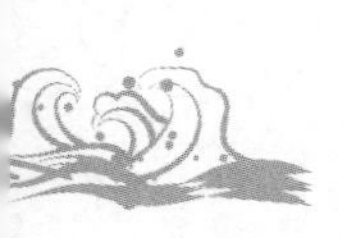

地球上的每一种生物及所有生命过程都是相关联的，并且在某种程度上相互作用。如果人们接受了这种观点，那么现实世界中一些自然出现的区域划分就可以作为管理生态系统的界限，如湖泊、三角洲、岛屿、平原、被山脉分割开的流域等。这些“天然”的生态系统，在空间尺度上变化范围非常大。人工生态系统包括小的城镇、城市和农业生态系统。

大的生态系统通常由小的生态系统组成。例如，一个大的流域，可能包含很多在整个流域内被地方管理的湖泊。隔离的珊瑚礁系统，可能仅仅是一个更大的珊瑚岛的一部分。因此确定一个生态系统的边界，可能需要更多地考虑实际的方便，同时也要很容易地区分。此外，很重要的一点是，一些组分可能跨越天然的分界线来回穿梭。以隔开的山脉为例，野生动植物、种子、猎人、刀耕火种的农民、难民、大气污染物和其他的元素，都可能成为生态系统的短暂组分。

生态系统有时具有相当明确的边界，例如，一个湖泊、一座岛屿，甚至整个生物圈；而有时候，其边界又是不明晰的，例如，从草地到沙漠的过渡地带。草地逐渐变为沙漠，这取决于一个地区降雨的历史演变。

生态系统的方法需要关注自然界的组织方式，如河流流向、风的主要类型、一个区域的典型动植物、人类活动等是如何影响自然界的。学习和掌握这些知识，就是认识和理解自然界的相互作用规律，并将其应用到人类利用自然界的活动中去。

三、农业生态系统

（一）人工生态系统

地球上主要的自然生态系统，除部分热带雨林、高山林区、荒漠、极地冻原及外海地带没有受到人类活动的干预之外，绝大多数陆地、水域生态系统的营养结构和功能都在人类活动的强烈干预下发生了变化。其中，陆地生态系统的变化尤为突出，许多地区已被开发利用，其中一部分又经过深加工，彻底改造成了农田、果园、鱼塘、牧场和城市等。经过改造的系统大都以人为核心，以自然环境为基础，进行着频繁的社会、经济与文化活动，彼此紧密联系、紧密结合，共同形成一个复杂的整体，即社会 - 经济 - 自然复合生态系统，也称人工生态系统。人工生态系统在城市区域称为城市生态系统，在农业生产区域称为农业生态系统（Agriculture Ecology）。

人工生态系统与自然生态系统相比，既有组分、结构和功能方面相似的一面，但也有其独特的一面，它不仅受自身自然生态规律的制约，更受社会性质和经济规律的影响。具体区别见表 1-1。

表 1-1　　自然生态系统与农业生态系统和城市生态系统的区别

类型＼项目	自然生态系统	农业生态系统	城市生态系统
开放度	封闭系统	人工、半人工生态系统，开放度大于自然生态系统，但小于城市生态系统	人工生态系统高度开放；主体是人；非生态结构无限扩大，是不完全的生态系统；消费者大大超过生产者，营养物质及能量大量输入，废弃物大量排出
能量投入	太阳辐射为主	除太阳能外，需投入辅助能源	主要是大量的工业能投入及生物能投入
生产力	生物量高，没有减少或产出，净生产力低	净生产力高于自然生态系统，总生物量低于自然生态系统	生产力高
系统稳定机制	靠多样化物种及食物链网络或系统内部的反馈机制形成稳定状态	结构单一，主要靠人工主动调控，也受自然生态系统的影响	人工调控，不稳定，靠自身不可能持续发展
服从规律	自然规律	自然规律、社会经济规律	社会经济规律
目的性	生物现存量最大，维持结构功能的平衡稳定	服从人类社会经济、生态环境的需求	为人类社会经济发展需求
效率	低	高	最高
环境问题	少	多	最多
相互关系	自我维持	与自然生态系统交错存在，互相影响，依赖自然生态系统维持其更好的稳定性，森林中的鸟、兽、昆虫多对农田病虫害有控制作用	通过城乡交叉，“农业生态系统”是“环”城市生态系统结构的主体，城市生态系统与“环”城市的农业生态系统之间发生大量的物质、能量、信息交换，依靠农业生态系统的广阔空间和特有的自净能力缓解城市自身承载能力不能解决的生态问题，趋向城乡一体化

农业，是人类从事生产活动最早的门类，也是人类对自然资源影响和依赖性最大的部门。“农业”最早解释为耕种土地，最初人们只种植人类食用的粮食作物，这也是最狭义的农业，只是指农业生产。随着经济作物和畜牧业的出现，农业已经发展成为包括种植业、林业、牧业、养殖业、渔业在内的“大农业”。

农业是国民经济的基础产业和战略产业，任何国家和地区的经济社会发展，都有赖于农业发展产生的“关联效应”。农业包含两种含义：一是农业通过生物有机体的生活机能来获得有机物质；二是农业是社会的生产部门，是一种经济行为。

农业生态系统是指在人类生产活动干预下，一定区域的农业生物群体与其周围自然和社会、经济相互作用，以固定、转化太阳能，获取农副产品为目的的人工生态系统。人类生态系统产生的第一阶段就是农业生态系统，远远早于城市生态系统。

农业生态系统的特点为：①农业生态系统是人工、半人工生态系统；②太阳辐射能依然是其能量的主要来源，但是在不同程度上农业生态系统还需要有其他能源的投入，如石油能源、工业能等。

农业生态系统是一个具有一般系统特征的人工系统。它是人们利用农业生物与非生物环境以及生物种群之间的相互作用建立，并按照人类需求进行物质生产的有机综合体。其实质是人类利用农业种植物来固定和转化太阳能，以获取社会必需的生活和生产资料。农业生态系统是自然生态系统发展到一定阶段的结果，在农业生态系统中，人类的生活活动参与其中并起到很大的作用，可以说农业生态系统就是人类驯化了的自然生态系统。因此，农业生态系统不仅受自然规律的支配，还受社会经济规律的调节。

（二）农业生态系统的特征

农业生态系统是在人类控制下发展起来的，受到人类社会生产活动的影响，它与自然生态系统相比有明显的不同。农业生态系统的本质是生命物质的再生产。

（1）农业生态系统是一个开放的系统，是人类参与下的生态系统，其作用是为了更多地获取农畜产品来满足人类的自身的需要。农业生态系统输出大量农畜产品，使原先在农业系统中循环的营养物质离开了系统，为了维持农业生态系统的营养平衡，就必须从系统外投入较多的辅助能，如化肥、农药、机械、水分排灌、人畜力等。

（2）农业生态系统中的种植作物具有较高的净初级生产力、较高的经济价值和较低的抗逆性，系统中的生物物种是人工培育与选择的结果，经济价值较高，但抗逆性较差。据统计农业种植物的初级生产力平均为0.4%，高产田可达1.2%～1.5%，而自然界的绿色植物光能利用率不过0.1%。袁隆平院士培育出的“杂交水稻”就是一个很好的高净初级生产力的例子。

（3）农业生态系统受自然生态规律和社会经济规律的双重制约，系统中存在着能量与物质的输入与输出。人类通过社会、经济、技术力量参与其生产过程；物质、能量、技术的输入又受劳动力资源、经济条件、市场需求、农业政策、科技水平的影响。在进行物质生产的同时，也进行着经济再生产过程。

（4）农业生态系统具有明显的地区性，受自然气候生态条件和社会经济市场状况的双重制约，既要发挥自然资源的生产潜力优势，还要发挥经济技术优势。所以一般情况下，农业生态系统都是以充分发挥各地区优势为基础实行生态分区治理、分类经营和因地制宜发展。

（三）农业生态系统的结构

农业生态系统由生物与非生物两大部分组成。但是其生物成分是以人工驯化栽培的农作物、家畜、家禽等为主；非生物成分是部分受到人工控制或是经过人工改造的自然环境。农业生态系统的生物组分中增加了“人”这一大型消费者，而同时“人”又是周围环境的调控者。

农业生态系统的结构，直接影响系统的稳定性和系统的功能、转化效率与系统生产力。一般来说，生物种群结构复杂、营养层次多、食物链长并结成网状的农业生态系统，稳定性较强；反之，结构单一的农业生态系统，即使有较高的生产力，稳定性也会很差。因此在农业生态系统中必须保持一定的耕地、森林、草地、水域的适宜比例，从而保持农业生态系统

的稳定性。

（1）农业生态系统的生物种群结构。农田中的生物种群主要由农作物及其伴生物（土壤微生物、农作物病虫和农田杂草等）组成；草原的生物种群则主要以天然牧草、人工牧草及草食性动物为主体组成。由此可以看出，农业生态系统的生物种群结构较为简单、易受外部环境干扰。

（2）农业生态系统的空间结构。农作物、人工林、果园、牧场、水面是农业生态系统平面结构的第一个层次；在此基础上各内部的平面结构是农业生态系统的第二个层次，如农作物中的粮、棉、油、麻、糖等。农业生态系统的垂直结构是指在一个农业生态系统区域内，农业生物种群在立体上的组合状况，将生物与环境组分合理的搭配利用，从而最大限度地利用光、热、水等自然资源，以提高生产力。

（3）农业生态系统的时间结构。农业生态系统的时间结构是指在生态区域与特定的环境条件下，各种生物种群生长发育及生物量的积累与当地自然环境的协调吻合状况，是自然界中生物进化同环境因素协调一致的结果。人类在安排农业生产及品种的种养季节时，必须考虑如何使生物需求符合自然资源的变化规律，使外界投入物质的能量与作物的生长发育紧密协调，充分利用资源、发挥生物的优势，提高生产力。

（4）农业生态系统的营养结构。农业生态系统中各生物借助能量、物质流动通过营养关系联结起来。农业生态系统的营养结构，是指农业生态系统中的多种农业生物营养关系所联结成的链状和网状结构，主要是指食物链结构和食物网结构。

（四）农业生态系统的功能

1.农业生态系统中的能量转化

绿色植物所利用的太阳辐射能是农业生态系统中所有能量的初始来源。农业生产通过绿色植物来固定太阳光能，但也仅能利用太阳光能的1%～3%，理论上的最大能源利用率仅5%，因此在农业生产中合理利用太阳能，充分提高太阳能利用率的潜力还很大。种植、养殖中采用温室大棚等设施就是一种很好利用太阳能的形式。

在农业生产中，我们把除太阳能以外人类可以利用的资源，包括工业能、生物能、自然能等都称为辅助能，辅助能其实也是太阳能的一种变换形式。工业能指煤、石油、天然气等能源；生物能指人力、畜力和沼气等能源；自然能指风能、水能、地热能、潮汐能等。

辅助能主要用于改善农业生产环境，提高作物能源利用率和能力转化率。通常辅助能用于灌溉、排水、施肥、耕作与农田基本建设，培育苗木、田间管理、收获和贮藏加工等。辅助能在农业生产中大量使用，大大提高了农业生产力和农作物产量。辅助能的用量必须适度、使用技术必须合理，否则会产生很多负面影响。目前，工业能、化学能与生物能的大量使用带来了一系列的生态问题，如能源紧张、环境污染、土壤板结、地力下降、病虫害天敌减少等。从能量利用上看，产出投入比随着投入增加而下降。

2. 农业生态系统的物质循环

农业生物为了自身的生长、发育、繁殖必须从周围环境中吸收各种营养物质。这些营养物质与自然生态系统的生物基本相同，主要有氢、氮、氧、碳等构成有机体的元素，还有钙、镁、磷、钾、钠、硫等元素以及铜、锌、锰、氟、碘等微量元素。农业作物从土壤中吸收水分和矿物质营养、从空气中吸收二氧化碳、利用太阳能储存各种有机质，并使这些物质随着食物链、食物网从一种生物体中转移到另一种生物体内。在转移过程中未被利用及损失的物质又返回环境重新为植物所利用。

目前农业生态系统中物质的循环主要有三种类型，即水循环、气态循环和沉积型循环。

（1）水循环。大多数营养物质溶于水或随水移动，循环储存库为水体和土壤水分。

（2）气态循环。气态循环以氧、氮、二氧化碳及其他气体为主，循环完全，范围广，储存库是大气。主要包括碳循环和氮循环，将在第三章详细论述。

（3）沉积型循环。农业生物所需要的大多数矿物元素参与这种循环，循环不完全，储存库是土壤、岩石，交换库多为水与陆地动植物。例如磷循环。在此循环中，物质沿着食物链富集而产生污染或健康问题。

四、环境问题

没有一个地区不存在环境问题。所谓环境问题，是指作为中心事物的人类与作为周围事物的环境之间的矛盾。人类具有不可逆转地摧毁自然系统的能力。蕾切尔·卡逊在其著作《寂静的春天》（1962 年）中，设想某一个春天，鸟儿和其他动物在不经意间都沉寂下来。它们是被人工合成的化学物质毁灭的，这些化学物质能通过自然界里的生产和消费活动从一个生物体内转移到另一个生物体内。杀虫剂，例如 DDT 造成了意想不到的后果：

这些喷雾剂、粉剂和气雾剂目前在农场、花园、森林和家庭里几乎得到普遍的应用——这些非选择性的化学药品能够杀死每一个昆虫，包括“好”的和“坏”的，从而使鸟儿不再歌唱、鱼儿不再在水中雀跃、树叶披上一层致命的薄膜，并长期滞留在土壤中——所有这一切不过是为了对付为数不多的杂草和昆虫。有谁会相信，在地球表面施放一种有毒烟幕弹而不顾及所有生命，这样的事居然会发生呢？

然而在大自然中，没有害虫和益虫之分，它们都是自然的一部分。

从人类的角度来看，环境问题包括对科学、自然界、健康、就业、利润、整治、伦理和经济等诸多方面的关注。许多社会和政治决策的制定，依赖于行政管辖区，但是环境问题并不一定与这些人为的政治界限一致。例如，水污染、大气污染，就可能涉及多个政府机构、多个行政区划，甚至是不同的国家。

2013 年 1 月 14 日，河南省惠济河东孙营闸开闸排水，大量氨氮严重超标的污染水体下泄，安徽省涡河亳州境内水质因此污染加剧，大批网箱养鱼死亡，淮河干流安徽省蚌埠市区及怀远县饮用水安全受到威胁。2 月 14 日，国家环保部在北京召开安徽、河南两省协调会，双方达成《安徽省河南省涡河流域跨界污染联合处置协议》。3 月 29 日，河南省向安徽省亳州市交付首批事故赔偿款 400 万元。防止跨界污染事件的再次发生，需建立长效机制，严肃查处排污企业超标排放，加快生活污水处理设施和配套管网建设。在2013年3月4日第十二届全国人民代表大会第一次会议上，安徽代表团提出“建立跨省界水污染联防联控及生态补偿机制的建议”，建议对《水污染防治法实施细则》进行修改和补充，建议国务院出台《跨行政区水环境污染纠纷处理条例》，进一步明确跨行政区水环境污染纠纷处理机构、损失赔付等内容。

但是，环境问题远不止于空气质量和人类健康。发展中国家廉价的劳动力和宽松的环境法，吸引一些发达国家前去投资发展，以获取经济上的诸多优惠。令发展中国家头疼的是，在发展中既要改善他们国家环境不佳的形象，又需要国外资本来改善人民生活条件和生存环境。

例如，关于美国主要工业区产生的空气污染物飘移进加拿大境内，形成酸雨或酸沉降、破坏湖泊和森林的问题，加拿大和美国长期争执不下。加拿大要求美国应当采取更多的行动，进一步减少排放造成酸雨的大气污染物；而美国则宣称，自己在尽力而为。又如，美国从科罗拉多河引水灌溉用于农业灌溉，降低了科罗拉多河流入墨西哥的水质和水量，也引发了墨西哥和美国的政治摩擦。

因为所有这些政治的、经济的、伦理的和科学的联系，环境问题的解决常常是复杂困难的。大多数地区都趋向于关注当地的、特殊的环境问题，并希望可以直接采用一些具体的解决措施。然而，对于很多环境问题，很少有简单的解决方法。

地球峰会是第一个关注环境的世界政府首脑会议，1992年在巴西的里约热内卢召开了联合国环境与发展大会（United Nations Conference on Environment and Development，UNCED）。此次会议就可持续发展达成的政策性宣言，称为《21世纪议程》，大多数国家都签署了关于可持续发展（sustainable development）[1]和生物多样性的协议。

联合国通过其下属的联合国教育、科学与文化组织（United Nations

[1] 既能满足当代人需要又不对后代人满足其需要的能力构成危害的发展。焦点是平衡对后世的义务和当代人的需要两者的关系。

Educational，Scientific，and Cultural Organization，UNESCO）以及联合国环境规划署（United Nations Environment Programme，UNEP）支持环境项目。其中国际环境教育规划（International Environmental Education Programme，IEEP）认为，环境教育既需要学校的正规教育，也需要通过媒体和环保社团对感兴趣的民众进行非正规教育。

2017年第九届世界环境教育大会（World Environmental Education Congress，WEEC）的主题是“文化环境：建立新的联系”。联合国教科文组织总干事伊琳娜·博科娃（Irina Bokova）表示：“为了实现一个更具包容性和可持续的未来，我们需要更环保的经济和更环保的立法，最重要的是我们需要更环保的社会，这就要求用新的方式看待世界、思考世界并以全球公民的身份行事，这就是为什么可持续性必须从学校开始着手。”

环境问题与其说是经济问题，不如说是社会问题，而更确切地说是价值观问题。

第二节 科 学 思 考

不同的人，对“科学”的理解各不相同。有些人觉得这是个强大的词，望而生畏；有些人认为科学是科学家的“专利”，科学家都是聪明绝顶的人，能够解决所有的问题。这些不切实际的想法，严重损害了科学的本质。基本的科学概念、科学方法和科学理念，构成时代的科学精神。自然科学的各个领域，在科学精神指引下，经过几百年的发展，形成了几乎包罗万象的庞大科学体系。了解科学、掌握科学方法、具备科学精神是每个人的基本素养。

一、科学素质

科学是用来解决问题或了解自然的过程，包括检验可能的答案。科学素质是决定全民的思维方式和行为方式、实现美好生活的前提，更是实施创新驱动发展战略的基础。在科技日新月异的今天，科技已经深刻地影响到社会的方方面面，公民科学素质已经成为国家综合实力的重要组成部分，成为先进生产力的核心要素之一，成为影响到社会稳定、国计民生、生活品质的直接因素。

近年来，在我国面临对二甲苯（para-xylene，PX）大量进口的前提下，一些地方在PX项目建设过程中，由于公众坚信“PX剧毒”和其他原因，接连发生多起大规模群体事件[1]，建设项目陷入“一闹就停”的尴尬局面，给国家带来巨大损失。核电站项目、垃圾焚烧发电项目等建设，都面临类似的“邻避”困境。更甚者，因为2011年日本发生9.0级地震引发的福岛核电站核泄漏事故，在中国出现了抢购食盐现象。

具备基本科学素质是指公民了解必要的科学技术知识，掌握基本的科学方法，树立科学思想，崇尚科学精神，并具有一定的科学判断和处理实际问题、参与公共事务的能力。公民科学素质是可以测量的，国际上通行的做法是通过公民科学素质调查获得在“了解科学知识、理解科学方法、理解科技对个人和社会的影响”三方面都达标的公民的比例。2005年我国公民具备基本科学素质的比例只有1.6%，2010年的比例达到了3.27%。2015年的比例达6.2%，其中，京津沪地区的这一比例已达10%，达到了创新型国家对公民素质要求的最低门槛，同时，江苏、浙江、广东等13省（自治区）公民科学素质水平也超过了5%[2]。但是，这个水平仅相当于发达国家20世纪80年代末的水平，目前，世界上创新型国家的公民科学素质水平普遍在10%以上。

据中国科普研究所预测，到2020年我国公民具备基本科学素质的比例应超过10%。全民科学素质有一个跨越提升，才能有效支撑创新型科技人力资源的产出、全面建成小康社会的实现。可见，提高全民科学素质

---

❶ 近年来发生的PX项目群体性事件有：2007年在福建厦门；2008年在四川成都；2011年在辽宁大连；2012年在浙江宁波；2013年在四川成都、云南昆明；2014年在广东茂名；2015年在广东漳州、上海。

❷ 数据来源：http：//news.sciencenet.cn/htmlnews/2016/6/349404.shtm（2020-05-26）。

非常重要、非常紧迫、非常艰难。

二、科学方法

科学方法（scientific method）就是获取知识的途径。科学方法通过形成可能的问题解决方案，随后对提出方法是否有效进行严格的检验，以获取关于世界的信息（事实）。此外，当利用科学方法的时候，通常要作以下基本假设：

（1）在自然界观察到的事件都具有其特殊的原因。

（2）这些原因能够被确定。

（3）有通用的规则或模式来描述自然界中发生的事件。

（4）重复发生的事件可能有相同的原因。

（5）一个人觉察到的东西也能被其他人觉察到。

（6）不管事件在何时何地发生，相同的基本规则普遍适用。

例如，我们都观察到闪电伴随着雷鸣。根据上述假设，我们可以揭示无论何时何地发生的闪电，并且所有的人都可以观察到相同的现象。从科学观察和实验我们可以知道，闪电是由电荷差引起的，闪电的行为遵循静电的一般规则。因此，所有的闪电，不管在何时何地发生，都具有相同的原因。

（一）科学方法的基本要素

科学方法要求系统地收集信息，连续地进行检验和再检测，以确定新的信息是否仍然支持以前的观点。如果新的证据不支持，就要放弃和改变以前的观点。科学观点需要被不断地重新评价、批评和修正。科学方法涉及一些重要的、可以确定的成分，包括仔细观察，对所观察到的事件提问，建立假设并进行检验，易于接收新的信息和观点，愿意将自己的观点提交给他人详细推敲。在所有这些活动中，总是需要注意准确，并远离偏见。

然而，科学方法不是必须按一定顺序进行的、固定不变的一系列步骤。图 1-4 表明这些步骤是相互关联的。

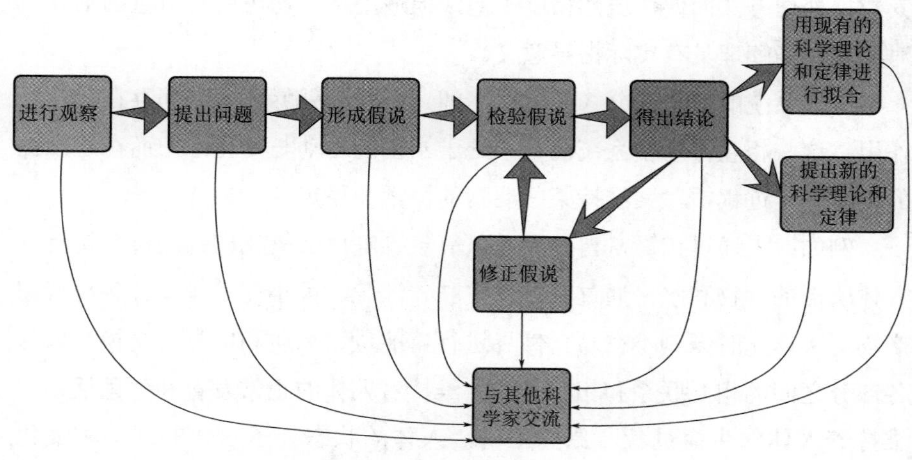

图 1-4 科学方法的要素

科学方法由若干活动组成。第一步通常是对自然现象进行观察，观察通常使人们就所观察到的现象提出问题，或者试图确定事件发生的原因。提出问题后的典型做法是建立假说，以解释现象发生的原因。然后检验假说能否得到支持，这一步通常需要进行实验。如果假说不被支持，则需要进行修正，并对新形式的假说进行检验。通过公开发表研究结论而让科学界同人知道你所观察到的不寻常现象、产生这些现象的可能原因以及为验证该假说所做试验的结果是很重要的。有时候，这样做可以将许多零散的信息有机地综合在一起，在本质上概括性地陈述事件发生的原因，从而导致理论的发展，并指导对未来某一特殊性科学领域的思考。科学定律与从本质上描述事件发生的概括性的陈述相似。

通过模型以简化和直观的形式理解复杂的现实系统及其过程，已经成为自然科学研究各个领域普遍采用的科学方法。如利用原子结构的模型理解原子的特性、内部结构及运动规律，利用土壤构造模型解释土壤的内部结构及其行为特性，利用二维水质模型进行污染物的迁移、转化和归宿预测等。

常用的面源污染负荷量化方法中的输出系数法模型、水质断面法等经

验型模型，不涉及污染的具体过程和机理，仅与模型的输入、输出有关，其数据处理方法简便，虽然精度不高，但适用于年均污染负荷量的估算，对面源污染管理具有实际指导意义。

组成系统的各个部分（要素）之间、系统与外界环境之间存在着相互作用，这些相互作用使系统的状态处于永恒的运动与变化中。而在这永恒的运动变化过程中，又维持某些要素的恒常和稳定。

例如：人通过口鼻从自然界吸入氧气、呼出二氧化碳；通过食道食入人体所需的食物和水；通过五官、皮肤、汗腺、大小便等排泄掉各种代谢产物。人体无时无刻不在与自然界进行着能量、物质和信息的交换。人体各部分之间的相互联系和相互影响，维持着人体的正常发育和生殖活动，维持着人体的生命过程。原则上讲，人体的状态处于永恒的运动和变化过程中，但在这些运动和变化中，某些基本要素却始终维持着恒常和稳定，如血压、体温、心率、血色素、血糖等。这些恒常的要素一旦超出了其正常范围，就意味着人体正常生理平衡被打破，可能进入病理状态。而随着这些恒常量对正常范围的偏离越来越远，最终会导致系统的崩溃，即死亡。

同样的属性也普遍存在于环境系统、生态系统中。如生态平衡，是指在一定时间内生态系统中的生物和环境之间、生物各个种群之间，通过能量流动、物质循环和信息传递，使它们相互之间达到高度适应、协调和统一的状态。也就是说当生态系统处于平衡状态时，系统内各组成成分之间保持一定的比例关系，能量、物质的输入与输出在较长时间内趋于相等，结构和功能处于相对稳定状态，在受到外来干扰时，能通过自我调节恢复到初始的稳定状态。在生态系统内部，生产者、消费者、分解者和非生物环境之间，在一定时间内保持能量与物质输入、输出动态的相对稳定状态。当外来干扰超出了系统的自我恢复能力时，生态系统即进入了污染或受损状态，生态平衡失稳，若继续恶化，最终也会导致生态系统的解体。

（二）观察

认识过程的第一步是开始接触外界事物，属于感觉的阶段。科学调查通常从观察一个发生的事件开始。当我们借助于感官（嗅觉、视觉、听觉、味觉和触觉）或感官的延伸设备（显微镜、放大镜、磁带录音机、X射线仪、温度计等）来记录事件时，我们就进行了观察。观察（observation）不仅仅是一种偶然的意识。没有刻意想着去观察，你也可能听到一个声音或看到一幅图像。你知道在购物中心的音乐是如何被演奏的吗？很显然你听到了，但是，你无法告诉他人那是什么音乐，因为熟视无睹的你并没有“观察”到它。如果你事先做了准备，你就可以知道它是什么音乐。

当科学工作者谈论他们的观察时，他们指的是仔细、思索地认知一件事，而不是偶然地注意到它。科学工作者训练他们自己以提高其观察技能，因为细心的观察在科学方法的每个过程中都是很重要的。我国著名的气象学家竺可桢长期坚持气象观察，将花草树木、燕子布谷用作物候观测的活仪器，他参考物候学资料撰写的《中国近五千年来气候变迁的初步研究》论文，1972年初刊于《考古学报》杂志，一经发表，就蜚声海内外。

因为在科学研究中的许多仪器是复杂的，所以我们会感觉到科学令人难以置信的神秘。然而，在现实中，这些复杂的仪器，仅仅是用来回答一些相对容易理解的问题。例如，显微镜有若干个旋钮和特别设计的光源，要正确使用它，需要一些技巧。但是，本质上它是一种品质优良的放大镜，借助它可以更清楚地看到一些小的物体。显微镜可以使科学工作者能够回答一些相对简单的问题，诸如池塘的水中有生命吗？生物是由更小的亚单元组成的吗？类似地，化学实验使我们能够确定溶解在水中某种特定物质的量，pH计可以使我们知道溶液的酸碱度。这些都是一些简单的过程，但如果我们不熟悉其操作过程，就会认为这些过程难以理解。

（三）提出问题并探索

观察通常导致观察者对所观察到的事件提出问题（questioning）。为什么这个事件会发生？在同样的条件下，该事件还能再次发生吗？该事件

与其他事件相关吗？一些问题可能只是简单的推测，但另外一些问题，则可能激发你进行更深入的研究。问题的形成，似乎并不像它看起来那么简单，因为提出问题的方式，决定了你将如何回答它们。太广泛或太复杂的问题，是不容易回答的。因此，在如何用合适的方法提出问题方面，需要投入大量精力。在某些情况下，提出合适问题可能是科学方法中最耗时的部分。

提出合适问题，对如何寻找答案至关重要。例如你观察到某块土壤板结，你可能会提出下列问题：

（1）这块地施有机肥了吗？

（2）这块地施有机肥和化肥的比例哪个更高呢？

显然，第二个问题更容易回答。

一旦决定了要提出什么问题，科学工作者就会收集挖掘相关知识，以获取更多的信息。或许，其他人已经回答了这个问题，可以排除几种可能的答案。了解他人已经做了什么，可以节省我们的时间。这个过程通常包括：阅读相应的科学文献，在互联网上检索资料，或者与相关领域的研究人员进行学术交流。即使某个问题还没有现成的答案，科学文献和其他研究人员的见解与结论，也有助于我们找到答案。查阅合适的文献后，就可以决定是否继续探索（exploring）这个问题。如果继续对该问题感兴趣，那么，可以先建立一个正式假说，然后在不同层次上继续研究。

（四）建立假说

假说（hypothesis）是指对一个问题提供可能答案的陈述，或者是对一个能够被检验的观察所作的解释。一个好的假说必须符合逻辑，能够解释当前可以利用的所有相关信息，能够预测与被提出问题相关的未来事件，并且可以进行检验。此外，如果有几个假说可供选择，我们应当选择假设最少的、最简单的假说。如同决定提出合适问题通常很困难一样，一个假说的形成，往往需要许多审辩性的思考和脑力劳动。如果假说不能解释所观察到的所有事实，就不得不怀疑所做的工作，甚至最终会怀疑科学工作者的有效性。如果一个假说不能被检验，或者不能被现有的证据所支持，那么，没有解释根据的假说与纯粹的推测一样没有用。

假说是基于观察和来自于其他知识渠道的信息，可以预测在特定情况下一个事件如何发生。通过检验一个假说的预测能力，可以证实该假说的正确与否。如果证实该假说是错误的，就应该抛弃它，并且需要建立一个新假说。如果不能证实假说是错误的，则会增加对该假说的信心，但是，这并不能证明，在所有情况和所有时间里，该假说是正确的。科学总是允许提出各种观点，允许以后用能够更完整描述某一特定时刻发生的事件的观点来替代以前的观点。有可能用未曾想到的假说来解释已经发生的现象，也有可能不经准确的观察就证明你的假说是错误的。

思想落后于实际的事是常有的，这是因为人的认识受了许多社会条件限制的缘故，不但常常受着科学条件和技术条件的限制，而且也受着客观过程的发展及其表现程度的限制。

（五）检验假说

假说的检验可以采取多种形式。它可能仅仅包括从不同的渠道收集现有的相关信息。例如，你参观一所小学校，通过查看学生学籍表，观察到某个年级学生人数明显比其他年级的人多，你可能假设国家的计划生育政策在那一年前发生了变化。查阅国家政策、历史报纸是检验该假说的一种好办法。

在其他情况下，只需要做进一步的观察就可以检验假说。例如，你假设某种鸟类用树中的洞穴来筑巢，你可以对许多鸟类进行观察，并记录它们筑巢的类型以及筑巢的地点。

另外一种检验假说的常用方法是设计实验。实验（experiment）是某个事件的重现，或者是某个事件的发生使科学工作者能够证实或驳斥一个假说。这种方法可能很困难，因为某个特定事件可能包括许多独立的事件，即变量（vareables）。最好的实验设计是对照实验（controlled experiment），即两组实验仅仅在某一点是不一样的。例如，生活在某些

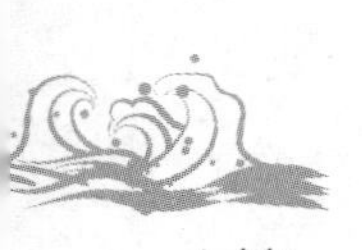

河流中的鱼出现皮肤和肝脏肿瘤（观察）。这会使我们提出问题：肿瘤是由工厂释放到河流中的有毒化合物所致（假说）。然而，肿瘤也有可能是因为病毒，或暴露于水体中的天然物质，或是鱼类基因突变所致。应该如何进行实验，以证实是工业污染物导致了肿瘤。可从河流中采集鱼，分成两组。第一组是对照组，将鱼养在正常河水通过的容器中；第二组是实验组，将鱼养在工业废水通过的同样大小的容器中。在两组实验中需要一定数量的鱼群。这种实验称为对照实验。在实验组中养的鱼，如果得肿瘤的鱼的数量明显高于对照组，那么工厂中排放的某些物质可能是引起肿瘤的原因。如果水中已经存在一致的可以引起肿瘤的化合物，则结论更为正确。对这些数据进行评价后，实验结果就可以发表。

一个好的实验设计，应该能够支持假说或者驳斥假说。然而，事实上并非如此。有时候一个实验的结果可能缺乏说服力。这意味着必须设计新的实验，或者收集更多的信息。通常，在决定假说是否正确以前，需要拥有大量的信息。

对科学方法而言，重现性（reproducibility）的概念很重要。因为对科学工作者来说，消除无意识的偏见是不容易的，相互独立的研究者必须能够重复相同的实验，以检验是否可以得到相同的实验结果。为此，必须有完整的、正确的书面材料，并且据此进行实验工作。这意味着必须发表实验方法及其实验结果。发表研究成果让他人检验和评论，是科学发现过程中最重要的一个步骤。如果不同研究者进行的许多实验都支持一个假说，则该假说被认为是可靠的。

（六）提出理论和定律

当在某个科学领域存在广泛一致的观点时，这个观点就被称为理论和定律。理论（theory）是被广泛接受的，是科学中关于解释事件为什么发生的基本概念的可靠的通则。科学理论的一个例子是分子运动理论（kenetic molecular theory），该理论认为，物质由微小的、不断运动的粒子组成。这是一个非常概括性的陈述，是多年来观察、质疑、实验以及数据分析的结果。因为我们深信，该理论可以解释物质的本质，所以我们用它来解释为什么物质在水和空气中扩散，为什么物质从固态变为液态，为什么在化学反应中不同的化学物质能够相互作用等。

理论和假说是不同的。假说是对某个特殊问题提供可能的解释，理论则是影响科学工作者如何看待世界，以及如何构建假说的概括性的观点。因为理论是概括性的、统一的陈述，因此，理论并不多。然而，不能仅仅因为理论存在就不需要对其做进一步检验。随着继续获取更多的信息，会发现一些例外于理论的情况，甚至在极少数情况下推翻一个理论，例如爱因斯坦的相对论等。

科学定律（scientific law）是描述自然界所发生事情的统一的或永恒的事实。如质量守恒定律（law of conservation of mass），它指的是，在化学反应过程中物质既不能增加也不能减少。定律描述发生了什么，而理论则描述事件为什么会发生，在某种意义上，定律和理论是相似的。他们都得到多次重复的验证，并且可以很好地预测自然行为。

三、科学的局限性

科学是人们开发认识自然世界知识的有力工具。现代科学探索和研究的对象是整个客观世界，但囿于人类认识能力的局限性，从不同角度、不同观点和不同方法研究客观世界的不同问题时，客观世界被分解成不同的、单独的整体。我们无法用它来分析国际政治形势，无法用它来决定计划生育政策是否应该制度化，或者用它来评价美丽景观的意义。这些任务都超过了科学研究的范畴。但这并不意味着科学家不能评论这些话题。

然而，不应该仅仅因为他们是科学家，就认为他们应该对这些话题拥有更多的知识和发言权威。科学家可能在这些话题的科学方面知道得很多，但他们同样与所有人一样，要与伦理道德问题做斗争，他们对这些事情所作出的判断，与其他任何人一样，也会有偏见。因此，在关于某个科学信息的意义或价值的看法上，立法者、立法机构、特殊利益集团和科学组织成员之间，往往存在很大的分歧。

中国科学院院士褚君浩认为将所从事的科研活动逻辑清晰地与不同人

群交流，都是科普，只是层次、角度有别。他说："我的科普立足于自己的科研，没有研究过的，我不随便涉及。"这是他坚持的原则，但也会进行发散。比如，他的研究领域主要集中在光电能量转换、光电信息获取，由这两个点，可以拓展到物联网、智慧城市等。

科学家对收集到的科学数据以及观点进行区分，是非常重要的。如同其他人一样，科学家也并不是总能得出符合事实的观点。同样有名的科学家，通常会得出互相矛盾的观点。在环境科学领域更是如此，因为必须根据不充足的或不完整的数据进行预测。

认识到一些科学知识，既可以用来支持正确的结论，也可用来支持错误的结论非常重要。例如，以下论述都是事实：

（1）在现代农业中使用的许多化学品对人体和其他动物有害。

（2）在农产品中检测到少量的农业化学品。

（3）某些微量有毒物质与某些人类疾病明显相关。

这并不意味着使用农业化学品的所有食物都营养差，或者对身体健康都有害，或者因为有机食品在无农业化学品的情况下种植而肯定更有营养、更健康。如果武断地说人造产品就肯定差，而天然产品就肯定好，这一观点过于简单化。毕竟许多植物，如烟草、毒葛和大黄的叶子等天然就富含有毒物质，而使用化肥有益于健康和人类福祉，因为人类需要的1/3的食品是使用化肥生产的。然而，总是使用农业化学品，是否有必要，或者食品中存在的少量的某些农业化学品是否危险，对这些问题产生质疑是合理的。通常，我们进行归纳时，很容易从假说得出草率的结论或者混淆事实。

第三节　系统思考

大自然是一个相互依存、相互影响的、开放的复杂巨系统。人与自然是生命共同体，人类必须尊重自然、顺应自然、保护自然。统筹山水林田湖草系统治理，归根结底是用什么样的思想方法对待自然、用什么样的方式保护自然、修复自然的问题。环境治理是一个系统工程，必须要有系统的思考。

（一）系统、要素和组织

系统（system）是一些相互联系、相互制约的要素（element）结合而成的、具有特定功能的整体，即组织（organization）。在这个定义中包括了系统、要素、结构、功能 4 个概念，表明了要素与要素、要素与系统、系统与环境 3 个方面的关系。

系统是由若干要素组成的。这些要素可能是一些个体、组件、零件，也可能其本身就是一个系统（或称为子系统）。如河流生态系统由动物、植物、大气、水、土壤、阳光等组成，而这些功能不同的组成部分既是河流生态系统的一个个子系统，又是由更具体的不同层次要素组成，如植物又分为沉水植物、挺水植物等。

系统有一定的结构。一个系统是其构成要素的集合，这些要素相互联系、相互制约。系统内部各要素之间相对稳定的联系方式、组织秩序，就是系统的结构。例如钟表是由齿轮、发条、指针等零部件按一定的方式装配而成的，但一堆齿轮、发条、指针随意放在一起却不能构成钟表。

系统具有一定的功能。系统的功能是指系统在与外部环境相互联系和相互作用中表现出来的性质和能力。例如钟表系统的功能是准确地指示时间；动物的呼吸功能是完成吸入氧气、呼出二氧化碳的吐故纳新过程。

系统是普遍存在的，世界上任何事物都可以看成是系统。大至浩渺的宇宙，小至微观的原子，一粒种子、一群蜜蜂、一台电脑、一所学校……都是系统，整个世界就是系统的集合。系统和要素又是相对的，属于一个系统的要素往往也构成一个系统（或称为这个系统的子系统），一个系统往往是一个更大系统的要素或子系统。

系统可以是实际的，又称现实系统；也可以是抽象的，又称概念系统或理论模型。我们在自然科学中接触到的原子、细胞、人体系统、生态系统，在现实世界均是以实际系统存在的。

（二）形态、结构和功能

任何系统要发挥一定的功能，总是要以相应的形态或结构为基础的。椅子能坐，是因为有支撑的椅腿、坐板和相应的靠背结构；鸟会飞，是因为有翅膀的结构；鱼能在水里呼吸，是因为有腮的结构；土壤能种植作物，是因为土壤疏松、多孔，并且富含矿物质、有机质等的通透结构。

正是由于结构和功能的这种依存关系，人们在根据现实系统构造便于理解的概念系统或理论模型时，总要同时构想出包含一定要素的结构，使发生在现实系统中的现象，用概念系统或理论模型能够圆满地得到解释。

（三）模型与概念模型

模型是所研究的系统、过程、事物的一种表达方式。随着科学的发展，科学理论的更新，建立模型的理念已深入到科学的各个领域。

模型是解释科学家的思想和发现的，便于理解难以直接观察到的事物、事物的变化及事物之间的关系。通过对模型的研究来推知事物的某种性能和规律，借助模型来获取、拓展和深化对于事物的认识和认识方法。模型是科学研究中常用的方法。

模型可以是实物，如飞机、汽车模型等；也可以是某种图形，如照片、示意图或 3D 图形；或者是一种数学表达式，如针对各种数学、物理、化学应用问题列出的表达式。当然也有纯粹用语言描述的模型和结合着自然语言、图表、表达式等多种复合形式来表达的模型，如物理、化学、生物学的教科书，揭示的就是其内容所涉及的现实系统的模型，称为概念模型。

建立系统模型的方法，指借助于与现实系统相似的物质模型或抽象模型，间接地研究现实系统的性质和规律。即通过引入模型，能方便我们解释那些难以直接观察到的事物的内部构造、事物的变化以及事物之间的关系，将我们要探究的内在规律直观地表示出来。

模型方法是现代科学各个学科研究各自对象普遍采用的思想方法。现实系统通常具有多方面的特性，是极其复杂的。一般地讲，模型越复杂、越精细，对现实系统特性和内在规律的揭示就越全面、越准确。但从另一方面来讲，模型的复杂化、精细化又增加了人们理解的难度。复杂模型常常会使人眼花缭乱，失去对整体的把握。因此，在科学研究中，人们总是根据研究目的，在能满足需要的前提下，建立尽可能简化的模型，就是按“最简可适用”的原则建立系统的模型，这就意味着针对当前问题的需要，应创造性地、恰当地划定边界。

如果边界划定太窄，一些对系统行为有显著影响的因素未被认真分析和对待，系统就可能产生意想不到的行为。如果想治理一条流经城镇的河流，就不能把边界只划定在这个城镇，必须把整条河流都考虑进来，因为若上游的污染源得不到有效治理，下游的人们所做努力将是徒劳。同时，还要考虑河流两岸的土壤和地下水等。

然而，“我的模型比你的大”的想法，也会遮掩问题的真实答案。例如，在模拟流域水环境污染问题时，堆砌了所有的细节，列举了各种各样的原因，唯恐少考虑一件事，就显得不那么系统。大模型反而更容易让人迷失，会影响发现如何减少污染物排放、控制污染的关键点。

理想情况下，我们对于每一个新问题，都应该在头脑中为其划定一个合适的边界。但是这些边界会逐渐变得根深蒂固，甚至理所当然。从某种程度上看，划定系统的边界需要较高的艺术性。

参考文献

［1］ 袁冰．现代中医学导论［M］．北京：人民卫生出版社，2011.

［2］ Eldon D. Enger，Bradley F. Smith. 环境科学——交叉关系学科［M］.13 版．北京：清华大学出版社，2012.

［3］ 鞠美庭．环境学基础［M］．北京：化学工业出版社，2004.

［4］ 贾振邦，黄润华．环境学基础教程［M］.2 版．北京：高等教育出版社，2008.

［5］ 秦大河 .PX 项目引多起群体事件给国家带来巨大损失［EB/OL］.（2015-03-09）［2019-10-16］http：//news.youth.cn/gn/201503/t20150309_6514721.htm.

［6］ 毛泽东选集：第一卷［M］．北京：人民出版社，1991.

［7］ 中共中央宣传部．习近平新时代中国特色社会主义思想三十讲［M］．北京：学习出版社，2018.

推荐阅读

1.《习近平关于社会主义生态文明建设论述摘编》

《习近平关于社会主义生态文明建设论述摘编》由中共中央文献研究室编写，2017 年由中央文献出版社出版。内容摘自习近平同志 2012 年 11 月 15 日至 2017 年 9 月 11 日期间的讲话、报告、谈话、指示、批示、贺信等八十多篇重要文献，分七个专题，共计二百五十九段论述。其中许多论述是第一次公开发表。习近平同志关于社会主义生态文明建设的一系列重要论述，立意高远，内涵丰富，思想深刻，对于我们深刻认识生态文明建设的重大意义，坚持和贯彻新发展理念，正确处理好经济发展同生态环境保护的关系，具有十分重要的指导意义。

2.《中国农业真相》

《中国农业真相》的作者是中国农业问题专家臧云鹏，2013 年由北京大学出版社出版。社会大众对于真相缺乏了解，有时比真相本身更为可怕。作者希望把外资控制和渗透中国农业的真相告诉更多的人，以此警醒国人关注我国粮食安全、食品安全，重视粮食生产，发展保护农业。

3.《低碳阴谋：中国与欧美的生死之战》

《低碳阴谋：中国与欧美的生死之战》的作者是我国宏观经济学者勾红洋，2010 年由山西经济出版社出版。本书深入地触及了隐藏在碳关税、碳排放等国际经济协定背后的阴谋，对欧美等国积极构筑的“低碳”壁垒给予了深入的剖析，并对碳经济地图、碳贸易、低碳未来图景等一系列国际政治经济动向进行了详尽的解读。

4.《寂静的春天》

《寂静的春天》是一本激起了全世界环境保护事业的书，作者是美国海洋生物学家蕾切尔·卡逊，1962 年出版。它描述了人类可能将面临一个没有鸟、蜜蜂和蝴蝶的世界。正是这本不寻常的书，在世界范围内引起人们对野生动物的关注，唤起了人们的环境意识。这本书同时引发了公众对环境问题的注意，将环境保护问题提到了各国政府面前。各种环境保护组织纷纷成立，从而促使联合国于1972年6月12日在瑞典的斯德哥尔摩召开了“人类环境大会”，并由各国签署了《人类环境宣言》，开始了现代环境保护事业。

5.《四千年农夫：中国、日本和朝鲜的永续农业》

《四千年农夫：中国、日本和朝鲜的永续农业》的作者是美国农业经济学家、土壤学家富兰克林·H.金，1911年首次出版。这本书记录和研究了中国、日本、朝鲜农业生产者真实的生活环境，认识到东亚传统小农经济从来就是“资源节约、环境友好”的，而且可持续发展。

6.《这一生，至少当一次傻瓜》

《这一生，至少当一次傻瓜》由日本作家石川拓治所著，2012年由南海出版中心出版。其讲述了果农木村秋则立志栽培无农药、无化肥的苹果，他用八年等待七朵苹果花的绽放，用十年换得苹果园的丰收，用三十年坚持种植改变大家人生观的奇迹苹果。

7.《生命的未来》

《生命的未来》由美国博物学家、思想家爱德华·威尔逊所著，2015年由中信出版社出版。作者提出了亲生命性的概念，指出热爱生命是人类天性中最真实的一部分。地球上的一草一木都是大自然的杰作，它们在整个生态系统中都拥有特殊的位置，在它们的背后蕴藏着许多不为人知的巨大潜在价值，我们不应该粗心地忽略它们，更不应该残忍地毁灭它们。地球上所有生命的未来，才是我们的未来，更是子孙后代的未来！

8.《系统之美：决策者的系统思考》

《系统之美：决策者的系统思考》由美国系统思考大师德内拉·梅多斯所著，2012年由浙江人民出版社出版。这本书是一本简明扼要的系统思考入门指南，也是认识复杂动态系统的有力工具。系统思考将有助于我们发现问题的根本原因，看到多种可能性，从而让我们更好地管理、适应复杂性挑战，把握新的机会，去打造一个完全不同的自我和崭新的世界。促使人们改变看待这个世界和系统的方式，以此改变当今社会的发

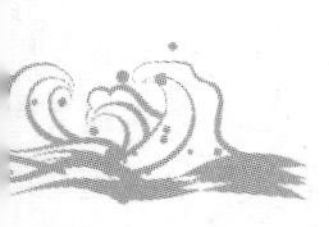

展进程，让大家在这个充满各种复杂系统的世界里更好地生活。

9.《气候赌场：全球变暖的风险、不确定性与经济学》

《气候赌场：全球变暖的风险、不确定性与经济学》由2018年诺贝尔经济学奖获得者、“美国最有影响的50位经济学家之一”的威廉·诺德豪斯所著，2019年由东方出版中心出版。气候赌场比喻经济增长正在导致气候与地球系统不合意且危险的变化；我们正在掷气候骰子，结果将出人意料，且其中一些可能是危险的。但我们刚刚进入气候赌场，而且还有时间全面改变，并走出来。该书科学而严肃，突出了经济学家的特色，目的是向大众普及气候变化的知识，让公众接受正确的观点并参与减缓全球变暖的行动。保护环境，应对气候变暖，从我们自身做起。

第二章 环 境 伦 理

建设生态文明是关系人民福祉、关系民族未来的大计。我们既要绿水青山，也要金山银山。宁要绿水青山，不要金山银山，而且绿水青山就是金山银山。我们绝不能以牺牲生态环境为代价换取经济的一时发展。

——习近平

第一节　环境伦理观念的确立

一、自然观

生态环境问题归根结底是发展方式和生活方式问题，要从根本上解决生态环境问题，必须贯彻“创新、协调、绿色、开放、共享”的发展理念；树立人与自然生命共同体的自然观。

图 2-1　从太空鸟瞰地球

现代科技令人惊奇的一点，就是可以从太空中观看地球——太阳系里众多行星中独一无二的蓝色球体（图 2-1）。从太空中看我们自己，可以更容易认识到，人类是地球上能够“共享知识、统一行动、分享地球资源唯一的全球性的物种，在实现地球可持续发展的道路上，我们可以管理地球的变化”，哈佛大学的生态学家威廉•克拉克（William Clark）如是说。

许多人看不到未被开发的河流所具有的价值，固执以为，任其自然流淌却不加以利用是不合理的；他们还认为，不利用这些自然资源，将是浪费。有些人则认为，全世界的河流都已经被“控制”，被“腰斩”，以破坏自然环境为代价被用来发电、灌溉、通航等。

对原始森林的价值也存在着类似的争端。经济利益的驱使，让一些人砍伐森林进行木材生产。他们觉得，如果不这样做就会陷入经济困境。并解释说，这些树木反正要死亡，还不如利用起来，对人类有些好处。而有些人则觉得，所有组成森林的生命体，都有其自身的价值，只是我们还未发现。砍伐森林必然会造成一些破坏，那是历经几百年才积蓄起来的，也许是永远都不能被替代的资源。

自人类文明以来，人与环境之间的相互作用就一直存在。只是在速度、规模和复杂性方面，这种作用如今发生了空前的增长。在过去，污染只被认为是局部的、暂时的事件。如今，污染可以涉及几个国家，甚至会影响到几代人。有关化学品和放射性废物处置的争论，成为污染日渐国际化的典型例子。生态保护和经济增长的矛盾冲突，曾经简单明了，如今，却涉及太多需要考虑的关联问题，以致很多人难以分辨正确和错误之间的界限。例如，温室效应被认为是能源消耗、农业生产和气候变化的结果。

许多人相信，我们已经进入了一个全球化的时代，人类发展与环境相互依存。而对地球自以为是、不加节制的开发利用，是人类进入 21 世纪所面临的最大挑战之一。为迎接这一挑战，必须发展一个崭新的环境伦理理念。

二、环境伦理学

20 世纪 70 年代，环境伦理学（environmental ethics）作为一个学科出现。传统伦理学认为只有人具有内在价值，环境伦理学通过赋予非人类生物以内在价值，拓展了伦理学的范畴。

（一）道德和伦理

伦理学（ethics）是哲学的一个分支，关注的是什么该做、什么不该做，是实践性哲学。力求从根本上定义什么是正确、什么是错误，而不考虑文化方面的差异。例如，大多文化都尊重生命，认为所有的人都有生存权。剥夺一个人的生命是不人道的。

道德（morals）与伦理学稍微有些不同，它不是空泛的，不是脱离对象孤立存在的。道德反映的是有关伦理问题的文化的主导观点。例如，几乎在所有文化中，大家都认为，杀死一个人肯定是不人道的。然而，当一个国家宣布战争之后，该国的大多数人都承认，必须去杀死敌人。所以，这是一个道德上可行的事情，尽管伦理学认为杀人是错误的。但还没有哪

个国家说，自己的战争是不道德的。

环境问题需要伦理和道德方面的考虑。例如，世界上有足够的粮食养活所有人，所以，一些人饿死，而另一些人却拥有过多的粮食，“朱门酒肉臭，路有冻死骨”和“遍身罗绮者，不是养蚕人”是不人道的。然而，在发达国家里，其盛行的思想却可能对此漠不关心。他们并不会受到道德的束缚，一定要和别人分享自己拥有的东西。实际上，这种不关心说明，让人挨饿是在其容许的道德范围内。这种道德标准和纯粹的伦理学标准是不一致的。

正因为伦理学和道德并不总是一致的。因此，要明确地定义什么是正确的，什么是错误的，常常很困难。有些人认为，世界能源状况是严峻的，因而应自觉减少能源消耗。而有些人相信，能源不会成为问题，一如既往地粗放利用能源。还有人对能源现状漠不关心，只要能够得到能源，就毫无节制地使用。

其他关于人口和污染的一些问题也同样面临着不同选择。当世界人口过剩的时候，生育两个孩子是否符合伦理规范？工业企业是否应该去游说立法者，迫使他们否决一个让他们减少利润却会改善环境的法案？在这些问题上，立场通常取决于处境。例如，一个工业领导者，可能不会认为污染有多大的负面影响，远不如那些经常参与户外活动的人们那样关注。事实上，许多商业领导者认为，积极的环境保护行为是不道德的，因为那样会限制发展，在某些情况下，还会导致失业。

大多数伦理问题是非常复杂的，涉及环境保护的伦理问题也不例外。在采纳一个立场之前，从各个角度探究环境问题是很重要的。当认同一个伦理立场后，在面对不同立场者攻击时，我们会变得更为坦率。为了追求自己所认同的真理而被当做反面角色，也是常有的事情。

（二）环境责任基础理论

环境伦理学是应用伦理学的一个主题，用于确定环境责任的道德基础。在这个环境保护的敏感时期，大多数人都觉得应该担负起一定的环境责任。比如，有毒废物污染地下水，石油泄漏污染海岸线，化石燃料排放二氧化碳加剧全球变暖等。因此，环境伦理学的目的，并不是要让我们相信应该关注环境——实际上我们已经在关注了。相反，环境伦理学关注的是环境责任的道德基础及其延伸的广度。关于环境的道德责任，主要有三种基本理论。尽管每一种理论都支持环境责任，但是其方法各不相同。

1. 人类中心论

人类中心论（anthropocentric），顾名思义，以人类为中心，认为一切环境责任，都只是来源于人类自身的利益。该理论假定，只有人类，才是道义上最重要的生物，拥有无上的道德地位。既然环境对于人类福利和人类生存是至关重要的，我们就对环境负有责任，也就是说，从环境中获取人类利益。其中包括：确保地球在服务人类生活过程中是环境友好的；保护好地球的美丽环境和资源，继续让人们生活得舒适。有人争论说，我们的环境责任，不仅仅只是为了我们自己获取种种环境资源利益，还要为我们的子孙后代着想。但是，批评者则主张，既然人类的后代目前还不存在，那么从严格意义上说，他们不应该比死去的人拥有更多的权利。

人类中心论支持者关注环境只是源于人类健康、资源利用效率、生命支持和人的身心恢复（personal renewal）四个方面。

（1）新兴工业城市里的公共健康。美国、英国、法国等发达国家 19 世纪的新兴工业城市环境质量差得令人难以置信。生活垃圾露天随意倾倒、堆放；工业设施产生的废水任意排放，未经处理直排入河；城市里到处弥漫着难闻的气味。糟糕的卫生条件导致 19 世纪中叶，许多大城市多次出现各种流行病，如肺结核、伤寒、霍乱、黄热病、天花和斑疹伤寒症等。

关于疾病起因的有限的知识妨碍了人们对付流行病的努力。英国公共卫生领域著名的活动家埃德温·查德威克（Edwin Chadwick）于 1842 年进行的一项有关英国工人的生活条件与身体健康之间关系的研究，被称为“19 世纪最有影响的环境健康文献”。这项成果促使他提出一项基于工程措施改善城市卫生状况的疾病预防计划。

19 世纪后半叶的科学突破对解释疾病传播提供了很大帮助。法国著名的微生物学家和化学家路易斯·巴斯德（Louis Pasteur）与其他人的工作使人们相信，细菌不可能在无菌介质中自发产生。新兴的卫生工程专业

开始有了科学基础[1]。

在公共卫生的早期历史中，公众团体（环境非政府组织）开展公众教育活动，借助新闻界力量，在倡导卫生改革方面发挥了重要作用。争论的焦点是围绕污水在排放前是否应当进行处理。20 世纪初，许多卫生工程师将污水处理看成是不必要的花费，认为“稀释是对付污染问题的良方”。

与卫生工程师们相反，医生和那些关心河流价值的人敦促人们进行排放前的处理。这样的争论在今天有了新版本，不过不是关于是否应该处理废弃物；而是在确定合适的处理水平时，到底是应当以经济可行性为基础，还是以保护公众健康为基础。

（2）以资源有效利用为特征的自然保护。20 世纪初的美国自然保护运动主要是运用自然科学和经济性的先进思想和手段来更加有效地管理森林、水和其他自然资源。它的倡导者们并不反对开发利用环境以满足人类的物质需要。事实上，他们赞成发展，反对浪费自然资源。这种将自然保护和有效开发等同看待的思想是西奥多·罗斯福（Theodore Roosevelt）总统当局倡导的一个重要主题，是由罗斯福总统的自然资源首席顾问吉福德·平肖特（Gifford Pinchot）提出的。

平肖特对环境的态度反映在他的自然保护“三原则”中：第一原则是发展；第二原则是防止浪费；第三原则是自然资源必须是为了多数人而不是少数人的利益来加以开发和保护。

很多当代的经济学家持有的观点反映了平肖特的有效利用资源的思想。环境经济学（environmental economics）及研究者认为吸纳工业和城市废物是对环境的合理、必要的利用；废物削减量应当通过分析有关的经济效益和费用来确定。

（3）自然系统的维护。与经济学家一样，自然科学家也一直关注着如何利用资源的问题。在生态学成为一门公认的学科之前，马什（George Perkins Marsh）曾很有说服力地指出，要避免使“自然的和谐”变成不和谐，

---

[1] 20 世纪 70 年代，以往所谓的公共卫生工程在美国开始被称作环境工程（environmental engineering）。

并警告说，如果“人无远见”地继续下去，势必会威胁到地球供养人类的能力。

20世纪初，随着生态学的发展，其他学者开始运用更严格的科学依据来清晰明白地表达马什所关注的问题。利奥波德所做的生态学研究把他引向以下的立场。

> 一种与土地和谐的关系要比那些关注其进程的历史学家们所认识到的更复杂、对文明的影响更大。文明并不像通常设想的那样，是去征服一个稳定而永恒的地球。文明是人类、其他动物、植物与土地之间相互的和彼此依赖的合作，这种合作随时都有可能因其中一方的失误而受到破坏。

人类轻率地毁坏自然系统的能力在20世纪40年代得到极大的提高。第二次世界大战以后出现了大批新物质，包括放射性物质和人工合成有机物。很多物质是持久性的，它们不会很快降解或分解成相对简单、低害的物质。针对人类干扰自然系统的能力提高的问题，一些科学家已经作出反应，要求对人类活动予以进一步控制。《寂静的春天》只是在第二次世界大战以来向公众发出无意的环境破坏已经十分严重的警报的众多书籍之一。

（4）身心恢复及精神价值。前面提到的改善公共健康、提高自然资源利用效率和维护自然系统等观念都是注重实际，实实在在的。而身心恢复及精神价值的思想与宗教和精神恢复有关，显得不那么具体实在。然而，这些观点和工程师、经济学家以及生态学家关注的那些更实际的问题具有同等重要性。事实上，有的人认为，从维持这个星球的长久可居住性来看，精神和哲学问题是最重要的。

在过去近两个世纪中，哲学在环保运动中深深扎根。在众多著名的保护主义哲学家中，爱默生（Ralph Waldo Emerson）、亨利·梭罗（Henry David Thoreau）、约翰·穆尔（John Muir）、奥尔多·利奥波德（Aldo Leopold）、蕾切尔·卡逊（Rachel Carson）、华莱士·斯特格纳（Wallace

Stegner）脱颖而出。他们的哲学中心教义是，拥有灵魂的人具有超越宇宙物质世界进而认识到更高的精神真理的潜力。其主要观点详见表 2-1。

表 2-1　　著名的环保主义哲学家及其观点

序号	姓　名	内　　容	来　源
1	爱默生（1803—1882 年）	在丛林中，我们永远年青，永远欢快。在丛林中，我们回归理性和信仰。生活中的一切不幸和不快得到修复，身上的一切屑小和自私消失殆尽	1836 年《自然》
		如今一个很值得反思的问题是商业的危险。商业，通过其金钱、贷款、蒸汽机和铁路，对自然入侵，威胁、扰乱了人类和自然之间的平衡	1840 年《日志》
2	亨利・梭罗（1817—1862 年）	再没有人比自由地欣赏广阔的地平线的人更幸福的了。水天相接，美好的终极。广阔的世界，孑然一身，多么奇妙的组合	1854 年《瓦尔登湖》
		大多数的人，与我一样，似乎并不关心大自然，只要自己能够生存。为了金钱，他们可以不惜牺牲大自然的所有美丽——甚至有些人仅是换取一杯朗姆酒而已。感谢上帝，人类还不会飞行，不能把废物如同丢在地球上那样，扔到天空中去！在这一点上，目前我们还是安全的。就因为这样，对于我们需要保护地球免受一些人的破坏，很多人丝毫不关心	1861 年《野果》
3	约翰・穆尔（1838—1914 年）	我尚未发现任何证据存在可以证明，一个动物不是为了自己，而是为了其他动物而被创造出来的	1875 年《走向海湾一千里》
4	奥尔多・利奥波德（1887—1948 年）	大自然是人类打造现代文明的最初始原料。活着的人，将再也看不到那茂盛的大草原。在那里，花儿般的草原的海洋，已经被开发者的马蹄践踏。活着的人，再也看不到密歇根州原始的菠萝园、滨海平原低洼地区的树林，还有那高大的阔叶林	1949 年《沙乡年鉴》
5	蕾切尔・卡逊（1907—1964 年）	那些感受大地之美的人，能从中获得生命的力量，直至一生	1962 年《寂静的春天》
6	华莱士・斯特格纳（1909—1993 年）	即使我们仅仅在大自然的边界徘徊，我们也完全需要维持它的存在。因为自然世界是对我们生存意义的证明，也是我们所有希望的源泉	引自《荒野与美国思想》，再版在 1968 年纳什编选读物

以人类中心主义为基础的环境论主题，都是基于只有人类具有内在价值（intrinsic value）和自我价值。非人类的动物、植物和自然物只具有工具价值（instrumental value）；它们的价值是作为满足人类需要的手段或工具。

按照人类中心主义的观点，只有人类具有道德地位（moral standing）。

只有人类才有价值或具有内在价值，道德义务（moral obligations）只应当给予人类[1]。物种保护的理由不是基于物种的内在价值，保护意味着为了人类的利益而明智地和有效地利用自然资源。人类利益是核心关注点。

2. 生物中心论

生物中心论（biocentrism）认为，任何形式的生命都有其与生俱来的生存权利。一些生物中心论的思想家甚至给出了所有物种的价值层次。例如，有人相信，与保护植物相比，我们更有责任来保护动物。有人根据不同物种对人类的危害大小来决定其价值等级。例如，他们认为，杀死如老鼠、蚊子、苍蝇、臭虫等有害生物是没有错的。有人深入地指出，每一个生物个体，而不是每一个物种，都应该有其生存的基本权利。支持动物权利运动的人倾向于动物比植物更有价值。试图判定什么样的物种或个体应当受到保护，避免过早灭绝或者由于人类活动而走向死亡，这是环境伦理学的一个难题，很难划分界线。

现代生物中心主义思想的根基可以追溯到20世纪初，其实，认为非人类物种有内在价值的看法并不算新思想。我国古人提倡的“天人合一”思想就把地球视为活的生命体；很多少数民族把人类看做是植物、动物和岩石组成的生命网中的一部分[2]。例如，清朝诗人龚自珍的“落红不是无情物，化作春泥更护花”。

尽管生物中心主义的伦理观一直受到极大的关注，但生物中心主义还远未成为西方道德哲学的主流。毫不奇怪，将道德关怀给予非人类物种，顺其逻辑推导出来的结论是荒谬的。

虽然对非人类动物、植物的道德义务并没有被广泛接受，但这种思想至少在20世纪70年代以来已经在环境决策中发挥了作用。例如，1973年，在许多科学界和非政府组织的抗议和压力下，21个西方国家在美国华盛顿特区签署了《华盛顿公约》，即《濒危野生动植物种国际贸易公约》

[1] 道德地位和道德义务是伦理学专业的哲学家使用的专业术语。对这些术语的专业定义进行描述超出了本书的范围。

[2] 推荐阅读姜戎的《狼图腾》，2004年由长江文艺出版社出版。

（*Convention on International Trade in Endangered Species of Wild Fauna and Flora*，*CITES*）❶。

在这种道德关怀所涉及的范围内，判断某种影响环境的行为是否优于另一种行为应采用的准则包括生产效率、公平、对适于居住的环境享有的道德与法律权利。其中，对适于居住的环境享有的法律权利和生产效率（以费用 - 效益分析的形式体现）是环境决策中最常使用的准则。

3. 生态中心主义

生态中心主义（ecocentrism）主张，应该直接从环境出发，而不是仅仅从人类（和动物）的利益出发进行道德思考。它应当扩展到生命共同体（biotic community）的其他成员——土壤、水、大气、植物、动物、微生物等。在生态中心论中，环境被认为有直接的权利、道德人格、直接的责任和固有价值。环境本身被认为在道德上与人类是平等的。

利奥波德在其著名的《沙乡年鉴》（*A Sand County Almanac*，1949 年版）一书中，就很提倡生态中心论的思想。面对周围环境受到的无情破坏，《沙乡年鉴》重新定义了人类和地球的关系。作者在书中用了一整章的篇幅来阐述“大地伦理”：

> 到目前为止，所有的伦理学都建立在同一个前提之上：个体只是由相互依存部分组成的有机整体中的一员。大地伦理不过是扩展了共同体的边界，使之包含了土壤、水、植物和动物，或从总体上说，就是“大地”。大地伦理一改现代人类长期以来作为大地共同体征服者的地位，而把人类也看成是大地的普通成员或居民。这意味着，人类应当尊重同是成员的周围生物，同样，也应该尊重整个有机共同体。

---

❶ 2016 年 9 月 24 日，《濒危野生动植物种国际贸易公约》（简称《公约》）第 17 届缔约方大会在南非约翰内斯堡开幕。《公约》于 1973 年 3 月 3 日缔结，1975 年 7 月 7 日正式生效，目前有 183 个缔约方。《公约》实施 40 多年来，在促进国际野生动植物贸易规范化管理、保护生物多样性方面发挥了重要作用。本次会议是大会自 2000 年以来首次重返非洲大陆，也是《公约》签署 43 年来参加人数和议案规模最大的一次缔约方大会。来自全球 170 多个国家的政府、200 多个政府间和非政府组织的约 2500 名代表参加本次会议，大会将讨论由各缔约方提交的近 120 项政策性议题，审议 62 项附录修订提案，大会将就上述议案作出一系列决议和决定。

利奥波德在“大地伦理”中所提出的观点，被很多人视为人类认识自身与环境关系的根本性观念转变。起初，我们认为自己是大自然的征服者。现在，我们应该视自己为包含土地、水在内的整个生态系统的组成部分。

利奥波德还写道：“一件事物，当它倾向于保护生命共同体的完整性、稳定性以及美观程度时，就是正当的；反之，就是错误的……一直以来，我们滥用土地，因为我们将土地视为我们人类的商品。只有当我们认为自己是‘大地’的一个组成部分时，我们才会怀着仁爱和尊敬，去合理地开发利用。”

爱德华·威尔逊（Edward Wilson）[1] 在《生命的未来》（2003 年）中描述：

> 常常出现在我们脚边，我们不屑一顾的昆虫或杂草，都是独一无二的生命体。它有自己的名字，有长达百万年的历史，在世界上也自有一席之地。

随着传统政治和国家边界的淡化或全球化的进程，新的环境思想和伦理观念也在不断地发展。一些新的环境伦理思想开始认识到，人类只是大自然的一个组成部分，并且自然界的各组成部分是相互依存的。每一物种的每一个体，其生存状态都是和有机整体息息相关的。国家与个体一样应该担负起基本的伦理责任，尊重自然、关爱地球，保护其生命支持系统，保持生物多样性和环境的美好，并关注其他国家的需求，关注我们后代的需求。

环境伦理学家认为，将环境保护看做是地球的“权力”，这是人权概念的自然延伸。

---

[1] 爱德华·威尔逊（1929— ），美国博物学家、生物学家。在其研究生阶段和在哈佛大学工作的 41 年以及之后的退休岁月里，一直从事科学研究和教学工作。出版了 20 本著作和 400 多篇论文，在科学和文学上赢得了 100 多项奖励，其中包括因 1978 年的《论人性》和 1990 年与伯特·赫勒多布尔合著的《蚂蚁》而两次获得普利策奖；美国国家科学奖章；由瑞典皇家科学院设立的授予诺贝尔奖覆盖范围外的其他学科的克拉夫奖；日本的国际生物学奖；意大利的总统奖章和诺尼诺国际文学奖；美国哲学协会富兰克林奖章。由于他在保护生物学方面的贡献，他已经被美国奥杜邦协会授予奥杜邦奖章，被世界自然基金会授予金质奖章。

第二节 环 境 态 度

环境态度可归纳为3类，即发展伦理、保护伦理、保持或管理伦理。每一种伦理观念，都有其自身的行为规则，有别于社会生态道德（图2-2）。不同的人对同一资源的利用，其看法也不同。

发展

保护

保持

图2-2 环境态度

一、发展伦理

发展伦理（development ethics）的基础是利己主义和自我中心主义。它假定人类是并且应该是自然的主人，地球及其上面的资源，都应该为人类的利益和享乐服务。这一观点在“工作伦理”中得到加强，该理论指出，人类应当忙于创造持续的变化，更大、更好和更快，则代表“进步”，而进步本身总是好的。这种哲学思想在“如果一件事情可以做，那就应该做”或者“我们的作用和能力只有在创造性的工作中才能得以发挥”等类似的观念中得到强化。

这样的例子很多。认为越大越好，或者相信“如果一件事情能够做，就应该做”的思想，对我们而言，肯定并不陌生。梦想不断向上发展，在此伦理中得到了最好的体现。在有些地方，怀疑发展甚至被认为是不爱国。在发展伦理中，自然只有其机械价值，也就是说，环境只有在人类对其进行经济利用时才具有价值。直到最近 50 ～ 100 年间，与发展有关的诸如副产品和废弃物才逐渐被考虑进来。

二、保护伦理

保护伦理（preservation ethics）认为大自然有其自身的特殊性。除供人类占用外，大自然还具有其内在价值或固有价值。保护主义者要保护自然的理由很多，并且各不相同。有人对待自然的态度，几乎如同信守一种宗教信仰。他们敬畏生命、尊重所有生物的权利，而不管社会和经济成本。

在 19 世纪期间，一些保护主义者经直率地提出了一些伦理和宗教理由，以保护自然世界。穆尔曾谴责“教堂的破坏者和重商主义的掠夺者，这些人过度崇拜金钱全能，而不能用心聆听大自然的神灵”。这并不要求进行更好的成本 - 效益分析：穆尔不是将自然描述成人类的日用品，而是人类生存的伙伴。穆尔坚持认为，大自然是神圣的，无论资源是否稀缺。

爱默生、梭罗、利奥波德等哲学家视大自然为经济活动的避难所，而不是只供人类享用的资源。

有些保护主义者关注自然，主要是从美学和娱乐的角度考虑。他们认为，大自然是美丽的、令人愉悦的，应该适合野餐、徒步旅行、露营、钓鱼，哪怕只是静静地待着，和平而安详！

此外，对于宗教和娱乐性的保护主义者，他们中有一些人的思想也包含着科学的成分。他们认为，人类的生存需要依赖自然，并且，大自然有很多地方值得我们学习。珍稀、濒危物种和生态系统，以及其他更普通的物种，由于其已知的或假定的实际的、长远的价值，必须得到保护。在这一思想中，自然的多样性、变化性、复杂性以及荒野性，要远远优越于人类的

单调、简陋的家庭生活。科学的保护主义者并不是要求封闭所有土地，而仅局限于封闭他们认为对后代重要的部分。

三、保持或管理伦理

保持或管理伦理（conservation or management ethics）的理论与科学保护主义者的观念有关，但延伸了对整个地球和所有时间的理性思考。它认可对合理的生活标准的追求，但强调资源利用和资源可获得性之间的平衡。这一保护理论很注重在完全发展和绝对保护之间的平衡。该理论强调，从长远来看，快速而不加节制的人口和经济增长，反而会弄巧成拙。保持伦理的目标是人类和大自然和谐相处、长久共存。

我国生态新观念指引“我们要践行绿色发展的新理念，倡导绿色、低碳、循环、可持续的生产生活方式，加强生态环保合作，建设生态文明，共同实现2030年可持续发展目标。”[1] 我国的“五位一体”[2] 总布局，“创新、协调、绿色、开放、共享”的发展观，绿水青山就是金山银山，既要绿水青山，又要金山银山，宁要绿水青山，不要金山银山等新的环境态度正在成为世界认可的中国经验。[3]

忽视生态环境保护搞经济发展是“涸泽而渔”，离开经济发展讲生态环境保护是“缘木求鱼”。

第三节 环境伦理层次

环境伦理可分为社会环境伦理、企业环境伦理、个人环境伦理和全球

---

❶ 习近平在“一带一路”国际合作高峰论坛开幕式上的演讲，http：//www.xinhuanet.com/politics/2017-05/14/c1120969677.htm。

❷ 经济建设、政治建设、文化建设、社会建设、生态文明建设。

❸ 2016年5月，联合国环境规划署发布《绿水青山就是金山银山：中国生态文明战略与行动》报告。

环境伦理 4 个层次。

一、社会环境伦理

社会是由许多具有不同观点的人组成的。这些观点可以提炼成一套思想，反映社会的主流态度，即社会环境伦理（societal environmental ethics）。集体的态度可以从伦理的角度来分析。东方和西方社会长期以来，均认为地球有取之不尽、用之不竭的自然资源和无限吸纳废物的能力，可以承受无节制的增长。

如今发达国家经济发展的基本方向和原理是可以不断增长的。然而不幸的是，这种增长，一直以来并没有详细的计划。这种“增长狂热”让人们不断地把不可再生资源消耗在了住宅、医院、交通、快餐、录像机、家用电脑、电动玩具以及其他东西上。在经济统计学中，这种“增长”是根据“生产力”按量配给的。但是问题出现了，即“什么是足够的配给呢”？贫穷社会只拥有那么一点，而富裕社会却从不会说“停！我们已经足够多了，足够好了”。印度哲学家、政治家甘地说过“地球可以满足每个人的需求，但不能满足每个人的贪婪”。增长、扩张和占领，依然是大多数“先进”社会文化中心目标。经济增长（economic growth）和资源开发（resource expoitation）是发展中社会共同的态度。我们持续不断地消耗自然资源，仿佛供给可以永无止境。所有这些都反映在我们与环境日益不稳定的关系中——我们只知道一味地从自然中获取利益，而从不考虑未来。

这一态度，深深地根植入我们社会的每一个组织。例如，从第一批殖民者到达北美大陆起，自然就被视为敌人。殖民者常用军事化的语言描述他们与荒野的关系。他们把自然视作先锋“部队”必须克服、镇压或者征服的敌人。这种对自然的态度，如今依然很流行。许多人视荒野为只是单纯的没有开发的土地，认为只有耕种、建造或以某种方式开发利用之后，荒野才有价值。而认为荒野应当受到保护的思想，对有些人来说是不能理解的。有意保护资源的任何想法，都被认为几乎是不合情

理的。

蒸汽技术革命、电气技术革命、第三次科技革命的发展，以“征服自然”“向自然索取”为行动指南的工业文明在造就巨大物质财富的同时，“知识就是力量”“科学技术就是生产力”以自然为征服和索取对象，不注重自然资源的养护与再生，牺牲环境求得发展，并使经济活动规模超过环境承载力，带来诸如环境污染、温室效应加剧、资源系统崩溃、沙漠化蔓延、耕地缩小、不可再生资源巨量消耗、空气与水被大规模污染等严重后果。

我国 2017 年世界环境日主题是“绿水青山就是金山银山”。中国是一个发展中的大国，建设现代化国家，走欧美“先污染后治理”的老路行不通，必须探索出一条环境保护新路，即推动形成全社会绿色发展方式和低碳环保生活方式。

二、企业环境伦理

许多工业生产中原材料的取、产品的设计、生产和销售、废弃物处置等过程，都是造成污染的主要环节。这并不是说，工业或企业本身愿意造成污染。在原材料的加工中，产生一些无用的材料是不可避免的。生产过程中，要完全控制副产物的产生，通常也是不可能的。而且，有些废弃的材料是完全没有用的。例如，饮食服务业需要利用能量制备食物。在这个过程中，许多能量都以废热的形式浪费了。油烟和气味被排放到空气中，变质的食物也只能丢弃。

在工业领域，废弃不用的原料和产品通常被视为“废物”。在自然界，没有东西是永恒被废弃的；所有的材料，都会以某种不同的方式被重新利用。因此，所谓的“废物”或垃圾，是我们还没有学会如何有效地加以利用的“剩余物”，是放错了地方的资源。这一思想，让我们能够以一种全新的观念来看待污染和废物。

控制废物所需要的成本，在确定公司的利润率方面，可能是很重要的。一些具有革新精神的公司，已经在生产过程中降低污染物的产生方面迈出了一大步。例如，雷·安德森（Ray Anderson）[1]的界面公司，在地毯生产中发明了一种“绿色”生产方法，公司产出和送去填埋的废料总量减少了78%。在实现环保的同时，该公司的高端产品销售额增长了63%，利润大幅增加，股价也一路走高。

贵州轮胎股份有限公司在高性能载重子午胎生产线实施的20t污水处理技术改造项目投入使用后，使得该生产线和内胎生产线的生活污水经处理后回收利用，实现了“零排放”。系统投用后，产生的中水，完全能保证分公司厂区地面冲洗及循环用水。还通过管道每天提供50t中水给公司循环水池，减少了循环水池的新鲜水补给量。

企业是通过运营以实现利润的法律实体，利润本身没有什么好坏之分。企业本身没有伦理，但组成企业的人面临着伦理抉择。当企业在产品质量和废弃物处置方面偷工减料、偷排偷放，以实现利润最大化时，就涉及伦理问题。

从短期来看，将废水直接排放到河流，要远比安装一套污水处理设备便宜得多；将废气直接排入大气，也远比使用过滤器、除尘设施简单。这样的污染是不讲伦理，没道德的。但是，有些企业认为，这只不过是决定利润的因素之一（图2-3）。希望投资得到快速回报，致使企业进行决策时，常常着眼于短期的收益率，而不考虑长期的社会效益、环境效益。

企业必须创造利润，当他们考虑治理环境污染时，会将其视为一种成本，减少任何成本都会增加利润。产品成本越低，获得利润就越大。企业产生利润的多少，决定了其今后发展程度。为了持续扩张，企业通过广告宣传，以增加其产品的社会需求。企业越扩张，其实力越强。实力越强，越有利于企业决策者创造更好的条件来不断扩张。整个过程似乎变成了看

---

[1] 雷·安德森（1934—2011年）是著名的地毯生产厂家Interface（界面公司）的创始人兼CEO，他认为环保和发展可以互相兼容。盗窃是一种罪，而盗窃后代的财富将来也会成为一种罪。在他的《迷途知返：可持续发展企业的模式》一书中记载了他通过“优化生产系统；把垃圾变成可再生能源；采取全新的技术降低产品对环境的影响；优化整个产品供应链……”完成公司转型的历程和他的“绿色梦想”。从事传统的高污染行业，曾被称为地球资源的掠夺者，但却被评为“环保英雄”。“改变就是攀登一座山，只有真正实现‘零污染’，才是到达山巅。”安德森把“登顶”定在2020年。这也是全球唯一一家向公众承诺在未来某个特定时期将实现“零污染”的生产型公司。

上去永无休止的螺旋。

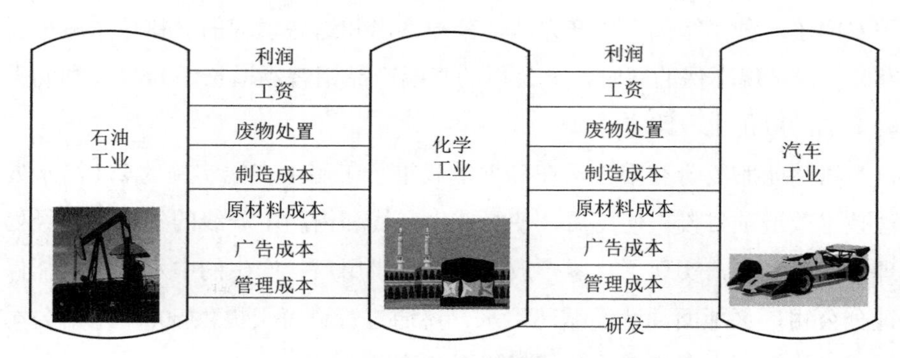

图 2-3 企业决策的影响因素

世界各国都必须面对企业对环境不负责任的问题。一些影响环境的重要决定，并不是由政府或公众作出的，而是由拥有强大实力的企业领导者们作出的。通常，这些企业领导者，对公众利益的让步都很小；相反，他们想方设法去努力获取最大的利润。

商业决策和科技发展，已经加大了对自然资源的开发。此外，许多政策和法律制度对企业的支持和保护远甚于对社会和环境的关注。企业或个人常利用法律漏洞、政治压力以及诉讼的遥遥无期，来回避或拖延社会和环境规章的执行。

工业界是否越来越关注环境问题了？当然，企业会更多地参考近几年来全世界的环境事件来规范自己的行为。而这种关注，仅仅是一种花言巧语、进行市场营销的手段，还是一种全新企业伦理的开端？比如打印机生产厂家，生产设置默认双面打印模式的产品，可节约消费者大量纸张。楼房电梯间的设计、安装位置的不同，对电梯的使用频次和能源消耗均有影响。

企业界对于埃克森（Exxon）石油公司的 Valdez 号邮轮的石油泄漏事件[1]的反应，是通过伦理方式解决类似生态灾难的一个典型案例。1990

---

❶ 1989 年 3 月 24 日，埃克森（Exxon）石油公司的 Valdez 号油轮在阿拉斯加州威廉王子湾触礁，导致 11.5 万 m^3 原油泄漏，波及 1900km 长的海岸线，这一事件被认为是“人类史上十大环境灾难”之一。埃克森公司动用 11000 名工人，花费 20 亿美元进行清理工作，整个事故损失超过 50 亿美元。

年通过的石油污染法（The Oil Pollution Act，OPA），降低了未来石油泄漏对环境造成的影响，并且减少了94%的石油泄漏。OPA要求所有大型油轮必须是双层外壳；否则2010年必须停止服务。然而，许多石油运营公司为避开这一法令，都改用管制较松的拖轮牵引驳船进行石油运输。这严重降低了石油泄漏的安全性，已经引发了1996年美国罗得岛州Moonstone海湾、1997年得克萨斯州Galveston海湾的两起事故。

与此形成强烈对比，受Valdez号油轮石油泄漏事件和其他环境事故的推动，美国非营利环境经济组织——环境责任经济联盟（Coalition for Environmentally Responsible Economics，CERES）于1989年成立，成员来自美国各大投资团体及环境组织，重点在于促使企业界采用更环保、更新颖的技术与管理方式，以尽到企业对环境的责任。该联盟颁布了《环境责任经济联盟原则》（CERES Principle），它包含了企业经济活动对环境影响的各个方面，主要有：对生态圈的保护、永续利用自然资源、废弃物减量与处理、提高能源效率、降低风险性、推广安全的产品与服务、损害赔偿、开诚布公、设置负责环境事务的董事或经理以及举办评估与年度公听会。

CERES原则被看做是企业环境保护的指南，其目的是希望从事商业活动首先应该遵从CERES原则。

1997年，CERES与联合国环境规划署（UNEP）共同发起，联合世界各地相关的企业、非政府组织、会计事务所、商业联合会，以及其他利益相关者，成立了全球报告倡议组织（The Global Reporting Initiative，GRI）。其主要使命是制定一个可供全球企业使用的可持续发展环境报告的指导性纲要，适用于企业、商业、政府和非政府的任何组织机构。

如同企业或机构发布财务报告一样，GRI的目标在于完善可持续发展报告的实务，推动企业或机构向各利益相关方公开披露其经济、环境和社会绩效信息，定期发布可持续发展报告，并增强报告的可比性和可信度。

全球报告倡议组织的《可持续发展报告指南》是目前世界上使用最为广泛的可持续发展信息披露规则和工具。2000年发布的G1版是全球第一个涵盖经济、环境和社会“三重底线”的可持续报告框架。2013年5月，GRI

发布了新的《可持续发展报告指南》（G4 版），并要求企业自 2016 年起披露的可持续发展报告均依据 G4 版编制。2014 年 1 月，GRI 在北京发布 G4 中文版。

为了适应全球经济一体化的管理挑战，越来越要求企业在可持续发展方面信息的透明化。全球著名的专业咨询服务组织 KPMG 的《KPMG 2013 年企业责任报告国际调查》发现，可持续发展报告已经真正成为主流实践——全世界 41 个国家的前 100 强企业中，80% 发布的企业责任报告使用 GRI 的可持续发展报告指南。被调查的全球 4100 家公司中，3/4 发布了企业责任报告，其中 78% 参照 GRI 指南。该调查同时发现，世界前 250 强企业的 93% 发布企业责任报告，其中 82% 参照 GRI 指南。这些统计数据表明，GRI 指南已经成为当今可持续发展或者说社会责任信息披露的全球标准。

从这份调查可发现，如今企业责任的信息披露在全球大企业中已成为惯例和商业准则，焦点已从企业是否应发布报告到如何发布更高质量的报告，包括企业应如何处理如实质性和利益相关方参与等关键问题。这份针对前 100 强企业过去两年的研究调查结果显示，中国大陆、香港特别行政区以及台湾地区是报告数量增长最快的地区——中国大陆及香港特别行政区的涨幅由 2011 年的 59% 增长到了 75%，台湾由 37% 增长到了 56%。尽管有着喜人的增长率，在报告质量上与发达国家相比还是存在不小的差距。从实际数量上看，2012 年度中国发布企业社会责任报告（即可持续发展报告）的企业数量是 1705 家，这在数量几千万中国企业中仍是凤毛麟角。

环境伦理的实践，不应当妨碍公共的和其他的社会责任或义务。环境伦理必须与各种信仰系统相结合，并与经济系统相适应。反过来，环保主义者也需要考虑到其他方面的社会目标，正如要求别人在进行决策时应当考虑环境影响一样。如果环境的目标会导致国民经济崩溃，那么保护环境则毫无意义。同样，以丧失可呼吸的空气、洁净的饮用水、野生动植物、公园、荒野为代价，去维持稳定的工业生产能力，也是没有意义的。但是，为了保持利润率、影响力和经济自由，企业界必须注意对现在的和未来的人的影响，不仅仅在产品的价格和质量方面，还包括社会认可度和政治影响力。

在20世纪90年代中期，出现了工业生态学（industrial ecology）、商业生态学（commerce ecology）等概念，它反映了经济和环境之间的联系。良好的生态也是良好的经济，对于企业而言，应该可以做到在不破坏环境的前提下，提供产品和服务。

三、个人环境伦理

雪崩时，没有一片雪花是无辜的。随着人口和经济活动继续增长，我们正面临的大量环境问题，不仅仅威胁人类健康和生态系统的生产力，有时还会威胁到地球的可居住性。

如果我们要成功地处理这些问题，环境伦理必须要以更广义、更基本的方式来表达。我们必须认识到，每个人都对自己赖以生存的环境质量负有责任，个人的行为可能会或好或坏地影响环境质量。对个人责任的认识，必将引起个人行为的改变。换句话说，环境伦理也必须开始关注我们日常生活方式发生的细微却意义深远的改变，而非仅仅关注国家法律等。

很多人认为，环境问题通常可以从技术上得到快速解决。洛普民意调查（Roper Poll）机构的结果显示："他们相信是汽车，而非驾驶者导致污染，所以工业界应当发明无污染的汽车。是煤炭的利用污染了环境，而非电能的消费者，所以我们应该寻找更加环保无害的发电方式。"似乎许多人要求环境清洁，但却不愿意通过改变自己的主要生活方式来实现。

个人的决定和行为虽然微小，但所有人合起来，就可以共同决定我们每个人的希望和生活质量。随着生态学知识和环保意识开始为人们所接受，各行各业的人们，需要树立一个良好的个人环境伦理来指导其生活。

1994年，182个国家和地区的15000多名代表齐聚埃及开罗，参加了

第三次国际人口与发展大会，来自发展中国家的代表抗议说，出生在美国的婴儿，在其一生中消耗的世界资源，是非洲或印度婴儿的20倍。他们认为，世界环境问题主要在于发达国家的过度消费，而非发展中国家的人口问题。

北美只有世界人口的5%，却消耗了世界石油的1/4。他们比世界上其他地区的人们消费更多的水，拥有更多的汽车。他们浪费的食物，比撒哈拉沙漠以南非洲地区人们吃的粮食还多。

随着全球其他地区人们的消费水平越来越接近美国，与我们生命攸关的水、石油、粮食等资源，终有一天会耗竭吗？让我们来看看食物、大自然、石油和水的消费，将如何影响我们的未来。

1. 食物

两个世纪前，托马斯·罗伯特·马尔萨斯[1]就断言，随着人口的增长超过粮食产量，世界范围的饥荒将不可避免。1972年，罗马俱乐部[2]的学者们也预言了同样的事情。但到目前为止，这些都没有真正发生。这只不过是人类的智慧创造暂时超过人口增长而已。

化肥、杀虫剂和高产作物种子，使得世界粮食产量（2016年世界粮食产量20.46亿t）在过去的50年里翻了一番多。国际食物政策研究所（International Food Policy Research Institute，IFPRI）在10月16日“世界粮食日”前夕发布了2016年度“全球饥饿指数”（Global

---

❶ 托马斯·罗伯特·马尔萨斯牧师（Thomas Robert Malthus，1766年2月13日—1834年12月23日），英国教士、人口学家、经济学家。以其人口理论闻名于世。在《人口论》（1798年）中指出：人口按几何级数增长而生活资源只能按算术级数增长，所以不可避免地要导致饥馑、战争和疾病；呼吁采取果断措施，遏制人口出生率。

❷ 罗马俱乐部（Club of Rome）于1972年发表的第一个研究报告《增长的极限》，预言经济增长不可能无限持续下去，因为石油等自然资源的供给是有限的，做了世界性灾难即将来临的预测，设计了“零增长”的对策性方案，在全世界挑起了一场持续至今的大辩论。《增长的极限》是有关环境问题最畅销的出版物，引起了公众的极大关注，被翻译成30多种文字。1973年的石油危机加强了公众对这个问题的关注。较著名的研究报告有：《人类处在转折点》（1974年）、《重建国际秩序》（1976年）、《超越浪费的时代》（1978年）、《人类的目标》（1978年）、《学无止境》（1979年）、《微电子学和社会》（1982年）等。

Hunger Index）[1]。该指数联合发布机构、爱尔兰关爱世界组织（Concern Worldwide）首席执行官多米尼克·迈克索利（Dominic MacSorley）说：

> 我们这个世界在对抗饥饿方面虽然已经取得进步，但现在全球仍有7.95亿人每天都面临饥饿威胁。这是不可接受的。全球饥饿指数等资料为我们提供了关于全球饥饿状况的洞见。2030年可持续发展议程为我们设定了实现“零饥饿”的宏大目标，并做出了坚定承诺。我们拥有实现这一目标的技术、知识和资源，我们缺乏的是一种紧迫感，一种将承诺转变为行动的政治意愿。

饥饿的原因是他们买不起粮食，而不是世界粮食产量不够。

诺曼·博洛格（Norman Borlaug）由于发明了高产作物，于1970年获得了诺贝尔和平奖。他预言：基因工程以及其他新科技，将保证粮食产量在下半个世纪内可以超过人口增长的需求。也许到时候，并不是每个人都有足够的肉吃。但大多数专家都认同，21世纪可以生产出足够的粮食。是否每个人都可以公平地享受到自己的那一份，还不确定。

一粒种子改变世界。1994年，美国的莱斯特·布朗（Lester Brown）以《谁来养活中国》的惊世疑问警醒中国时刻关注粮食安全。“杂交水稻之父”袁隆平表示：“世界上有一半以上的人以稻米为主食，特别是中国有超过60%的人以稻米为主食，因此提高水稻产量，对保护世界粮食安全有重要作用。”中国以占世界不到10%的耕地养活了占世界20%多的人口，其中杂交水稻立下了汗马功劳。

2. 大自然

随着全世界越来越多的人实现他们美国式生活的梦想，他们将消耗越来越多的资源，也会生育越来越多的人口。热带雨林被砍伐，荒野消失在人工铺设的道路之下。像长江、尼罗河那样巨大的河流，已经被很多的水

---

[1] 2016年全球饥饿指数（GHI）以多维度的方法衡量国家、地区和全球饥饿状况，并着重于如何在2030年以前实现全球零饥饿。

坝所拦截、转向，将变得越来越像人工运河。随着城市化率的提高，越来越少的人会继续以土地为生。人类的一半，将生活在超大城市，像日本东京、巴西圣保罗，以及中国的北京和上海，其居住人口达 1200 万以上。幸存下来未被开垦的大自然，将只能星罗棋布地分散存在，人们像保护博物馆里的文物那样保护着这些地方。人类将生存在自己日益建造的世界中。

3. 石油

美国以占世界 5% 的人口消费了地球近 40% 的资源。美国能源信息局（Energy Information Administration，EIA）能源展望年度报告显示，2012 年，石油消费量前四的国家分别为：美国 18.21 万桶 / 天、中国 10.36 万桶 / 天、日本 4.75 万桶 / 天、印度 3.68 万桶 / 天。

如果地球上每个人消耗的石油达到美国的平均水平，那么地球已知的石油储备将在 10 年内消失。即使按照目前的消费速度，已知的储备量也维持不到 21 世纪末。然而，有些专家却并不为此担心。他们认为，新技术将可以避免全球性的能源危机。

石油公司已经开发了更经济的勘探、开采地下石油的技术，这将有效延长石油供应到 22 世纪。然而，地球上的石油资源毕竟是有限的，总有一天它们会枯竭。即使在它们枯竭之前，对全球变暖的关注，也将强制世界停止燃烧如此多的化石燃料。

能源产业正在投资，努力开发新技术来替代化石燃料，准备迎接石油枯竭那一天的到来。太阳能、核能、风能、生物质能，都是可能的替代能源。但许多专家认为，最有潜力的替代者是燃料电池。燃料电池本质上是氢能电池，不产生污染，唯一的副产物是水。既然氢是宇宙中最丰富的元素，其供应将不是问题。但是，所有这一切，都还需要依靠科学技术的创新与进步。

4. 水

未来世界，也许可以不需要石油，但绝对不能没有水。一个人没有水，支撑不了几天。现在，人类已经使用了地球上将近一半的可再生的淡水，这部分供水每年可以得到再生，供人们重新利用。如果粮食生产不再提高其生产效率，却要使产量增加 1 倍，将会利用 85% 的淡水资源，水利是农业的命脉。与化石燃料不同，化石燃料最终可以用其他能源来替代，但水资源是不可替代的。

一些技术，如海水淡化，可以从海水中除去盐，在一定条件下生产淡水。但这种技术要消耗很多能源，是需要经济、技术支持的。在波斯湾沿岸地区，的确在使用海水淡化技术，他们是在把“石油转化为水”。

有些地区，已经把能够使用的水都用上了，用大量水坝和沟渠来截水，恨不得将每一滴水都利用起来。在美国西南部，科罗拉多河的引水工程相当彻底，以致当它流到出海口时，已经没有水了。

水将比其他任何资源都更加限制人的消费主义膨胀。世界银行副行长 Ismail Serageldin 曾预言：“在 21 世纪，战争将因争夺水资源而引发。”

5. 未知的

从现在起，在未来 50 年里，到底有多少人能以美国人的生活方式生活？许多专家认为，这个问题无法回答。因为一个主要的因素是气候变化的后果目前尚无法确切知道。尽管对全球气候变化影响的评估多种多样，然而，大多数专家都相信，地球表面的平均温度将会发生一些变化。在温度低的区域，一点点地变暖是很难察觉出来的，也许只是在冬季的某几天，应该下雪的时候，没有下雪，而下了雨。但是，在更大范围内，气候变暖则可能造成灾难性的后果：农田被毁、一些物种灭绝、给一些地区带来陌生的热带疾病等。冰川将会消融，海平面将会上升，洪水淹没人口稠密、地势较低的地区，如美国的佛罗里达州，以及荷兰、孟加拉国和马尔代夫。

如果这些真正发生，必然导致粮食产量下降。数以亿计的人们由于饥荒、洪水和干旱被迫背井离乡。数十亿人将无法维持他们现有的生活方式，更无法奢求美国式的生活标准。有人说，到 2050 年，也许连美国人都无法过上他们现在的生活。

四、全球环境伦理

1990 年，联合国北美环境规划署主管诺尔·布朗（Noel Brown）曾说：

突然而独特地，全世界似乎都在关注着同一件事情。我们正走进一个共同的历史性时刻，世界大部分地区的人们都可以感觉到：现在国际社会已达成一个共识——环境已经成为全球需要优先考虑并采取行动的事情。

由于环境问题的紧迫性和共同利益所在，在某些环境领域，国际社会达成了空前的合作。尽管存在政治分歧，阿拉伯国家、以色列、俄罗斯和美国的环保专业人士已经共同工作了好几年。任何国家的生态退化，都不可避免地会对其他国家的生活质量产生影响。酸雨，多年来一直是美国和加拿大两国关系中的一个棘手问题。非洲的干旱和海地的森林砍伐，导致了生态难民潮。从尼罗河到格兰德河，不时会有水权纠纷。

当前的许多环境危机，根源在于贫富国家之间日益悬殊的差距，并且受其影响而恶化。工业化国家只占世界20%的人口，然而它们控制了全世界80%的商品，并且产生了大部分的污染。发展中国家则深受人口过剩、营养不良和疾病的困扰。当这些国家努力追赶发达国家、提高人民生活质量的时候，恶性循环开始了：它们实现快速工业化的努力污染了它们的城市；它们努力提高其农业产量，结果却导致众多森林被毁、土壤退化和水环境污染，而这又进一步加剧了它们的贫困。也许，对于未来最重要的问题之一是“世界各国能否将政治分歧暂放一边，为共同的全球环境事业而携手行动”。

联合国对于地球与人类发展议题的关切，始于1972年6月瑞典斯德哥尔摩“人类环境会议”，发表了《人类环境宣言》，呼吁各国政府和人民共同致力于改善自然环境，造福全体人类及后代。会后，联合国根据需要，迅速成立了联合国环境规划署，主要负责处理环境问题。大会召开的6月5日，被联合国定为“世界环境日”。“人类环境会议”开启并初步奠定了全球环境治理的体系，从此，人类进入了全球性环境治理的新时代。

1992年6月在巴西里约热内卢举行的“联合国环境与发展会议”（United Nations Conference on Environment and Development），继承了斯德哥尔摩会议的精神，适应了当时许多国际新形势的需要，通过了《21世纪议程》（*Agenda* 21）及《里约环境与发展宣言》，这是正式的第一次“地球高峰会议”（Earth Summit），也称“Rio+10”。

2002年8—9月，世界可持续发展首脑会议，即第二次地球高峰会，在南非约翰内斯堡举行，主题为人群（people）、繁荣（prosperity）与地球（planet），重点在“消除贫穷”和“抢救环境”。会议通过了《可持续发展执行计划》，重申对环境议题的承诺，呼吁全球共同努力，加强建构有效的伙伴关系及积极的对话。

2012年6月，第三届地球高峰会议，即联合国可持续发展大会，又称“Rio+20”，在巴西里约热内卢召开，讨论议题为关于在消除贫困和可持续发展背景下的绿色经济（Green Economy within the Context of Sustainability Development and Poverty Eradication）和关于可持续发展机制框架（Institutional Framework for Sustainable Development）；确认了性别上平等增权赋能的重要性、有水和有粮食的权利，以及对抗贫穷的需要；通过了会议成果文件《我们憧憬的未来》（*The Future We Want*）。

在个人水平层次，人们已经开始逐渐意识到，全球环境变化对人们生活价值、信仰和行为产生了影响。个人行为的变化是必需的，但这远远不够。人类作为全球性的物种，正在改变这个星球。汇聚我们的知识智慧，协调我们的行动，分享并珍惜地球母亲赐予的一切，我们一定能够实现一个全球性的环境伦理。

“天不言而四时行，地不语而百物生。”地球是人类共同的、唯一的家园。人类命运与共，只有讲团结、促合作，才能互利共赢，福泽各国人民。

第四节　环境公平

一、环境公平的发展

环境公平的概念是美国环境运动发展到特定阶段提出来的。早期美

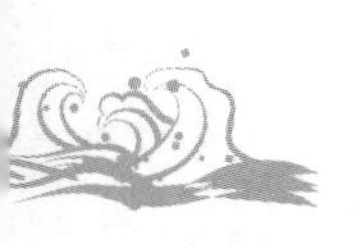

国的环境保护团体并没有注意到环境公平问题，他们奋斗的目标是保护野生动物、呼吁生态保育和资源管理、采取行动抵制和减轻污染等，行动背后的假设是环境危害的整体性，即对所有人都造成危害。这一时期，环境运动的形象是由占据社会主导地位的中上阶层白人所形塑的，由于他们的社会地位使得他们直接倡导环保而无须关注自己的社会权益。

20 世纪 80 年代，居于社会下层的一些人参与到环境运动中来，他们的参与注定要改变环境运动的方向，因为他们是从自己所遭受的环境污染的角度提出环保问题的。特别是，当他们觉得自己比别人更容易暴露于环境危害之中时，他们开始产生不满，并要求维护自己的权利。1982 年在美国北卡罗来纳州瓦伦县发生的一次事件可以说是环境运动的转折点。

1982 年，在美国北卡罗来纳州瓦伦县建造多氯联苯（polychlorinated biphenyls，PCBs）填埋场的项目建议遭到了位于选址附近的非洲裔美国人社区居民的抗议。一些观察人士宣称，当地官员实行的是一种环境种族歧视政策。相关研究表明，有毒废物的处理、存储和处置场所，不均衡地分布在以少数民族为主的地区。有人解释说，在政界很少有人代表贫困社区说话，因此，这里成了安置令人厌恶的公共设施的最容易选址。最终，美国环保局（EPA）还是准许了填埋场的建设，这引起了全国范围的抗议。

美国审计总署应国会议员瓦尔特·方特里（Walter Fauntroy）之请，在南部 8 个州进行了一次研究，以了解有害废物填埋场与其周围社区的种族和经济特征之间的相关关系。研究结果表明，填埋场的选址确实存在着明显的偏见，3/4 的填埋场位于少数民族聚居区附近。

1987 年，美国统一基督教联合会发表的一份报告指出，在美国 25 个州和 50 个大城市中，有 3/5 的黑人和拉美裔居民与有毒废料场为邻，种族和经济地位同样是影响有毒废料场选址的重要变量。紧接着，美国《国家法律杂志》的一项研究结果表明：美国环保局在举证少数民族社区的填埋场时要比举证白人社区的填埋场多花 20% 的时间，并且，向少数民族社区倾倒废料的人要比白人社区的污染者少交54%的罚款。此后，各种官方、非官方的研究一再证明种族、民族以及经济地位总是与社区的环境质量密切相关，与白人相比，有色人种、少数族群和低收入者承受着不成比例的环境风险。

越来越多的人意识到，环境问题实际上是社会问题的延伸，如果不将环境问题与社会公平的实现紧密联系起来，环境危机就不会得到有效解决。环境公平的概念由此得以确立。

1988年，约翰·罗尔斯（John Rawls）在其《正义论》中，从环境法的角度阐释了正义理论，首次从理论上阐释了环境公平问题。

1991年，在美国有色人种环境领导人华盛顿峰会上提出了环境公平的17项原则，引起了广泛关注。1992年，美国环保局成立了环境公平办公室，旨在谋求各社区在环境质量上的平等，检查所有机构在政策和项目方面的环境公平性问题。EPA指出，低收入和少数民族社区最容易遭受铅污染、鱼类污染、空气污染、危险废物和农业杀虫剂的污染。

1993年，环境公平问题成为EPA最优先考虑的事情之一。一个独立的顾问组织——国家环境公平咨询理事会成立了，理事会成员来自工业界的专家、环保主义者和政府官员。

1994年2月，时任美国总统克林顿签署了环境公平EO12898号行政命令，要求联邦机构重视与少数族群和低收入者相关的环境公平问题，把维护环境公平作为他们工作的一个部分。通过1964年的民权法、1969年的国家环境政策法和1972年的清洁空气法3部法律来实现。由此，环境公平的观念得以广泛传播，并很快成为全球范围内流行的概念。

2000年，EPA指出《资源保护和回收法》《清洁水法》《安全饮用水法》《海洋保护、研究和庇护法》4部联邦法律涉及环境公平的问题。

2001年，EPA成立了一个专门工作小组，为调查有关环境公平问题的投诉提供额外的人力资源。

2003年，作为一个独立的组织，美国民权委员会负责监督联邦政府落实公民权利，给国会提交了一份题为“不要在我家后院（Not in My Backyard）”的报告，指出联邦政府的一些机构（环保局、运输部、

住房和城市发展部、工业部）未能完全执行 1994 年的环境公平的行政命令。

二、环境公平及其执行

1998 年，美国环保局将环境公平（environmental justice）定义为一种公平对待，意味着“任何种族、文化或社会经济团体，都不应该不均衡地承受来自工业、市政、商业活动，或者由执行联邦、州、当地以及部落计划或政策所带来的不良环境后果”。根据美国环保局定义，故意歧视必须受到禁止。任何不均衡地影响受保护团体的行动，都是违犯环保局法令的。然而，在定义具体以什么来衡量，以及以什么作为比较的标准时，出现了困难。

在评价一个团体是否不适当地处于不利地位时，首要的一步是决策者必须考虑是谁受到了影响。大多数种族资料涉及人口普查、邮政编码、城市边界，假如一个处理设施拟建于一个富裕县的境内，实际却靠近另一个贫穷县的边界，决策者该如何划定它们的分界线？盛行的风向应该考虑吗？许多工业场所都位于地价便宜的地区，低收入者很可能会选择生活在那些地区，以节省生活开支。又该如何权衡这些决策呢？

另一个困难在于，如何评判一个特定团体是否受到以及受到怎样的不公正待遇。填埋场、化工厂和其他工业单位，虽然可能会伤害到其他人，但还是给一些人带来了收益。它们提供工作岗位，改变土地价值，并且创造税收用于当地社区建设。官员们该如何权衡获益和受损呢？它们带来的潜在健康风险与因就业和增加收入带来的总的健康利益相比，两者又该如何权衡呢？

环境公平运动，有时候也叫做环境平等。美国环保局对此作出的定义是：“对所有个人、团体或社区，不分种族、文化、经济地位，对于环境危害都给予平等的保护。”虽然环境公平有许多方面，例如法律的、经济的、政治的，不同的公共或私人部门，可能会以各种合适的方式来看待。但是，卫生部门自然会更多地关注环境公平的健康方面。

环境公平的核心思想是公平性，这意味着要不偏不倚地执行法律，保护人类健康和所有人类活动都必须依赖的生态系统的生产力。

政府虽然颁布了大量的法律、命令和指令，以消除在住房、教育和就业等方面的歧视。然而，在消除带歧视性的环境实践方面，做出的努力却非常少。在美国，有色人种在城市垃圾填埋场、焚烧炉、有毒废物处理、储存和处置设施等场址选择方面遭受着歧视。

有毒废物处理场所和焚烧炉并不是随机布置的，因为垃圾的产生量直接与人均收入有关。然而，有毒废物处置场所却很少坐落于富人区。废物处理设施常常坐落于那些主要以贫穷、年老、年幼和少数民族居民为主的社区。通常，这些设施都是故意安排在这些地方的，因为在这些地方遇到的阻力小，并且因为地价便宜，建造所需的费用也较少。

环境公平是一个新出现的问题。不仅仅局限于有毒废物处理场地的选择。对于农场雇用人员来说，暴露于有害杀虫剂和其他有毒的农业化学品下，是一个主要的健康问题，而他们大多属于有色人种。另外值得关注的是，一些土著美洲人社区，比普通民众消费更多的鱼类，这些鱼产自某些特定的地区，如五大湖地区。因此，在通过饮食暴露于有毒化学品方面，他们承担着更大的风险。

历史上，环境运动多为中产阶级白领阶层所关注；而今，越来越多的有色人种也开始积极关注这一运动。少数民族的参与，已经拓宽了辩论的视野，包括了许多以前被忽略的问题。这使得双方的对话不得不涉及种族、阶层、歧视和平等问题。少数民族把自身群体所处的不利遭遇，摆到了争论的最前沿。他们也给环境运动带来了新思想，并成为将来任何环境保护议程都不可或缺的一部分。

参考文献

[1] Eldon D.Enger，Bradley F.Smith. 环境科学——交叉关系学科［M］.13 版 . 北京：清华大学出版社，2012.

[2] 李正风，丛杭青，王前 . 工程伦理［M］. 北京：清华大学出版社，2016.

[3] 奥托兰诺 . 环境管理和影响评价［M］. 郭怀成，梅凤乔，译 . 北京：化学工

业出版社，2004.

［4］ 布斯，卡洛姆，威廉姆斯 . 研究是一门艺术［M］. 陈美霞，徐毕卿，许甘霖，译 . 北京：新华出版社，2009.

［5］ Devall，B.Deep Ecology and Radical Environmentalism ［M］.Philadelphia：Taylor & Frances，1992.

［6］ 贾振邦，黄润华 . 环境学基础教程［M］.2 版 . 北京：高等教育出版社，2004.

第三章　物质和能量循环

节约资源是保护生态环境的根本之策。要大力节约集约利用资源，推动资源利用方式根本转变，加强全过程节约管理，大幅降低能源、水、土地消耗强度，大力发展循环经济，促进生产、流通、消费过程的减量化、再利用、资源化。

——习近平

第一节 水文循环

一、概念及过程

生物体需要持续不断的能量流和物质流，以维持它们的生存。如果能量流和物质流停止了，生物将死亡。所有的物质都由原子组成。这些原子在生态系统中的生物体和非生物体之间循环。这些活动包括生物学、地质学和化学过程。因此，这些养分循环通常称为生物地球化学循环（biogeochemical cycle）。

首先介绍水文循环，然后对碳、氮、磷 3 种元素在群落内部以及生态系统的非生物和生物部分之间的流动进行介绍。

所有的水，都被锁定在一个连续不断的循环过程中，这个过程称为水文循环（hydrological cycle），如图 3-1 所示。一个完整的水文循环过程包括了蒸发（水面、植被蒸腾、土壤、降水、下渗、径流等几个方面）。

水圈中的各种水体，通过蒸散发、水气输送、降水、下渗和地表径流等水文过程紧密联系，相互转换，形成一个巨大的动态系统。该循环中包括水的蒸发和凝结两个重要过程。蒸发涉及给液体分子增加能量，使液体变成气体，在气相中分子之间的距离更远。凝结是一个相反的过程，在凝结中气体分子释放出能量，分子聚集得越来越紧密，最终变成液体。

太阳提供能量，使水从海洋表面、土壤、淡水水体和植物表面蒸发或散发。从植物表面蒸发的水有两个来源：一部分是以雨水、露水或雪的形式降落在植物上的水；另一部分是植物从土壤中汲取并运送到其叶部，在叶子表面进行蒸腾。这个过程称为蒸发蒸腾作用（evapotranspiration）。

自然界的水循环遵循一个简单的模式。大气中的湿气凝集成小水滴，以雨或雪的形式降落到地面，供地球上的生物使用，并维持其生命。水，或作为地表水，在地球表面流动；或作为地下水，在土壤中流动，最终回到海洋，通过蒸发返回大气，再次开始循环。

图 3-1 水文循环过程

流经地表并进入小溪和河流的地表水，称为径流（runoff）。进入土壤并且未被植物根部所吸收的水，缓慢地通过土壤和地表下物质之间的缝隙，最终到达不透水的岩石层。这种充满地底层缝隙空间的水，称为地下水（groundwater）。地下水可能长期储存在地下蓄水池中。

虽然水资源可以通过水循环过程，在大气降水的补给下恢复更新，但不同的淡水资源更新循环的周期相差较大，大气中的水只需 8 天就能更新一次，河流则需要 16 天，地下水却需要 1400 年之久。

二、人类对水文循环的影响

人类活动对蒸发、径流和渗透有重要影响。当水被用于发电厂冷却或农作物灌溉时，蒸发率会增加。水库中的蓄水也会蒸发得很快。这种快速蒸发会影响当地的大气条件。人类活动也会对径流和渗透速度产生非常大的影响。伐木或者农业活动破坏植被，增加了径流，并降低了渗透。因为有

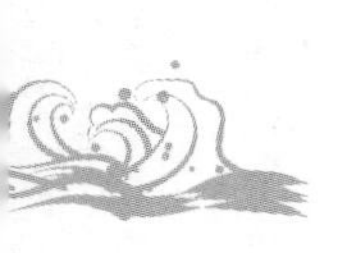

更多的径流，就会产生更严重的土壤侵蚀。城市建筑群中铺设的非渗透地面，增加了径流并降低了渗透。城区主要受关注的是提供快速输送雨水的途径。这包括设计和建造地面排水沟以及雨水下水道。通常，当雨量超过了雨水管理系统的处理能力时，城市就会面临相当严重的洪水问题（图 3-2）。许多城市的污水处理厂将雨水和污水混合，这在大雨之后可能产生严重的污染问题。处理厂不能处理增加的水量，必将未处理的污水和雨水排放到受纳水体。

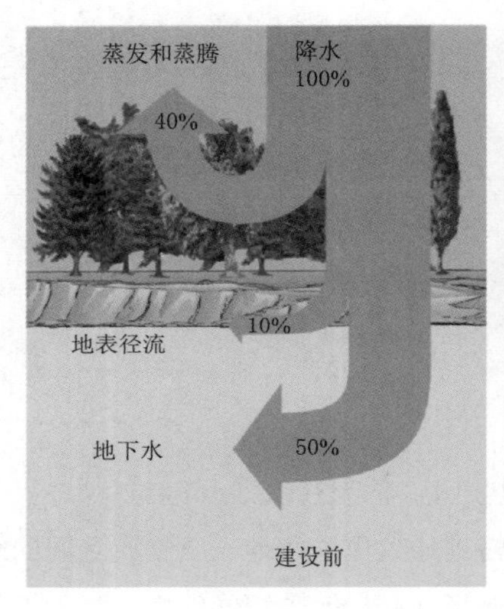

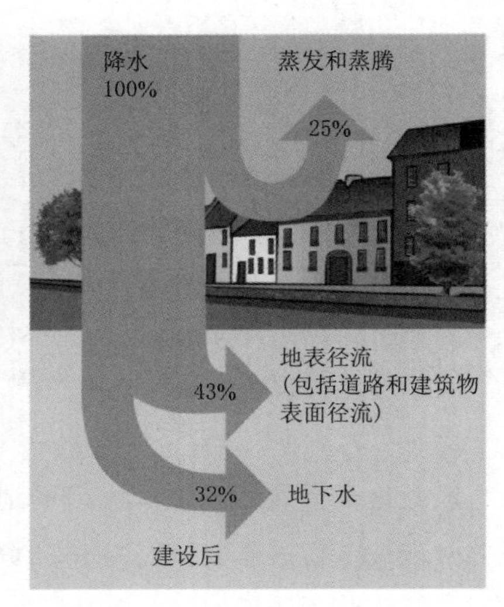

图 3-2　城市建设前后对自然水循环的影响

城市也面临向工业和生活提供用水的问题。很多情况下，城市依赖地表水提供饮用水。水源可能是湖泊、河流或水库。另外，含水层在供水方面也起着相当重要的作用，只要地下水的补充比使用的速度快，那么就可以长期地使用地下水。确定有多少地下水或地表水可以被利用以及如何利用，这是我们关注的主要问题。

监测地表水和地下水水源的用水有多种途径。取水量是从水源中取出多少水的量度。水可能会短暂利用之后又返回水源，然后再度被利用。例如，当工厂从河中取水用作冷却水时，工厂将大部分水返回至河流，这样，水就可以被再度利用。如果水被结合到产品里，或通过蒸发和蒸腾作用进入大气中，水就不能够在相同的地理位置被再度利用，我们说水被消耗了。

用于灌溉的水，大部分由于蒸发和蒸腾作用损失，或者在收获时随农作物一起被移去。因此，大部分用于灌溉的水被消耗掉了。

三、水的利用种类

在全世界不同地区，依赖于水的可用性和工业化程度，水利用变化很大。然而，可以将水的利用分为生活用水、农业用水、工业用水、河道内用水 4 大类。有些用水是消耗性的，有些则是非消耗性的。

（一）生活用水

生活用水（domestic water）包括饮用、烹饪、洗衣、洗餐具、冲厕、洗浴、空调、游泳以及浇灌绿地、绿植和花园等（图 3-3）收集的洗漱用水可回用于冲厕和浇灌绿地等。

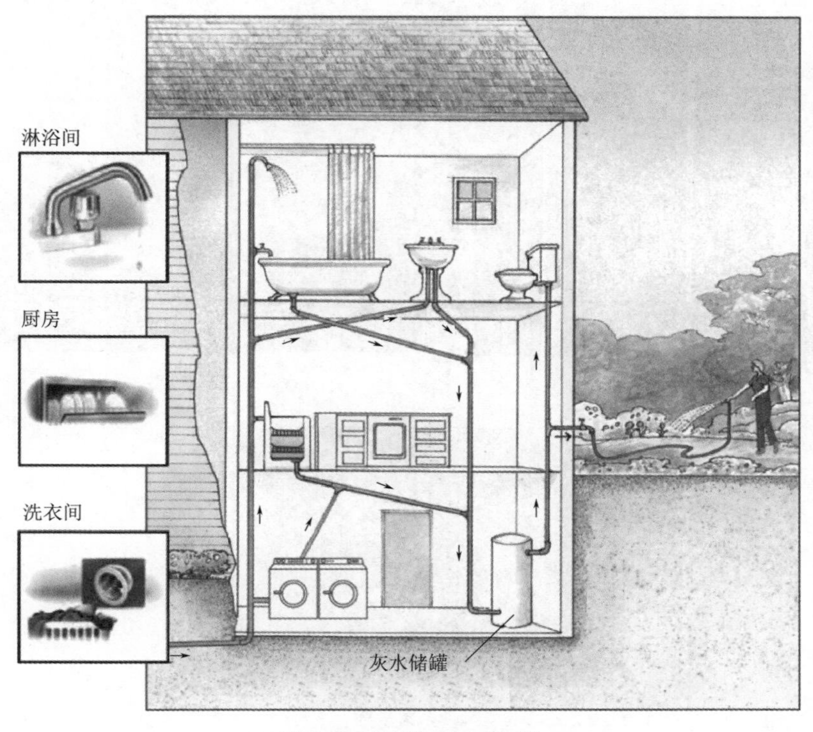

图 3-3　生活用水示意图

（二）农业用水

在世界上绝大多数地区，灌溉（irrigation）是主要的消耗性用水。全球用于灌溉和牲畜养殖的水量在持续增加，未来农业的用水需求，依赖于灌溉用水的费用以及对农产品、食品、纤维的需求，还依赖于政府政策、新技术的开发以及人口增长而导致的用水竞争。在干旱和半干旱地区，灌溉是非常普遍的。常用的灌溉方式有 4 种。

（1）地表灌溉或漫灌［图 3-4（a）］，通过水流经地表或垄沟来灌溉农作物。这种方法需要大量的沟渠，并且不适合于所有的农作物。

（2）喷灌［图 3-4（b）］，用泵提升水，并喷洒到农作物上。

（3）滴灌［图 3-4（c）］，利用一系列精心布置的管道，有计划地设置开孔，以便将水直接输送到农作物的根部。

（4）地下灌溉，通过地下管道供水给植被。这种方法通常用于需要在一年中的某些时间排水的地方，地下水管道可用于某些时段排放多余的水，而在其他时段供水。

（a）地表灌溉

（b）喷灌

（c）滴灌

图 3-4　常用的灌溉方法

这些方法，各有其优缺点，并且有最佳工作条件限制。

（三）工业用水

在整个水耗中，工业用水（industrial water use）占比较少，并且有的行业已实现了工业用水零增长。由于大多数工业过程涉及热交换，因此工业用水中的90%用于冷却，并返回到水源，只有很少量的水真正被消耗掉了。如果在某道工序中，被加热的水直接倾倒在水道中，那么关键性的影响是温度。温度通过增加有机物的新陈代谢，并降低水中的溶解氧，影响水生生态系统。

工业也利用水来分散并输送废物。利用水道分散工业废物，降低了水质，而且还可能降低用于其他目的的有效性。如果工业废物是有毒的，那么影响更严重。

（四）河道内用水

河道内用水（in-stream water use）不需要将水移动，而是在水道和流域内进行利用。因此，所有的河道内用水都是非消耗性的。主要的河道内用水用于水力发电、娱乐和航行。虽然河道内用水没有水损失，但是可能需要改变水的流向、时间和流量，因此，会对水道产生负面影响。

水力发电厂既不消耗水，也不会向水中排放污染物，但发电厂所需的大坝有昂贵的建设费用、破坏河流内及其周围陆地上的自然栖息地等不利条件。

大坝蓄水的意外排放可能严重改变下游的环境。如果泄洪来自蓄水库的顶部，那么河水的温度将会迅速上升；而排放蓄水库底部温度较低的水，则会导致河流水温的突然下降。这两种变化都会对水生生物产生危害。蓄水还降低了流动水体的天然净化活动。尽管许多大坝是为了控制洪水而修建的，但是却不能消除洪水。事实上，建造大坝往往鼓励人们开发洪泛平原，结果，当洪水到来时，人们的生命和财产损失可能会更惨。

另外，建造大坝使得蒸发加速，影响区域气候，干扰鱼类迁徙等。同时，建造大坝为划船、游泳、钓鱼、野营及相关娱乐活动提供了场所，但

是过度利用或不加考虑的利用，可能会降低水质、导致水体污染等。

大多数河流和大的湖泊都用于航行，通常利用运河、水闸、大坝来保证足够的水位。为了维持水道适当的深度，清淤疏浚是必需的。可能使受污染的底泥沉积物再次悬浮，并且底泥的堆放和处置问题也很难解决。

第二节 营养物质循环

一、碳循环

所有生物体都是由含有碳的有机分子组成的。碳循环（carbon cycle）包括一系列过程和途径，涉及生物体吸收含无机碳的分子，并将其转化为能够利用的有机分子，最终将无机碳分子释放到非生物环境中（图 3-5）。

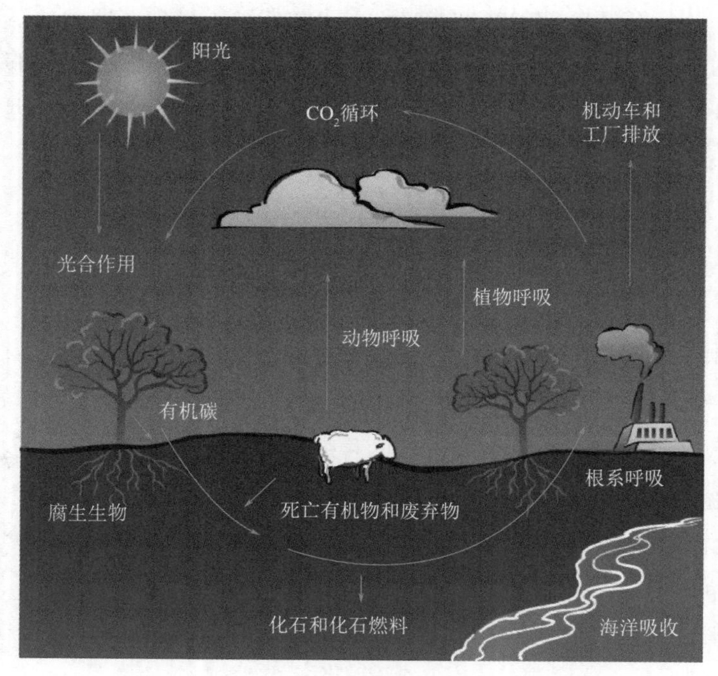

图 3-5 自然系统和社会系统中的碳循环

碳和氧结合形成二氧化碳分子，二氧化碳在大气中少量存在，并溶于水。在光合作用中，大气中的二氧化碳被植物的叶子吸收，并与水中的氢相结合，水是由植物根系从土壤中吸收，然后运输到叶子的。进行光合作用所需要的能量由阳光提供。光合作用导致许多复杂有机分子，如碳水化合物（糖）的形成。在光合作用过程中，水分子被裂解，以提供合成碳水化合物分子所需的氢原子，氧气释放到大气或水中。在这个过程中，光能被转化为有机分子，如糖中的化学键能。植物以及其他生产者，利用这些糖来生长，并为其他一些必需的过程提供能量。

$$6CO_2+6H_2O \xrightarrow[\text{在叶绿体内}]{\text{光能}} C_6H_{12}O_6+6O_2 \text{（光合作用）}$$

草食动物能够利用这些复杂的有机分子作为食物。当草食动物吃植物或藻类时，将复杂的有机分子分解为较简单的有机分子片断，这些片断能够被重新装配成特定的有机分子，作为其活性结构的一部分。曾经是生产这种有机分子一部分的碳原子，现在变成了草食动物中有机分子的一部分。

因为所有的生物都需要能源维系生命，所以所有的生物都必须进行某种形式的呼吸作用，在呼吸过程中，大气中的氧气被用来将大的有机分子分解为二氧化碳和水。大部分化学键能通过呼吸作用释放，并以热的形式损失，其余的能量被草食动物用来运动、生长、繁殖和其他活动。类似地，当肉食动物食用草食动物时，草食动物的一些含碳有机分子就会变成肉食动物的一部分，其余的有机分子则在呼吸过程中被分解以获得能量，并释放出二氧化碳和水。

$$C_6H_{12}O_6+6O_2 \longrightarrow 6CO_2+6H_2O+\text{能量（呼吸作用）}$$

动物的废弃物中所含的有机分子以及死的生物体，被分解者作为食物利用。分解者的腐烂过程涉及呼吸作用，并释放二氧化碳和水，自然产生的有机分子循环利用。

在碳循环中，所有的生物都需要有机分子才能生存，它们必须合成或消耗有机分子。光合作用生物捕获二氧化碳分子中的无机碳，并合成有机分子。呼吸作用中有机分子被分解产生能量并释放二氧化碳。相同的碳原子被不断地循环利用。事实上，今天的你并不是昨天的你，因为你的部分

碳原子已经不同了。而且在过去的几十亿年中，这些碳原子参与了许多其他生物体的构建。有些碳原子只参与了地球上短期出现的恐龙、已灭绝的树或昆虫等生物体的构建，但现在它们却成了你的一部分。

虽然这是陆地上的例子，但是在水生态系统中也存在同样的循环，认识到这一点很重要。二氧化碳溶解于水，因此，可供水生植物和藻类的光合作用利用。当食物网中的消费者利用水中溶解氧进行呼吸作用时，又将二氧化碳释放回水中。

化石燃料（煤、石油和天然气）也是碳循环的一部分。这些物质曾经也是生物有机体的一部分，生物体被埋藏后，体内的有机分子经历了地质应力改造。因此，化石燃料中的碳原子被暂时从活跃的短周期的碳循环中分离开。当我们燃烧化石燃料，碳原子又重新进入活跃的碳循环中。

二、氮循环

氮循环（nitrogen cycle）是另一种非常重要的养分循环，包括生态系统中非生物组分和生物组分及生物组分之间的氮原子循环。我们呼吸的大气中氮气占78%，但是氮气中的两个氮原子结合得非常紧密，极少的生物能够利用这种形式的氮原子。因为大气中的氮气不能被植物利用，所以含氮化合物经常短缺，氮的获取是限制植物生长的一个因素。植物获得能够利用的氮化合物的主要途径是借助于土壤中细菌的作用。

这些称为固氮菌（nitrogen-fixing bacteria）的细菌，能够将进入土壤中的氮气转化为植物能利用的氨。有些固氮菌在土壤中自由生存，称为自由生存的固氮菌（free-living nitrogen-fixing bacteria）。其他的则为共生固氮菌（symbiotic nitrogen-fixing bacteria），它们与某些植物之间具有互利关系，生活在豆科植物（豌豆、大豆和三叶草）和某些树（如桤木）的根瘤上。一些草和常绿树，与某些能提高植物固氮能力的根部真菌也具有类似的关系。

植物和其他生产者一旦得到了可以利用的氮，它们就可以构建蛋白质、DNA 和其他重要的含氮有机分子。当草食动物吃植物时，植物蛋白质分子被分解成较小的骨架分子，称为氨基酸。这些氨基酸随后被重新装配，形成草食动物中典型的蛋白质。这种相同的过程在食物链中不断重复。

细菌和其他腐生生物也参与氮循环。死亡的生物及其废物含有蛋白质、尿素和尿酸等含氮分子。分解者将这些含氮有机分子分解，释放出能被许多植物直接利用的氨。另外一些土壤细菌能将氨转化为亚硝酸盐，然后再转化为硝酸盐，这些细菌称为硝化细菌（nitrifying bacteria）。植物能够利用硝酸盐为氮源，合成含氮有机分子。

最后，反硝化细菌（denitrifying bacteria）在缺氧的条件下，能够将亚硝酸盐转化为氮气，氮气最终进入大气。这些氮原子能够通过固氮菌重新进入氮循环（图 3-6）。

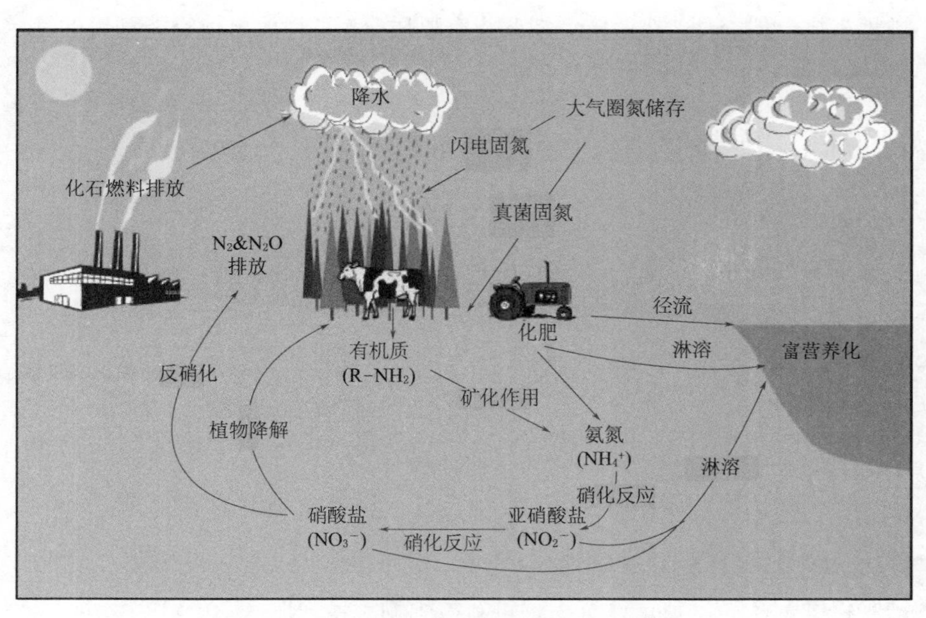

图 3-6　自然系统和社会系统中的氮循环

虽然碳和氮都存在着循环模式，但是氮循环具有两点明显的不同：①大多数难以完成的化学转化，是由细菌和其他微生物来完成的。没有细

菌活动，氮的有效性将很低，世界也将因此截然不同；②虽然氮是通过固氮菌进入生物体，通过反硝化细菌回到大气，但是，还存在第二种循环，即死的生物体和废物中的氮，直接被生产者循环利用。

在天然土壤中，氮通常是植物生长的一个限制因素。为了增加产量，农民以多种方式提供额外的氮源。增加有效态氮的主要方法是施加无机肥料。这些化肥含有氨、硝酸盐或者两者都有。

因为生产氮肥需要大量氮源，所以氮肥价格高。因此，农民用其他方法供应植物所需的氮，以降低生产成本。其中一种技术是农民可以轮流耕种产氮作物（如大豆）和需氮作物（如玉米）。因为大豆的根部有共生固氮菌，如种植一年大豆后，留在土壤中的多余的氮，可被下一年种植的玉米利用。一些农民甚至将大豆和玉米套种。另一种技术是在短期内种植固氮作物，然后在犁田时将这些作物掩埋在土壤里分解。分解产生的氨，可以作为后续作物的肥料，这通常称为绿肥。农民还可以施加畜牧场和牛奶场牲畜排放的粪便，然后依靠细菌将有机质分解，释放出植物能利用的氮。

三、磷循环

磷是生物体结构中另一种常见的元素。在如 DNA 等许多重要的生物大分子和细胞膜中，都存在磷。另外，动物的骨头和牙齿，都含有相当数量的磷。磷循环与碳循环及氮循环有一个重要的区别。磷在大气中不以气态形式存在，磷原子的最基本的来源是岩石。在自然界，通过岩石的侵蚀，释放出溶解态的新的磷化合物。植物利用这些溶解态的磷化合物构建它们所需要的分子。当动物吃植物和其他动物时，它们获得所需要的磷。当生物体死亡或者分泌废物时，分解者将磷化合物重新带入土壤中。溶于水的磷化合物最终沉淀形成沉积物。这些沉积物在地质过程中被抬升，并再次遭受侵蚀，从而，使这些沉积物重新被生物利用（图 3-7）。

在大量海鸟和蝙蝠聚集数百年的地方，厚厚的鸟粪是磷肥的重要来源。许多土壤中磷会短缺，必须施加磷肥，提高庄稼产量。在水生生态系统中，磷也会短缺。

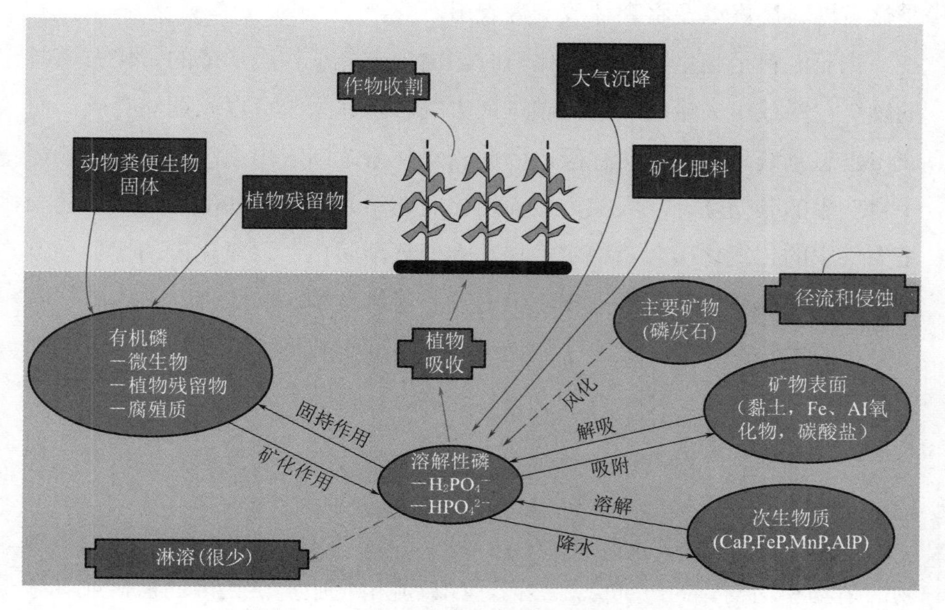

图 3-7　自然系统和社会系统中的磷循环

化肥通常是含有氮、磷、钾的化合物。化肥袋上的数字意味着肥料中各种成分的百分数。例如，一种称为6-24-24的化肥，意思是含有6%的氮、24%的磷和24%的钾。除碳、氮和磷之外，钾和其他元素，在生态系统中也被循环利用。在农业生态系统中，当收割庄稼时，这部分元素也从土壤中被除去。因此，农民不仅必须将氮、磷、钾归田，而且还要分析其他非主要元素，并在肥料中添加这些元素。水生生态系统对养分的水平也十分敏感。水中硝酸盐和磷化合物含量高，通常导致水环境中的生产者迅速生长。例如，养鲶鱼的水产养殖场会在水中加入肥料刺激藻类生产，藻类则是许多水生食物链的基本食物。

四、人类对营养物质循环的影响

为了弄清生态系统是如何运行的，了解碳、氮和磷元素在生态系统中是如何流动的，十分重要。当我们从整体上考虑这些循环时发现，很明显，人类以多种方式显著地改变着这些循环，改变着碳循环的两种明显的活动

是化石燃料燃烧以及将森林改变为农田。

化石燃料是当生物体形成化石时，由含碳分子物质形成的。化石燃料的燃烧，释放出大量的二氧化碳进入大气。森林系统可以长期储存碳；而农田生态系统只能暂时储存碳，因此，森林系统向农田系统的转变，破坏了自然界的碳循环。从人类大量使用化石燃料开始，这些活动的后果之一是大气中的二氧化碳含量稳定增加。人们逐渐明白，二氧化碳的增加导致了世界气候的变化。许多国家正努力调整能源结构和防止森林破坏。

化石燃料的燃烧还改变了氮循环。当化石燃料燃烧时，空气中的氧和氮被加热到高温，产生一系列含氮化合物。这些化合物被植物利用作为生长所需的养分。研究显示，这些氮的来源，加上施用化肥提供的氮源，现在可利用的有效态氮的数量，是工业革命前的两倍。

农业中使用化肥促进植物生长。这些养分最终成为我们栽培并用作食物的植物和动物体的一部分。然而，如果施用化肥提供太多的氮，或者施用的时机不恰当，许多化肥会进入水生生态系统。另外，畜禽的规模化养殖，产生了大量的含氮和含磷废物，它们也进入当地的水体。这些进入水生生态系统的氮和磷化合物尤其重要，因为水生生态系统通常缺少这些养分。淡水或咸水中，大量的氮、磷养分增加了细菌、藻类和水生植物的生长速度。这些生物的增加，会产生许多不同的影响。

许多藻类是有毒的，当它们数量明显增加时，鱼类会死亡，食用鱼类的人类也偶尔会中毒。水生生态系统中鱼类和藻类数量的增加，还会导致水中溶解氧的减少。当这些生物死亡后，分解者利用水中的氧气分解这些死亡的生物体，导致水中溶解氧浓度的降低和许多生物的死亡。

第三节 能 量 流

所有的生物都以某种方式依赖于其他生物。一种生物可能吃掉另一种生物，并且作为能量和原料；一种生物可能暂时利用另一种生物而不危害它；一种生物可能为另一种生物提供服务，例如，《昆虫记》中以蜗牛为美味的萤火虫与蜗牛；《植物妈妈有办法》中的传播苍耳种子的动物与植物；还有细菌、异养生物把死亡动物、植物残体中复杂的有机物分解成简单的有机物，释放在环境中，供生产者重复利用。

一、食物链

“大鱼吃小鱼，小鱼吃虾米，虾米吃淤泥”和“螳螂捕蝉，黄雀在后”中的鱼、虾，蝉、螳螂、黄雀分别构成了水生和陆生两种相互依存的关系，即食物链（food chain），也称营养链。

食物链有累积和放大的生物富集和生物放大作用。食物链是一种食物路径，以生物种群为单位，联系着群落中的不同物种。食物链中的能量和营养素在不同生物间传递着，能量在食物链的传递表现为单向传导、逐级递减的特点。由于食物链传递效率为 10% ～ 20%，因而无法无限延伸，存在极限，一条食物链一般包括 3 ～ 5 个环节。食物链很少包括 6 个以上的物种，因为传递的能量每经过一阶段或食性层次就会减少一点，所谓“一山不容二虎”便是这个道理。

健全、完善的食物链形成错综复杂的食物网的抗干扰能力强，随意进行生态灭杀或“引狼入室”，都会危害原来的生态系统。

二、能量及热力学定律

能量和物质密不可分，缺少任何一方，都难以描述另一方。能量（energy）是做功的能力。当一个物体被移动一段距离时，就做了功，分子水平也如此。

能量有多种形式。常见的形式有热、光、电和化学能。运动的物体所具有的能量称为动能（kinetic energy）。空气中运动的分子也具有动能。相反，势能（potential energy）是因为物体的位置本身所具有的能量。大坝内的水，因为水位提高而具有势能。动能和势能可以相互转变

（图 3-8）。当大坝内的水从高处流到低处，其势能转变为动能。

图 3-8　动能和势能

能量以不同的形式存在，并可能从一种形式转变为另一种形式，而总的能量保持不变。热力学第一定律（the first law of thermodynamics），即能量守恒定律，指出能量既不能产生，也不能消灭，只能从一种形式转化为另一种形式。从人类的视角看，某些形式的能量，比另外一种形式的能量更有用。我们在各种不同的用途中广泛利用电能，但是在自然界中存在的电能却非常少。因此，我们将其他形式的能量转变为电能。

当能量从一种形式转变为另一种形式时，将损失一些有用的能量，这就是热力学第二定律（the second law of thermodynamics）。不能被用来做有用功的能量称为熵（entropy）。因此，热力学第二定律也可描述为：当能量从一种形式转变为另一种形式时，熵增加。对熵的另一种看法是，熵是混乱度的一种度量。当能量发生转化时，混乱度增加。显然，一个系统内也能够高度有序，但是，系统内部的有序程度升高，系统外界环境的混乱度就必定增加。在封闭体系中，熵增加是世界上一切事物发展的客观规律。

例如，所有活的生物体都向外界释放热量。这对于理解当能量从一种形式转变为另一种形式，总能量不变，而有用的能量却损失了这一点是重要的。例如，含有化学能的煤，在发电厂燃烧产生电能，燃烧的煤产生热能，用来将水加热形成蒸汽，然后蒸汽转动涡轮机从而产生电。在该过程中的每一步，系统都损失一些热量。因此，来自发电厂的有用的能量（电），远小于被用来燃烧的煤所含有的总化学能。

在宇宙内，能量总是不断地从一种形式转变为另一种形式。恒星将核能转变为热和光；动物将食物中的化学势能转变为动能，保证能够运动；植物将太阳能转变为糖类分子中的化学键能。同时，一些能量不能被用来做有用功，而通常以热的形式，损失于周围的环境中。

世界一切事物的发展都是从有序走向无序，走向混乱，直至死寂。但是可以通过不断扩大开放度，从而通过熵减，获得持续发展的活力。

三、生态系统中的能量流

生态系统是一个稳定的、自我调节的单元。这并不意味着生态系统是不变的。生态系统内的生物在生长、繁殖、死亡和腐烂。另外，生态系统必须具有连续的能源输入，以维持其稳定性。大多数生态系统中，唯一重要的能源是太阳能。生产者是能够通过光合作用吸收太阳能，并使之成为能够被生态系统所利用的唯一生物。能量储存在有机大分子的化学键中，如碳水化合物（糖和淀粉）、脂肪和蛋白质。当生产者被其他生物所食用时，储存在大分子中的能量也随之转移到另一种生物中。生态系统中能量流的每一级，称为营养级（trophic level）。生产者（植物、藻类和浮游生物）组成了第一营养级；草食动物构成了第二营养级；以草食动物为食的肉食动物则是第三营养级；以肉食动物为食的肉食动物是第四营养级。杂食动物、寄生动物和食腐动物，根据它们的食物，在不同时间处于不同的营养级。如果我们吃一块牛排，我们处于第三营养级；如果我们吃青菜，则处于第二营养级。

热力学第二定律指出，在能量转换过程中，总存在一些相对没有用的能量。当能量从一个营养级流到下一个营养级时，有用的能量越来越少。这些低品质的热扩散到周围环境中，使空气、水或土壤的温度升高。除热量损失外，生物还必须消耗能量，以维持自身的生命过程。咀嚼食物、

保护巢穴、生长发育、繁殖抚养后代等，都需要能量。因此，高营养级的能量，明显少于低营养级的能量。在能量从低营养级向高营养级的流动过程中，大约损失 90% 的有用能量。因此，在任何生态系统，草食动物含有的能量大约只有生产者的 10%。第三营养级的能量，大约只有第一营养级的 1%。

因为很难实测每个营养级所含的能量，生态学家通常利用其他方法，近似估算不同营养级中能量之间的关系，其中一种方法就是测量生物量。生物量（biomass）是指某个营养级中活生物质的重量。在一个简单的生态系统中，有可能采集和称量所有的生产者、草食动物和肉食动物的重量。从一个营养级到下一个营养级，与能量损失一样，通常重量损失也是 90%。

四、能量流的环境含义

能量转变过程中产生的热量消散于宇宙中，这是一个普遍的经验。所有利用能量的机体和生物体都释放出热量。如果没有外界能量补充，维持无序物质的有序排列，有序的物质将变得更加混乱。如果不做功进行保养，房子将倒塌、汽车将生锈、家用电器将磨损。现实生活中的这些现象都涉及能量的损失。比如，房子中分解木头的生物会释放热量；导致汽车生锈的化学反应会释放热量；机器零件之间的摩擦会产生热量，并使机器的零件磨损。

诸如衣服、汽车或生物体等有序排列的物质，都将变得无序，熵值会增加。最终，非生物体磨损，生物体死亡并分解。这种从有序变为无序的过程，总是伴随着能量转化，并释放热量。由于目前我们无法利用这些消散的、低品质的能量，所以它们并没有什么价值。

有些形式的能量比其他形式的能量更有用。一些形式的能量，如电能，因为容易利用，并且用途广泛，因而具有高品质。其他形式的能量，如海水中的热量就是低品质的能量。海水中的热能总量，比世界上所有的电能要多得多，但是，因为它们的低品质，我们很少能合适地有效利用。因此，它不如其他形式的能量有价值。

海水的热能，几乎没有利用价值，这与两个热源之间的温差大小有关。当两个物体之间存在温差时，热量将从温度高的物体流向温度低的物体。温差越大，越能被有效利用。例如，化石燃料发电厂通过燃烧燃料产生热量，将水转化为蒸汽。高温的蒸汽进入涡轮机，而当蒸汽离开涡轮机时，温度低的冷却水将蒸汽冷凝。当热能从蒸汽流向冷水时，这种大的温度梯度差提供了大的压力差，从而引起涡轮机转动产生电。因为海洋的平均温度不高，而且很难发现另一种物体，其温度比海洋低很多。因此，海洋巨大的能量，也无法为人类有效地利用。

这些量和质的因素，在河流从山上往下流时所消耗的能量过程中也表现得很明显。山坡越陡峭，每千米路程所消耗的能量越多。如果沿河没有特别陡峭的转折点，则溪流所具有的能量也是低质的，因为能量沿着整条河流逐渐消散了。为了将这种能量转化为高质量的能源，必须筑坝拦水，使水能从某个高落差的点下泄。这意味着其大部分能量将在短距离内释放出来。筑坝后，总能量没有发生变化，但其质量却得到了改善。当低质量的能量转化为高质量的能量时，必须做功。

在我们生活的世界中，低品质的能量仍然有意义，认识到这一点是很重要的。例如，海洋中的热能的分布，可以调节海岸气候的温度，控制天气格局，形成在许多方面都具有极其重要作用的洋流。有时候我们还想出新的方法，将低品质的能量转化为高品质的能量。例如，如果电厂位于城市附近，有可能将电厂的废热量用于城市供热。

从生态系统的观点看，进行光合作用的植物，能够将低品质的光能转化为高品质的化学能，并将其储存在形成的有机分子中。最终，这些储存的能量用以满足这些生物的需要，或被食用这些植物的其他生物所利用。根据热力学第二定律，所有生物，包括人类，都在将高品质的能量转化为低品质的能量。当食物中化学键能被转化为运动、生长所需要的能量时，产生废热量。生物将食物中的化学键能释放出来的作用称为细胞呼吸作用。从能量的角度看，它与燃烧燃料获取热量、光或其他有用形式的能量的燃烧（combustion）过程相似。细胞呼吸作用的效率相对较高。食物中大约

40% 的能量以有用的形式释放。其他部分以低品质的热量释放。

能量转化的不利后果是产生污染。从大多数能量转化中损失的热量，是一种污染；用来刹车的制动器的磨损产生污染；热电厂的排放物，也会产生污染环境。所有这些，都是热力学第二定律的例子。如果地球上的每个人都能够少用一些能量，那么在能量转化过程中产生的废热量以及其他形式的污染就会少一些。宇宙中的能量是有限的，并且只有一小部分能量是高品质的。高品质能量的利用，减少了可利用能量的量，同时产生更多低品质的热。所有的生命及其活动，都服从热力学第一、第二定律所描述的物理原理。

参考文献

[1] Eldon D.Enger，Bradley F.Smith. 环境科学——交叉关系学科[M].13 版 . 北京：清华大学出版社，2012.

第四章　水体污染

我们不要过分陶醉于我们对自然界的胜利。对于每一次这样的胜利，自然界都报复了我们。每一次胜利，在第一步都确实取得了我们预期的结果，但在第二步和第三步却有了完全不同的、出乎意料的影响，常常把第一个结果又取消了。

——恩格斯

第一节　水污染种类和水污染源

一、水资源

水是生命之源、生产之要、生态之基。水是再生的，也是有限的，是不可替代的自然资源。根据世界气象组织（WMO）和联合国教科文组织（UNESCO）的 *International Glossary of Hydrology* 中有关水资源的定义，[1] 水资源是指可利用或有可能利用的水源，这个水源应具有足够的数量和可用的质量，并能够在某一地点为了满足某种用途而可被利用。

地球上总的水体积大约为 $1.4\times10^9km^3$，其中只有2.6%是淡水（图4-1）。大部分的淡水以永久性冰或雪的形式封存于南极洲和格陵兰岛，有一部分成为埋藏很深的地下水。能被人类利用的水资源主要是湖泊水、河流水、土壤水和埋藏相对较浅的地下水。

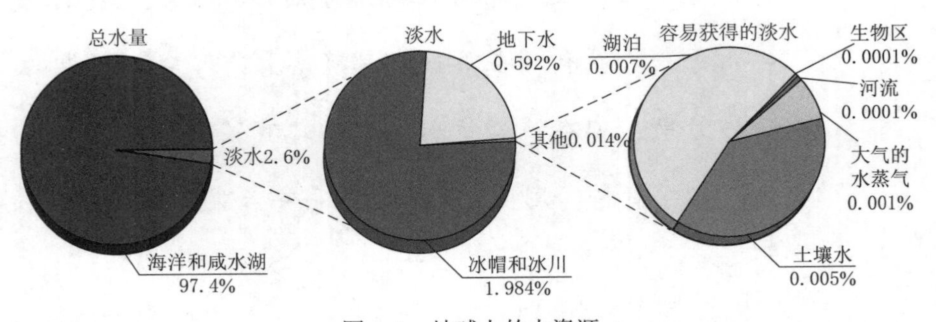

图4-1　地球上的水资源

2017年3月，联合国发布《2017年联合国世界水资源发展报告》，全面评估了目前全球水资源状况，并强调水无论对创造就业机会，还是支

[1] 国际水文学名词术语，第三版，2012年。

持经济、社会和人类发展都至关重要。从全球角度分析，淡水需求在未来几十年呈增长趋势。除农业领域需求量占总淡水使用量的70%以外，工业领域使用的淡水资源将大量增加，随着全球城市化进程加快，城市市政用水与卫生系统用水也将呈增长态势。气候变化情景模拟得出的结果显示，未来数年中，淡水的供给与需求矛盾呈恶化趋势，随着干旱和洪水发生的频率增大，将改变全球部分江河流域的水资源分布，由此带来的干旱将影响很多地方的经济发展和生态环境。

当前，全球2/3的人口生活在缺水地区，大约有5亿人生活在水资源消费量占水资源再生两倍的区域，该区域生态环境极度脆弱，地下水呈持续减少的态势，迫切需要寻找可替代的水资源以满足需求。

根据水利部发布的《2016年中国水资源公报》，2016年，全国水资源总量为32466.4亿m^3，其中，地表水资源量31273.9亿m^3，地下水资源量8854.8亿m^3。全国水资源总量占降水总量47.3%，平均单位面积产水量34.3万m^3/km^2。我国2016年各水资源一级区[1]水资源量见表4-1。

表4-1　　我国2016年各水资源一级区水资源量

水资源一级区	降水量/mm	地表水资源量/亿m^3	地下水资源量/亿m^3	地下水与地表水资源不重复量/亿m^3	水资源总量/亿m^3
全国	730.0	31273.9	8854.8	1192.5	32466.4
北方6区	371.1	4577.3	2704.4	1015.4	5592.7
南方4区	1353.6	26696.6	6150.4	177.1	26873.7
松花江区	523.7	1278.8	497.0	205.2	1484.0
辽河区	602.9	385.3	212.0	104.4	489.8
海河区	614.2	204.0	259.9	183.9	387.9
黄河区	482.4	481.0	354.9	120.7	601.8
淮河区	893.3	732.6	428.2	277.0	1009.5
长江区	1205.3	11796.7	2706.5	150.3	11947.1

[1] 水资源分区是以水资源及其开发利用的特点为主，综合考虑地形地貌、水文气象、自然灾害、生态环境及经济社会发展状况，结合流域和区域进行分区划片。我国划分为松花江区、辽河区、海河区、黄河区、淮河区、长江区、东南诸河区、珠江区、西南诸河区、西北诸河区等10个水资源一级分区。

续表

水资源一级区	降水量/mm	地表水资源量/亿 m^3	地下水资源量/亿 m^3	地下水与地表水资源不重复量/亿 m^3	水资源总量/亿 m^3
其中：太湖流域	1860.6	404.4	68.0	34.8	439.2
东南诸河区	2249.3	3102.1	636.1	11.3	3113.4
珠江区	1822.2	5913.4	1394.7	15.5	5928.9
西南诸河区	1124.8	5884.3	1413.0	0.0	5884.3
西北诸河区	206.3	1495.6	952.4	124.2	1619.8

注 松花江区、辽河区、海河区、黄河区、淮河区、西北诸河区6个水资源一级区，简称北方6区；长江区（含太湖）、东南诸河区、珠江区、西南诸河区4个水资源一级区，简称南方4区。

可见，我国水资源量在空间的分布上很不均匀，其中北方6区水资源总量5592.7亿 m^3，占全国的17.2%；南方4区水资源总量26873.7亿 m^3，占全国水资源总量的82.7%。

我国降水量和径流量的分布总趋势是由东南沿海向西北内陆递减。从黑龙江省的呼玛到西藏东南部边界的这条东北—西南走向的斜线，大体与年均降水400mm和年均最大24h降水50mm的暴雨等值线一致。这是东南部湿润、半湿润地区和西北部干旱、半干旱地区的分界线。

二、水体的概念

水体是指海洋、河流、湖泊、沼泽、水库、冰川、地下水等地表与地下贮水体的总称。水体包括水和水中各种物质、水生生物及底质。从自然地理的角度看，水体是指地表水覆盖的自然综合体。

水体可分为海洋水体和陆地水体，陆地水体又可分为地表水体和地下水体。我们主要研究的是与人类生活密切相关的河流、湖泊、水库和地下水等陆地水体。

在环境污染评价研究中，区分水与水体这两个概念十分重要。例如，在河流重金属污染研究中，只根据水中重金属的含量，很难正确评价河流的污染程度。国内外大量的研究表明，通过各种途径排入水体的重金属污染物大部分均迅速地由水相转入固相，即迅速地转移至悬浮物和沉积物中。

悬浮物在被水流搬运过程中，当其负荷量超过其搬运能力时，便逐渐变为沉积物。另外，在受重金属污染的水体中，水相中重金属含量很小（常为十亿分之一级），而且随机性很大，随排放状况与水力学条件不同，含量分布往往没有规律。但在沉积物中重金属很容易得到累积（百万分之一级），并表现出明显的含量分布规律。因此，沉积物能更好地反映水质的状况，而且可以作为水环境重金属污染的指示剂。在确定江河湖泊所发生的复杂化学过程中，应该同时研究水和水体沉积物。

三、天然水的物质组成

自然界不存在化学概念上的纯水。天然水是在特定自然条件下形成的、含有许多溶解性物质和非溶解性物质，是组成成分极其复杂的综合体。这些物质可以是固态的、液态的或者是气态的，它们大多以分子态、离子态或胶体微粒态存在于水中（表 4-2）。

表 4-2　天然水的物质组成

主要离子		微量	溶解气体		生物生成物	胶体		悬浮物质
阴离子	阳离子		主要气体	微量气体		无机	有机	
Cl^-	Na^+	Br、F	O_2	N_2	NH_4^+ NO_2^-	$SiO_2 \cdot nH_2O$	腐殖质	硅铝酸
SO_4^{2-}	K^+	I、Fe	CO_2	H_2S	NO_3^- PO_4^{3-}	$Fe(OH)_3 \cdot nH_2O$		盐颗粒
HCO_3^-	Ca^{2+}	Cu、Ni		CH_4	HPO_4^{2-}	$Al_2O_3 \cdot nH_2O$		砂粒
CO_3^{2-}	Mg^{2+}	Co、Ra			$H_2PO_4^-$			黏土

天然水中含有地壳中的大部分元素，但其含量变化范围很大，表 4-2 是天然水中含量较多、较常见的物质组成。

水中 8 大离子的总量占水中溶解性固体总量的 95% 以上。这 8 大离子在各类水中的含量与自然地理条件密切相关。就天然水而言，微量元素是指含量小于 10mg/L 的元素。

水中的溶解性气体能够影响水生生物的生存和繁殖以及中水物质的溶解、化合等化学和生化反应。

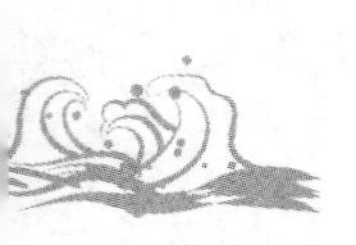

生物生成物在水中含量很低，然而它们对水生物的生长却至关重要，含量过高会使水生生物急剧繁殖，造成水体出现“水华”“赤潮”现象。

天然水中的有机质一般是指腐殖质，主要是生物生命活动过程中所产生的有机物质和生物遗骸的分解所产生的有机物质。它们大部分呈胶体微粒状，在化学与生物化学作用下，被分解成无机物。天然水的物质组成取决于它的形成环境。

四、水体的自净作用

各类天然水体都有一定的自净能力。污染物质进入天然水体后，通过一系列物理、化学和生物因素的共同作用，使水中污染物质的浓度降低，这种现象称为水体的自净（self-purification of water bodies）。但是在一定的时间和空间范围内，如果污染物质大量排入天然水体并超过了水体的自净能力，就会造成水体污染。

水体的自净作用按其净化机制可分为3类：

（1）物理净化：天然水体的稀释、扩散、沉淀和挥发等作用，使污染物质的浓度降低。

（2）化学净化：天然水体的氧化还原、酸碱反应、分解、凝聚等作用，使污染物质的存在形态发生变化和浓度降低。

（3）生物净化：天然水体中的生物活动过程，使污染物质的浓度降低。特别重要的是水中微生物对有机物的氧化分解作用。

水体的自净作用按其发生场所可分为4类：

（1）水中的自净作用：污染物质在天然水中的稀释、扩散、氧化、还原或生物化学分解等。

（2）水与大气间的自净作用：水中某些有害气体的挥发释放和氧气溶入等。

（3）水与底质间的自净作用：水中悬浮物质的沉淀和污染物被底质吸附等。

（4）底质中的自净作用：底质中的微生物作用使底质中有机污染物

分解等。

水体自净能力是有限度的，超过自净能力时，就会造成或加剧水体污染。所以，研究和掌握水体的自净规律，对充分利用水体的自净能力，确定排入水体的污水的处理程度，经济、有效地防止水体污染具有十分重要的意义。

而水环境容量是指在满足水环境质量标准的条件下，水体所能接纳的最大允许污染物负荷量，又称水体纳污能力。水环境容量一般包括差值容量和同化容量两部分。水体稀释作用属于差值容量，生物化学作用为同化容量。

水环境容量既反映了满足特定功能条件下水体对污染物的承受能力，也反映了污染物在水环境中的迁移、转化、降解、消亡规律。当水质目标确定后，水环境容量的大小就取决于水体对污染物的自净能力。

五、水质指标与水质标准

（一）水质指标

水质（water quality）是水体质量的简称。它标志着水体的物理（如色度、浊度、臭味等）、化学（无机物和有机物的含量）和生物（细菌、微生物、浮游生物、底栖生物）的特性及其组成的状况。

水质指标可概括为物理指标、化学指标、微生物指标和放射性指标。

1. 物理指标

物理指标包括水温、外观（漂浮物等）、颜色、臭、浊度、透明度、固体含量、矿化度、电导率和氧化还原电位。

2. 化学指标

根据水中所含物质的化学性质的不同，化学指标可分为无机物指标与有机物指标。无机物指标包括 pH 值、溶解氧、氮、磷、无机盐类及重金属离子等。有机物指标根据有机物都可以被氧化这一特性，用氧化过程所消耗的氧量来对水中有机物的总量进行定量。主要包括生化需氧量（BOD）、化学需氧量（COD）和总需氧量（TOD）等。

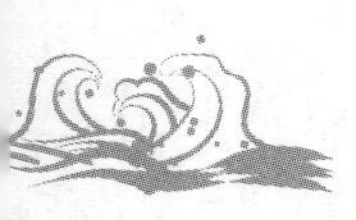

3. 微生物指标

微生物指标包括大肠菌群数、大肠菌群指数、病毒及细菌总数等。

4. 放射性指标

放射性指标包括总 α 放射性、总 β 放射性 $^{266}R_a$ 和 $^{228}R_a$ 等。

(二)水质标准

不同用途的水，对水质的要求也不同。为此，针对不同用途的水，必须建立起相应的物理、化学和生物学的质量标准，对水中的杂质加以一定限制。

为评价水体质量状况，规定了一系列水质参数和水质标准。如地表水环境质量标准、生活饮用水卫生标准、渔业水质标准等（表 4-3）。

表 4–3 水环境保护标准（摘录）

序号	标 准 名 称	标准号
一、水环境质量标准		
1	《地表水环境质量标准》	GB 3838—2002
2	《地下水质量标准》	GB/T 14848—2017
3	《生活饮用水卫生标准》	GB 5749—2006
4	《农田灌溉水质标准》	GB 5084—2005
5	《渔业水质标准》	GB 11607—2005
6	《城市污水再生利用 分类》	GB/T 18919—2002
7	《海水水质标准》	GB 3097—1997
二、水污染物排放标准		
1	《城镇污水处理厂污染物排放标准》	GB 18918—2002
2	《污水综合排放标准》	GB 8978—1996
3	《畜禽养殖业污染物排放标准》	GB 18596—2001
4	《石油炼制工业污染物排放标准》	GB 31570—2015
5	《无机化学工业污染物排放标准》	GB 31573—2015
三、水监测规范、方法标准		
1	《水质 化学需氧量的测定 重铬酸盐法》	HJ 828—2017
2	《水质 氨氮的测定 连续流动 - 水杨酸分光光度法》	HJ 665—2013
四、相关标准		
1	《湖泊营养物基准制定技术指南》	HJ 838—2017
2	《排污单位自行监测技术指南 总则》	HJ 819—2017

注 摘自中华人民共和国生态环境部，http：//www.mee.gov.cn/ywgz/fgbz/bz/bzwb/shjbh/shjzlbz/。

1.《地表水环境质量标准》（GB 3838—2002）

《地表水环境质量标准》（GB 3838—2002）的制定，是为了贯彻《中华人民共和国环境保护法》和《中华人民共和国水污染防治法》，防治水污染，保护地表水水质，保障人体健康，维护良好的生态系统。

该标准将标准项目分为：地表水环境质量标准基本项目、集中式生活饮用水地表水源地补充项目和集中式生活饮用水地表水源地特定项目。地表水环境质量标准基本项目适用于全国江河、湖泊、运河、渠道、水库等具有使用功能的地表水水域；集中式生活饮用水地表水源地补充项目和特定项目适用于集中式生活饮用水地表水源地一级保护区和二级保护区；集中式生活饮用水地表水源地特定项目由县级以上人民政府环境保护行政主管部门根据本地区地表水水质特点和环境管理的需要进行选择，集中式生活饮用水地表水源地补充项目和选择确定的特定项目作为基本项目的补充指标。

标准项目共计 109 项，其中地表水环境质量标准基本项目 24 项，集中式生活饮用水地表水源地补充项目 5 项，集中式生活饮用水地表水源地特定项目 80 项。

该标准按照地表水环境功能分类和保护目标，规定了水环境质量应控制的项目及限值，以及水质评价、水质项目的分析方法和标准的实施与监督。适用于中华人民共和国领域内江河、湖泊、运河、渠道、水库等具有使用功能的地表水水域。具有特定功能的水域，执行相应的专业用水水质标准。依据地表水水域环境功能和保护目标，按功能高低依次划分为 5 类：

（1）Ⅰ类：主要适用于源头水、国家自然保护区。

（2）Ⅱ类：主要适用于集中式生活饮用水地表水源地一级保护区、珍稀水生生物栖息地、鱼虾类产卵场、仔稚幼鱼的索饵场等。

（3）Ⅲ类：主要适用于集中式生活饮用水地表水源地二级保护区、鱼虾类越冬场、洄游通道、水产养殖区等渔业水域及游泳区。

（4）Ⅳ类：主要适用于一般工业用水区及人体非直接接触的娱乐用水区。

（5）Ⅴ类：主要适用于农业用水区及一般景观要求水域。

对应地表水上述 5 类水域功能，将地表水环境质量标准基本项目标准

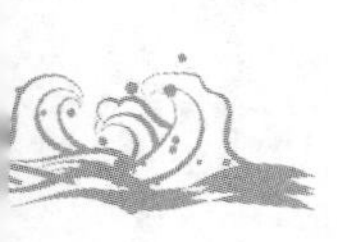

值分为5类（表4-4），不同功能类别分别执行相应类别的标准值。水域功能类别高的标准值严于水域功能类别低的标准值。同一水域兼有多类使用功能的，执行最高功能类别对应的标准值。实现水域功能与达功能类别标准为同一含义。

表4-4　　地表水环境质量标准基本项目标准限值　　单位：mg/L

序号	分类 标准值 项目		Ⅰ类	Ⅱ类	Ⅲ类	Ⅳ类	Ⅴ类
1	水温/℃		人为造成的环境水温变化应限制在：周平均最大温升≤1 周平均最大温降≤2				
2	pH值（无量纲）		6～9				
3	溶解氧	≥	饱和率90%（或7.5）	6	5	3	2
4	高锰酸盐指数	≤	2	4	6	10	15
5	化学需氧量（COD）	≤	15	15	20	30	40
6	五日生化需氧量（BOD_5）	≤	3	3	4	6	10
7	氨氮（NH_3-N）	≤	0.15	0.5	1.0	1.5	2.0
8	总磷（以P计）	≤	0.02（湖、库0.01）	0.1（湖、库0.025）	0.2（湖、库0.05）	0.3（湖、库0.1）	0.4（湖、库0.2）
9	总氮（湖、库，以N计）	≤	0.2	0.5	1.0	1.5	2.0
10	铜	≤	0.01	1.0	1.0	1.0	1.0
11	锌	≤	0.05	1.0	1.0	2.0	2.0
12	氟化物（以F计）	≤	1.0	1.0	1.0	1.5	1.5
13	硒	≤	0.01	0.01	0.01	0.02	0.02
14	砷	≤	0.05	0.05	0.05	0.1	0.1
15	汞	≤	0.00005	0.00005	0.0001	0.001	0.001
16	镉	≤	0.001	0.005	0.005	0.005	0.01
17	铬（六价）	≤	0.01	0.05	0.05	0.05	0.1
18	铅	≤	0.01	0.01	0.05	0.05	0.1
19	氰化物	≤	0.005	0.05	0.02	0.2	0.2
20	挥发酚	≤	0.002	0.002	0.005	0.01	0.1
21	石油类	≤	0.05	0.05	0.05	0.5	1.0
22	阴离子表面活性剂	≤	0.2	0.2	0.2	0.3	0.3
23	硫化物	≤	0.05	0.1	0.2	0.5	1.0
24	粪大肠菌群/（个/L）	≤	200	2000	10000	20000	40000

地表水环境质量评价应根据应实现的水域功能类别，选取相应类别标准，进行单因子评价，评价结果应说明水质达标情况，超标的应说明超标项目和超标倍数。丰水期、平水期、枯水期特征明显的水域，应分水期进行水质评价。

只对地表水体中有害物质规定容许标准值并不能完全控制水体污染，为了进一步保护水环境质量，必须从控制污染源着手，制定相应的污染物排放标准以及再生水利用水质标准。

2. 城市污水再生利用系列标准

城市污水是指设市城市和建制镇排入城市污水系统的污水的统称。在合流制排水系统中，还包括生产废水和截流的雨水。

为贯彻我国水污染防治和水资源开发利用的方针，提高城市污水利用效率，做好城市节约用水工作，合理利用水资源，实现城市污水资源化，减轻污水对环境的污染，促进城市建设和经济建设可持续发展，我国制定了《城市污水再生利用》系列标准。

城市污水再生利用是以城市污水为再生水源，经再生工艺净化处理后，达到可用的水质标准，通过管道输送或现场使用方式予以利用的全过程。城市污水再生利用类别及水质控制指标见表 4-5。

表 4-5　　城市污水再生利用类别及水质控制指标　　单位：mg/L

序号	项目	农田灌溉用水（GB 20922—2007）		观赏性景观环境用水（河道）（GB/T 18921—2002）	工业用水（直流冷却水）（GB/T 19923—2005）	城市杂用水（城市绿化）（GB/T 18920—2002）	绿地灌溉水质（GB/T 25499—2010）
		旱地谷物	露地蔬菜				
1	基本要求	—	—	无漂浮物，无令人不愉快的嗅和味	—	无不快感	嗅：无不快感 色度≤ 30
2	pH 值	5.5 ～ 8.5	5.5 ～ 8.5	6.0 ～ 9.0	6.5 ～ 9.0	6.0 ～ 9.0	6.0 ～ 9.0
3	BOD_5	80	40	10	30	20	20
4	SS	90	60	20	30	—	
5	浊度（NTU）	—	—	—	—	10	≤ 5（非限制性绿地），10（限制性绿地）

续表

序号	项目	农田灌溉用水（GB 20922—2007）		观赏性景观环境用水（河道）（GB/T 18921—2002）	工业用水（直流冷却水）（GB/T 19923—2005）	城市杂用水（城市绿化）（GB/T 18920—2002）	绿地灌溉水质（GB/T 25499—2010）
		旱地谷物	露地蔬菜				
6	溶解氧	—	≥ 0.5	≥ 1.5	—	—	—
7	TP			1.0	—		—
8	TN			15	—		—
9	NH_3-N			5	—	20	20
10	粪大肠菌群数 /（个 /L）	40000	20000	10000	2000	—	≤ 200（非限制性绿地），≤ 1000（限制性绿地）
11	余氯	≥ 1.5	≥ 1.0	游离性余氯 ≥ 0.05	加氯消毒时管末梢 ≥ 0.05	总余氯接触 30min 后≥ 1.0，管网末端 ≥ 0.2	0.2 ≤管网末端≤ 0.5
12	色度（度）			—	30	30	—

城市杂用水包括城市绿化、冲厕、道路清扫、车辆冲洗、建筑施工、消防等。环境用水包括娱乐性景观环境用水、观赏性景观环境用水、湿地环境用水。

六、水污染

(一) 主要污染物及其环境效应

根据《中华人民共和国水污染防治法》[1]，水污染是指水体因某种物质

---

[1] 1984 年 5 月 11 日，第六届全国人民代表大会常务委员会第五次会议通过；1996 年 5 月 15 日，第八届全国人民代表大会常务委员会第十九次会议对《关于修改〈中华人民共和国水污染防治法〉的决定》进行第一次修正；2008 年 2 月 28 日，第十届全国人民代表大会常务委员会进行第三十二次会议修订；2017 年 6 月 27 日，第十二届全国人民代表大会常务委员会第二十八次会议对《关于修改〈中华人民共和国水污染防治法〉的决定》进行第二次修正。

的介入，而导致其化学、物理、生物或者放射性等方面特性的改变，从而影响水的有效利用，危害人体健康或者破坏生态环境，造成水质恶化的现象。水污染物是指直接或者间接向水体排放的，能导致水体污染的物质。有毒污染物是指那些直接或者间接被生物摄入体内后，可能导致该生物或者其后代发病、行为反常、遗传异变、生理机能失常、机体变形或者死亡的污染物。

介入环境水体导致水环境污染的物质和因素是多种多样的，这些污染物在不同的条件下产生的环境效应也具有多样性。通常来讲，水环境污染物包括悬浮物、耗氧有机物、植物营养物、重金属、难降解有机物、石油类、酸碱、病原体、热污染和放射性物质等。

1. 悬浮物

悬浮物（suspended solid，SS），又称悬浮固体，是指悬浮在水中的细小固体或胶体物质，主要来自矿石处理、建筑、冶金、化肥、化工、纸浆和造纸、食品加工、水力冲灰等工业废水和生活污水。悬浮物除了使水体浑浊、影响水生植物的光合作用外，悬浮物的沉积还会使水底栖息生物窒息，破坏鱼类产卵区，淤塞河流或湖库。此外，悬浮物中的无机和胶体物质较容易吸附营养物、有机毒物、重金属、农药等，形成危害更大的复合污染物。

2. 耗氧有机物

耗氧有机物是全球普遍存在的一种水环境污染物。生活污水、食品和造纸、制革、印染、石化等工业废水中含有糖类、蛋白质、油脂、氨基酸、脂肪酸、酯类等有机物，这些物质以悬浮态或溶解态存在于污水中，排入水体后能在微生物作用下最终降解为简单的有机物，并消耗掉大量的氧，使水中溶解氧含量降低，因而被称为耗氧有机物。在标准状况下，水中溶解氧约 9mg/L，当溶解氧降至 4mg/L 以下时，将严重影响鱼类和水生生物的生存；当溶解氧降至 1mg/L 时，大部分鱼类会窒息死亡；当溶解氧降至 0 时，水中厌氧微生物占据优势，有机物将进行厌氧分解，产生甲烷、硫化氢、氨和硫醇等难闻、有毒气体，造成水体发黑发臭，影响城市供水、工农业用水和景观用水。由于有机物成分复杂、种类繁多，一般常用综合指标如生化需氧量、化学需氧量、总需氧量或总有机碳等表示耗

氧有机物的含量。衡量耗氧有机物最常用的指标是五日生化需氧量，清洁水体中 BOD_5 应低于 3mg/L，若超过 10mg/L，则表明水体已受到严重污染。

3. 植物营养物

植物营养物重点指含氮、磷的无机物或有机物，主要来自生活污水、部分工业废水和农业尾水。氮、磷是植物生长所必需的营养物质，但过多的营养物质排入水体，则有可能刺激水中藻类及其他浮游生物大量繁殖，改变水生生态系统平衡；这些短生命周期生物的死亡和腐化会导致水中溶解氧含量下降，水质恶化，鱼类和其他水生生物大量死亡，这种现象称为水体的富营养化。当水体出现富营养化时，大量繁殖的浮游生物往往使水面呈现红色、棕色、蓝色等颜色，这种现象发生在海域称为“赤潮”，发生在江河湖泊，则称为“水华”。水体富营养化一般都发生在池塘、湖泊、河口、河湾和内海等水流缓慢、营养物容易积聚的封闭或半封闭水域，对流速较大的水体，如河流一般影响不大。

4. 重金属

水污染物中的重金属主要是指汞、镉、铅、铬，以及类金属砷等生物毒性显著的元素，也包括具有一定毒性的一般重金属，如锌、镍、钴、锡等。重金属不能被生物降解，生物从环境中摄取的重金属可通过食物链发生生物富集、放大，在人体内不断积累，造成慢性中毒。重金属的毒性与金属的形态有关，例如，六价铬的毒性是三价铬的 10 倍。

5. 难降解有机物

难降解有机物是指那些难以被自然降解的有机物，大多为人工合成化学品，例如有机氯化物、有机芳香胺类化合物、有机重金属化合物以及多环有机物等，也称为持久性有机污染物（Persistent Organic Pollutants，POPs）。它们的特点是能在水中长期稳定地存留，并在食物链中进行生物积累，其中一部分化合物即使在非常低的含量下仍具有致癌、致畸、致突变作用，对人类健康构成极大的威胁。

6. 石油类

水体中石油类污染物主要来自船舶排水、工业废水、海上石油开采、油料泄漏及大气石油烃沉降。含有石油类污染物的废水排入水体后形成油膜，阻止大气对水的复氧，并妨碍水生植物的光合作用；石油类污染物经微生物降解需要消耗氧气，造成水体缺氧；石油类污染物黏附在鱼鳃及藻类、浮游生物上，可致其死亡；石油类污染物还可抑制水鸟产卵和孵化。此外，石油类污染物的组成成分中含有多种有毒物质，食用受污染的鱼类等水产品，会危及人体健康。

7. 酸碱

水中的酸碱主要来自矿山排水、工业废水以及酸雨。酸碱会使水体pH值发生变化，破坏水的自然缓冲作用和水生生态系统的平衡；酸碱会使水的含盐量增加，对工业、农业、渔业和生活用水都会产生不良影响；严重的酸碱污染还会腐蚀船只、桥梁及其他水上建筑。

8. 病原体

生活污水、医院污水和屠宰、制革、洗毛、生物制品等工业行业废水，常含有各种病原体，如病毒、致病菌、寄生虫，传播霍乱、伤寒、胃炎、肠炎、痢疾及其他多种病毒传染疾病和寄生虫病。

9. 热污染

由工矿企业排放高温废水引起水体的温度升高，称为热污染。水温升高使水中溶解氧减少，同时加快了水中化学反应和生化反应的速率，改变了水生生态系统的生存条件，破坏生态功能平衡。

10. 放射性物质

放射性物质主要来自核工业部门和使用放射性物质的民用部门，尤其是核电站的废水。放射性物质污染地表水和地下水，影响饮用水水质，并且通过食物链对人体产生内照射，可能出现头痛、头晕、食欲下降等症状，继而出现白细胞和血小板减少，超剂量的长期作用可导致肿瘤、白血病和遗传障碍等。

（二）水污染源

水污染源可分为自然污染源和人为污染源两大类。自然污染源是指自然界自发地向环境排放有害物质，造成有害影响的污染源；人为污染源则是指人类社会经济活动所形成的污染源。水污染最初主要是自然因素造成

的，如地表水下渗和地下水流动将地层中某些矿物质溶解，使水中盐分、微量元素或放射性物质浓度偏高，导致水质恶化。但自然污染源一般只发生在局部地区，其危害往往也具有地区性。随着人类活动范围和强度的加大，人类的生产、生活活动逐步成为水污染的主要原因。按污染物进入水环境的空间分布方式，人为污染源又可分为点污染源和面污染源。

1. 点污染源

点污染源的排污形式为集中在一点或一个可当做一点的小范围内，多由管道收集后进行集中排放。最主要的点污染源包括工业废水和生活污水，由于污染的过程不同，这些污水的成分和性质也存在很大差异。

（1）工业废水。长期以来，工业废水是造成水体污染最重要的污染源。根据废水的发生来源，工业废水可分为工艺废水、设备冷却废水、洗涤废水，以及车辆冲洗废水等；根据废水中所含污染物的性质，工业废水可分为有机废水、无机废水、重金属废水、放射性废水、热污染废水、酸碱废水，以及混合废水等；根据产生废水的行业性质，又可分为造纸废水、石油化工废水、纺织废水、制革废水、冶金废水等。

工业废水一般具有以下几个特点：

1）污染量大。工业行业用水量大，其中70%以上转变为工业废水排入环境，废水中污染物浓度一般也很高，如造纸和食品等行业的工业废水中，有机物含量很高，BOD_5常超过2000mg/L，有的甚至高达30000mg/L以上。

2）成分复杂。工业污染物成分复杂、形态多样，包括有机物、无机物、重金属、放射性物质等有毒、有害污染物。特别是随着合成化学工业的发展，世界上已有数千万化学品问世，在生产过程中，这些化学品（例如多氯联苯）会不可避免地进入废水当中。污染物的多样性极大地增加了工业废水处理的难度。

3）感官不佳。工业废水常带有令人不悦的颜色或异味，如造纸废水的浓黑液，呈黑褐色，易产生泡沫，具有令人生厌的刺激性气味等。

4）水量、水质多变。工业废水的水量和水质随生产工艺、生产方式、设备状况、管理水平、生产时段等的不同而有很大差异，即使是同一工业的同一生产工序，生产过程中水质也会有很大变化。

（2）生活污水。生活污水主要来自家庭、商业、学校、旅游、服务行业及其他城市公用设施，包括厕所冲洗水、厨房排水、洗涤排水、淋浴排水及其他排水。不同城市的生活污水，其组成有一定差异。一般而言，生活污水中99.9%是水，虽然也有微量金属，如锌、铜、铬、锰、镍和铅等，但污染物以悬浮态或溶解态的无机物（如氮、硫、磷等盐类）、有机物（如纤维素、淀粉、脂肪、蛋白质及合成洗涤剂等）为主，其中的有机物大多较易降解，在厌氧条件下易产生恶臭。此外，生活污水中还有多种致病菌、病毒和寄生虫卵等。

2. 面污染源

面污染源，又称非点污染源，污染物排放一般分散在一个较大的区域范围，通常表现为无组织性。面污染源主要指雨水的地表径流、含有农药化肥的农田排水、畜禽养殖废水以及水土流失等。农村中分散排放的生活污水及乡镇工业废水，由于其进入水体的方式往往是无组织的，通常也列入面污染源。

（1）农村面源。不合理地使用化肥和农药改变了土壤的物理特性，降低土壤的持水能力，产生更多的农田径流并加速土壤的侵蚀，使得农田径流中含有大量的氮、磷营养物质和有毒的农药。由于农业对化肥的依赖性增加，畜禽养殖业的动物粪便已从一种传统的植物营养物变成了一种必须加以处理的污染物，畜禽养殖废水有机物浓度很高，如猪圈排水中BOD_5为1200～1300mg/L，牛圈排水中BOD_5可达4300mg/L，这些有机物易被微生物降解，其中含氮有机物经过氨化作用形成氨，再被亚硝化细菌和硝化细菌利用，转化为亚硝酸盐和硝酸盐，常引起地下水污染。目前，农业已成为大多数国家水环境质量恶化的最大面污染源。

此外，分散农村居民点的生活污水、粗放发展的乡镇工业废水，一般直接排入周边的环境，也是水环境重要的污染源。

（2）城市径流。在城市地区，大部分下垫面被屋顶、道路、广场所覆盖，地面渗透性很差。雨水降落并流过铺砌的地面，常夹带有大量的城市污染物，如润滑油、石油、防冻液、汽车尾气中的重金属、轮胎的磨损物、

建筑材料的腐蚀物、路面的沙砾、建筑工地的淤泥和沉淀物、动植物的有机废物、动物排泄排遗物中的细菌、城市草地和公园喷洒的农药，以及融雪剂等。城市地区的雨水一般通过雨污分流或合流的下水道，直接排入附近水体。

此外，大气中含有的污染物随降水进入地表水体，也可以归入面污染源。例如，酸雨降低了水体的pH值，影响幼鱼和其他水生动物种群的生存，并可使幸存的成年鱼类丧失生殖能力。

由于面污染源量大、面广、情况复杂，故其控制要比点污染源难得多。并且随着对点污染源管制的加强，面污染源在水环境污染中所占的比例将不断增加。

（三）湖库富营养化

中国目前有大小湖泊 4880 多个，总面积 83400km^2。近年来，由于经济发展迅猛、人口激增以及湖泊利用强度加大，而湖泊的水污染控制和保护措施效应滞后，使得湖泊水污染，特别是富营养化成为一个严重的环境问题，表现在湖泊富营养化迅速上升、城市湖泊富营养化程度严重、大型淡水湖泊富营养化程度严重、湖泊营养化程度与磷密切相关 4 个方面。

生态环境部通报，2019 年 1—12 月，1940 个国家地表水考核断面中，水质优良（Ⅰ～Ⅲ类）断面比例为 74.9%；劣Ⅴ类断面比例为 3.4%，主要污染指标为化学需氧量、总磷和高锰酸盐指数。监测的 110 个重点湖（库）中，Ⅰ～Ⅲ类水质湖库个数占比为 69.1%；劣Ⅴ类水质湖库个数占比为 7.3%，主要污染指标为总磷、化学需氧量和高锰酸盐指数。

以我国富营养化较为严重的太湖、滇池和巢湖为例，非点源污染（包括人畜粪尿和生活污水）已经成为入湖全氮和全磷负荷的主要来源。[1] 2019 年，太湖、巢湖为轻度污染、轻度富营养，主要污染指标为总磷；滇池为轻度污染、轻度富营养，主要污染指标为化学需氧量和总磷。

---

[1] 中国环境与发展国际合作委员会，中国农业非点源污染控制工作组的政策建议，http：//www.china.com.cn/tech/zhuanti/wyh/2008-06/23/content_15873936.htm。

第二节 我国农业发展现状

一、粮食生产

仓廪实，天下安。我国是世界上人口最多的国家。中华人民共和国成立 70 年来，我国用占全球 9% 的耕地、6% 的淡水资源，养活了占全球近 20% 的人口，创造了举世瞩目的奇迹。2019 年我国粮食总产量 13277 亿斤（66384 万 t）。2004—2015 年，我国粮食生产实现"十二连增"。

根据国家统计局对全国 31 个省（自治区、直辖市）农业生产经营户的抽样调查和农业生产经营单位的全面统计，2016 年全国粮食播种面积 $113028.2\times10^3hm^2$（169542.3 万亩），比 2015 年减少 $314.7\times10^3hm^2$（472.1 万亩），减少 0.3%。其中谷物[1]播种面积 $94370.8\times10^3hm^2$（141556.2 万亩），比 2015 年减少 $1265.1\times10^3hm^2$（1897.7 万亩），减少 1.3%。2016 年全国及各省（自治区、直辖市）粮食播种面积及粮食产量见表 4-6。

表 4-6　2016 年全国及各省（自治区、直辖市）粮食播种面积及粮食产量

地区	播种面积 /（$\times10^3hm^2$）	单位面积产量 /（kg/hm^2）	总产量 / 万 t
全国总计	113028.2	5452.1	61623.9
北京	87.3	6148.2	53.7
天津	357.3	5496.6	196.4
河北	6327.4	5468.7	3460.2
山西	3241.4	4067.6	1318.5
内蒙古	5784.8	4806.1	2780.2
辽宁	3231.4	6500.7	2100.6
吉林	5021.6	7402.4	3717.2
黑龙江	11804.7	5132.3	6058.6
上海	140.1	7107.1	99.5

[1] 谷物主要包括玉米、稻谷、小麦、大麦、高粱、荞麦、燕麦等。

续表

地区	播种面积 /（×10³hm²）	单位面积产量 /（kg/hm²）	总产量 /万 t
江苏	5432.7	6379.9	3466.0
浙江	1255.4	5991.3	752.2
安徽	6644.6	5143.2	3417.5
福建	1176.7	5531.2	650.9
江西	3686.2	5800.3	2138.1
山东	7511.5	6258.0	4700.7
河南	10286.2	5781.2	5946.6
湖北	4436.9	5756.6	2554.1
湖南	4890.6	6038.3	2953.1
广东	2509.3	5420.7	1360.2
广西	3023.6	5031.4	1521.3
海南	360.4	4937.9	178.0
重庆	2250.1	5182.1	1166.0
四川	6453.9	5397.5	3483.5
贵州	3113.3	3830.0	1192.4
云南	4481.2	4246.4	1902.9
西藏	176.6	5680.3	100.3
陕西	3068.7	4002.6	1228.3
甘肃	2814.0	4053.3	1140.6
青海	281.1	3680.8	103.5
宁夏	778.3	4761.5	370.6
新疆	2401.1	6298.2	1512.3

注 由于计算机自动进位原因，分省合计数与全国数略有差异。数据来源：http: //www.stats.gov.cn/tjsj/zxfb/201612/t20161208_1439012.html。

2016 年全国粮食单位面积产量 5452.1kg/hm²（363.5kg/ 亩），比 2015 年减少 30.7kg/hm²（2.0kg/ 亩），减少 0.6%。其中谷物单位面积产量 5988.8kg/hm²（399.3kg/ 亩），比 2015 年增加 4.8kg/hm²（0.3kg/ 亩），增长 0.1%。

粮食安全始终是关系我国国民经济发展、社会和谐稳定、国家安全自立的全局性重大战略问题。我国是拥有 14 多亿人口的大国，耕地减少、水资源短缺、气候变化对粮食生产的制约日益增长，而随着城镇化、工业化的发展及人口增长和人民生活改善，粮食需求呈刚性增长，粮食供给长期处于紧平衡状态。

值得关注的是，我国粮食生产受到耕地、淡水等资源环境约束，连续增产难度越来越大，粮食产量进一步增长空间受限。未来中国粮食增长正面临资源环境约束继续增大、成本不断上升、高质量粮食需求持续旺盛等一系列压力。缓解这些粮食增长压力、确保需求不断增长情况下的中国粮食安全，既要吸取以往经验，也要强力“减肥减药”，让农业高质量绿色发展。

二、秸秆和畜禽养殖废弃物

秸秆和畜禽养殖废弃物作为农村有机废弃物，具有双重属性，用则为利，弃则为害。

（一）秸秆

我国是农业大国，农作物秸秆产量大、分布广、种类多，长期以来一直是农民生活和农业发展的宝贵资源。在党中央、国务院强农惠农政策支持下，农业连年丰收，农作物秸秆（以下简称“秸秆”）产生量逐年增多，出现地区性、季节性、结构性的秸秆过剩，秸秆随意抛弃、焚烧现象严重，不仅制造雾霾、污染空气水体、严重威胁交通运输安全，还浪费资源，带来一系列环境问题。而且由于有机质没有归还土壤，造成土壤板结，肥力减退。加快推进秸秆综合利用，对于稳定农业生态平衡、缓解资源约束、减轻环境压力都具有十分重要的意义。

1. 秸秆资源量

2010 年全国秸秆理论资源量为 8.4 亿 t，可收集资源量约为 7 亿 t。秸秆品种以水稻、小麦、玉米等为主。其中，稻草约 2.11 亿 t，麦秸约 1.54 亿 t，玉米秸约 2.73 亿 t，棉秆约 2600 万 t，油料作物秸秆（主要为油菜和花生）约 3700 万 t，豆类秸秆约 2800 万 t，薯类秸秆约 2300 万 t。我国

的粮食生产带有明显的区域性特点，辽宁、吉林、黑龙江、内蒙古、河北、河南、湖北、湖南、山东、江苏、安徽、江西、四川等13个粮食主产省（自治区）秸秆理论资源量约6.15亿t，占全国秸秆理论资源量的73%。[1]

2015年全国秸秆理论资源量为10.4亿t，可收集资源量约为9亿t，利用量约为7.2亿t。[2]

2. 秸秆综合利用情况及特点

2010年，秸秆综合利用率达到70.6%，利用量约5亿t。其中，作为饲料使用量约2.18亿t，占31.9%；作为肥料使用量约1.07亿t（不含根茬还田，根茬还田量约1.58亿t），占15.6%；作为种植食用菌基料量约0.18亿t，占2.6%；作为人造板、造纸等工业原料量约0.18亿t，占2.6%；作为燃料使用量（含农户传统炊事取暖、秸秆新型能源化利用）约1.22亿t，占17.8%，秸秆综合利用取得明显成效。

2015年，我国秸秆综合利用率80.1%，利用量约为7.2亿t；其中，肥料化43.2%、饲料化18.8%、燃料化11.4%、基料化4.0%、原料化2.7%，秸秆综合利用途径不断拓宽，科技水平明显提高，综合效益快速提升。

2016年，十二届全国人民代表大会四次会议政府工作报告中，将“鼓励秸秆资源化利用，减少直接焚烧”改为“鼓励秸秆资源化综合利用，限制直接焚烧”；2017年政府报告提出“加快秸秆综合利用”。力争到2020年在全国建立较完善的秸秆还田、收集、储存、运输社会化服务体系，基本形成布局合理、多元利用、可持续运行的综合利用格局，秸秆综合利用率达到85%以上。秸秆基本实现资源化利用，解决秸秆废弃和焚烧带来的资源浪费和环境污染问题。

（二）畜禽养殖废弃物

近年来，我国畜牧业持续稳定发展，规模化养殖水平显著提高，保障

---

[1] 2011年，国家发展改革委、农业部、财政部制定了《“十二五”农作物秸秆综合利用实施方案》（发改环资〔2011〕2615号）。

[2] 2016年，国家发展改革委办公厅、农业部办公厅联合印发《关于编制“十三五”秸秆综合利用实施方案的指导意见》（发改办环资〔2016〕2504号）。

了肉蛋奶供给，但大量养殖废弃物没有得到有效处理和利用，成为农村环境治理的一大难题。抓好畜禽养殖废弃物资源化利用，关系畜产品有效供给，关系农村居民生产生活环境改善，是重大的民生工程。

加快推进畜禽养殖废弃物处理和资源化，关系 6 亿多农村居民生产生活环境，关系农村能源革命，关系能不能不断改善土壤地力、治理好农业面源污染，是一件利国利民利长远的大好事。

我国每年生产 1.5 亿多 t 肉蛋奶，每年也产生 38 亿 t 畜禽废弃物，这已经成为制约畜牧业发展的突出问题，关系到畜牧业能否实现绿色、健康和可持续发展。

2016 年 12 月 30 日，农业部通过了《开展水果蔬菜茶叶有机肥替代化肥行动方案》，2017 年 1 月，印发的《农业资源与生态环境保护工程规划（2016—2020 年）》提出，“深入实施测土配方施肥，实施果菜茶有机肥替代化肥行动，引导农民施用有机肥、种植绿肥、沼渣沼液还田等方式减少化肥使用”，到“十三五”末，主要农作物测土配方施肥技术推广覆盖率要达 90% 以上，绿色防控覆盖率要达 30% 以上，努力实现化肥农药零增长。

有机肥是指用作肥料的粪便、秸秆等有机物，经生物物质、动植物废弃物、植物残体加工而来，消除了其中的有毒有害物质，不仅能为农作物提供全面营养，而且肥效长，可增加和更新土壤有机质，促进微生物繁殖，改善土壤的理化性质和生物活性，是绿色食品生产的主要养分，有很多无机化肥不具备的肥效。随着近年来有机食品等的市场需求日益增长，果蔬茶等高附加值农产品行业需要越来越多的高质量有机肥。通过科技创新的支撑、农业管理部门的引导，不仅将畜禽粪污、农作物秸秆等农业废物的资源化和综合循环再利用制备为有机肥，而且还可以实现化肥的减量使用，全面支撑农业的面源环境污染防治工作。

到 2020 年，建立科学规范、权责清晰、约束有力的畜禽养殖废弃物资源化利用制度（图 4-2），构建种养循环发展机制，全国畜禽粪污综合利用率达到 75% 以上，规模养殖场粪污处理设施装备配套率达到 95% 以上，大型规模养殖场粪污处理设施装备配套率提前一年达到 100%。

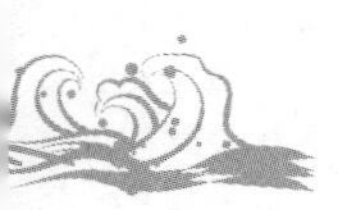

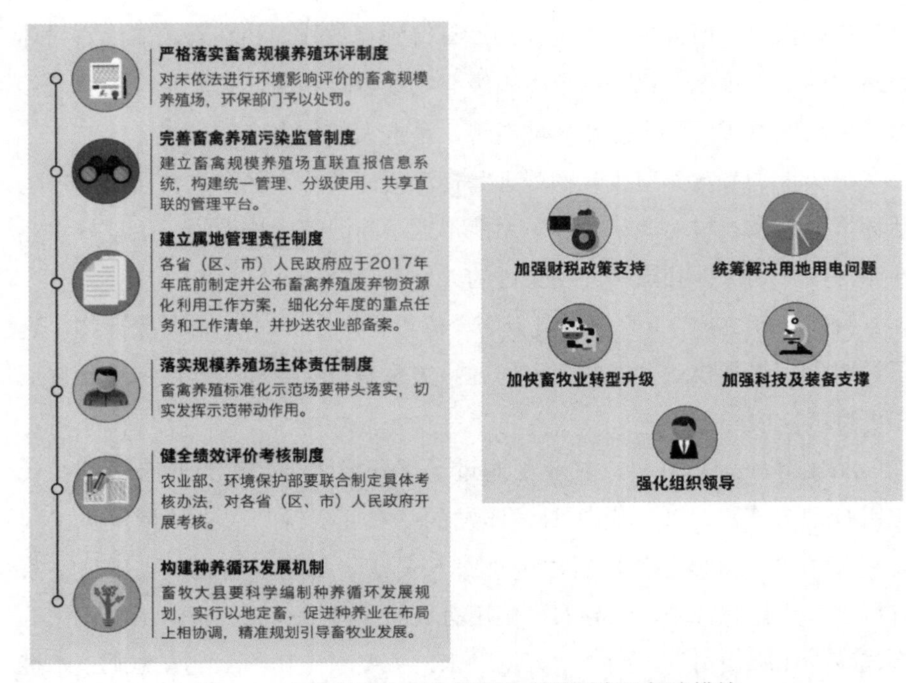

图 4-2　畜禽养殖废弃物资源化利用制度及保障措施

三、农业化学品施用

（一）化肥

化肥是重要的农业生产资料，是粮食的“粮食”。化肥在促进粮食和农业生产发展中起了不可替代的作用，但目前也存在化肥过量施用、盲目施用等问题，带来了成本的增加和环境的污染，亟须改进施肥方式，提高肥料利用率，减少不合理投入，保障粮食等主要农产品有效供给，促进农业可持续发展。

我国是化肥生产和使用大国。据国家统计局数据，2013 年化肥生产量 7037 万 t（折纯），农用化肥施用量 5912 万 t。专家分析，我国耕地基础地力偏低，化肥施用对粮食增产的贡献较大，大体在 40% 以上。

自20世纪70年代末以来，短短几十年，我国耕地肥力出现了明显下降，全国土壤有机质平均不到1%。“我们国家的化肥使用是全世界密度最高的，把土壤破坏得很厉害。”❶与此同时，我国化肥用量及其增长速度也令人吃惊。我国拥有地球上7%的耕地，但化肥和农药的使用量却是全球总量的35%。我国近6年粮食产量与化肥施用量如图4-3所示。近年化肥施用量年均5916万t，粮食产量年均60124万t。

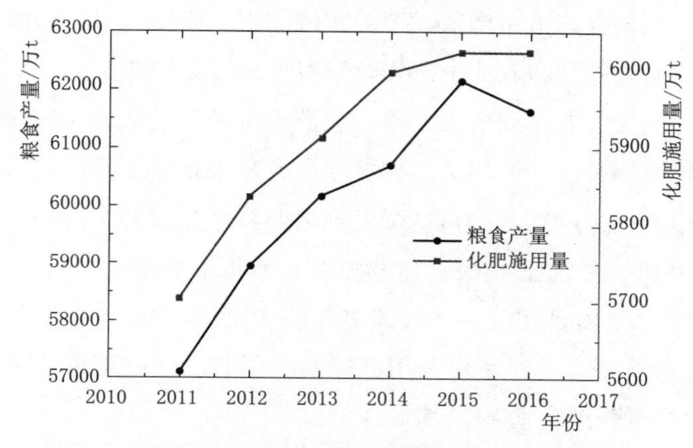

图4-3　我国粮食产量与化肥施用量趋势（2011—2016年）

当前我国化肥施用存在4个方面问题：一是亩均施用量偏高。我国农作物亩均化肥用量21.9kg，远高于世界平均水平（每亩8kg），是美国的2.6倍，欧盟的2.5倍。二是施肥不均衡现象突出。东部经济发达地区、长江下游地区和城市郊区施肥量偏高，蔬菜、果树等附加值较高的经济园艺作物过量施肥比较普遍。三是有机肥资源利用率低。目前，我国有机肥资源总养分为7000多万t，实际利用不足40%。其中，畜禽粪便养分还田率为50%左右，农作物秸秆养分还田率为35%左右。四是施肥结构不平衡。重化肥、轻有机肥，重大量元素肥料、轻中微量元素肥料，重氮肥、轻磷钾肥，“三重三轻”问题突出。传统人工施肥方式仍然占主导地位，化肥撒施、表施现象比较普遍，机械施肥仅占主要农作物种植面积的30%左右❷。

❶ 来源：经济学家茅于轼，2013年“生态农业进厨房”农产品安全论坛。
❷ 来源：农业部，到2020年化肥使用量零增长行动方案，2015年。

化肥施用不合理问题与我国粮食增产压力大、耕地基础地力低、耕地利用强度高、农户生产规模小等相关，也与肥料生产经营脱离农业需求、肥料品种结构不合理、施肥技术落后、肥料管理制度不健全等相关。过量施肥、盲目施肥不仅增加农业生产成本、浪费资源，也造成耕地板结、土壤酸化。实施化肥使用量零增长行动，是推进农业“转方式、调结构”的重大措施，也是促进节本增效、节能减排的现实需要，对保障国家粮食安全、农产品质量安全和农业生态安全具有十分重要的意义。

从国外的经验看，欧盟、北美、亚洲中东部分发达国家的化肥施用量都呈现先快速增长、达到峰值后保持稳中有降或持续下降的趋势，逐步走上了减肥增效、高产高效的可持续发展之路。从我国的实际看，通过开展测土配方施肥，目前三大粮食作物氮肥、磷肥和钾肥利用率达到33%、24%和42%，比项目实施前（2005年）分别提高了5个百分点、12个百分点和10个百分点。在肥料利用率提高的同时，化肥用量增幅出现下降趋势。2013年全国化肥用量增长1.3%，分别比2012年和2005年低1.1个百分点和1.5个百分点。2017年我国提前三年实现了“到2020年化肥使用量零增长”的目标。

化肥过度使用已成为我国保障粮食安全和生态安全的重大障碍，化肥增产的空间越来越小，“石油农业”难以为继，寻求新的途径刻不容缓。

（二）农药

农药是重要的农业生产资料，对防病治虫、促进粮食和农业稳产高产至关重要。但由于农药使用量较大，加之施药方法不够科学，带来生产成本增加、农产品残留超标、作物药害、环境污染等问题。

1. 现状

施用农药是防病治虫的重要措施。多年来，因农作物播种面积逐年扩大、病虫害防治难度不断加大，农药使用量总体呈上升趋势。从2001—2013年，我国农药产量由69.6万t增长至319.0万t，增长了3.58倍。以产量计，我国从2006年起已超过美国成为世界上第一大农药生产国。2014年我国农药总产量增长至374.39万t，超过2012年国内产量水平，创历史新高。据统计，2012—2014 年农作物病虫害防治农药年均使用量 31.1 万 t（折百），比 2009—2011 年增长 9.2%。[1]

大部分未有效利用的农药通过径流、渗漏、飘移等流失，污染土壤、水环境，影响农田生态环境安全，目前我国 70% 多的农田土地不同程度受到污染。且我国农药产品结构中，高毒、高残留品种仍然较多，尽管国家逐步禁止了部分高毒农药的施用，但仍有部分中小厂商违法违规生产相关产品，导致作物药害和农药中毒事件时有发生。为此，国家相继出台了一系列政策，如控制农药的施用，逐步淘汰高毒、高残留农药，鼓励农药企业收购兼并等。

2. 农药使用零增长目标

坚持“预防为主、综合防治”的方针，树立“科学植保、公共植保、绿色植保”的理念，依靠科技进步，依托新型农业经营主体、病虫防治专业化服务组织，集中连片整体推进，大力推广新型农药，提升装备水平，加快转变病虫害防控方式，大力推进绿色防控、统防统治，构建资源节约型、环境友好型病虫害可持续治理技术体系，实现农药减量控害，保障农业生产安全、农产品质量安全和生态环境安全。

到 2020 年，初步建立资源节约型、环境友好型病虫害可持续治理技术体系，科学用药水平明显提升，单位防治面积农药使用量控制在近 3 年平均水平以下，力争实现农药使用总量零增长。

（1）绿色防控：主要农作物病虫害生物、物理防治覆盖率达到 30% 以上、比 2014 年提高 10 个百分点，大中城市蔬菜基地、南菜北运蔬菜基地、北方设施蔬菜基地、园艺作物标准园全覆盖。

（2）统防统治：主要农作物病虫害专业化统防统治覆盖率达到 40% 以上，比 2014 年提高 10 个百分点，粮棉油糖等作物高产创建示范片、园艺作物标准园全覆盖。

（3）科学用药：主要农作物农药利用率达到 40% 以上，比 2013 年提高 5 个百分点，高效低毒低残留农药比例明显提高。

---

[1] 来源：农业部，《到 2020 年农药使用量零增长行动方案》，2015 年。

3. 农药使用量零增长重点任务

围绕建立资源节约型、环境友好型病虫害可持续治理技术体系，实现农药使用量零增长。重点任务是："一构建，三推进。"

（1）构建病虫监测预警体系。按照先进、实用的原则，重点建设一批自动化、智能化田间监测网点，健全病虫监测体系；配备自动虫情测报灯、自动计数性诱捕器、病害智能监测仪等现代监测工具，提升装备水平；完善测报技术标准、数学模型和会商机制，实现数字化监测、网络化传输、模型化预测、可视化预报，提高监测预警的时效性和准确性。

（2）推进科学用药。重点是"药、械、人"三要素协调提升。一是推广高效低毒低残留农药。扩大低毒生物农药补贴项目实施范围，加快高效低毒低残留农药品种的筛选、登记和推广应用，推进小宗作物用药试验、登记，逐步淘汰高毒农药。科学采用种子、土壤、秧苗处理等预防措施，减少中后期农药施用次数。对症选药，合理添加喷雾助剂，促进农药减量增效，提高防治效果。二是推广新型高效植保机械。因地制宜推广自走式喷杆喷雾机、高效常温烟雾机、固定翼飞机、直升机、植保无人机等现代植保机械，采用低容量喷雾、静电喷雾等先进施药技术，提高喷雾对靶性，降低飘移损失，提高农药利用率。三是普及科学用药知识。以新型农业经营主体及病虫防治专业化服务组织为重点，培养一批科学用药技术骨干，辐射带动农民正确选购农药、科学使用农药。

（3）推进绿色防控。加大政府扶持，充分发挥市场机制作用，加快绿色防控推进步伐。一是集成推广一批技术模式。因地制宜集成推广适合不同作物的病虫害绿色防控技术模式，解决技术不配套、不规范的问题，加快绿色防控技术推广应用。二是建设一批绿色防控示范区。重点选择大中城市蔬菜基地、南菜北运蔬菜基地、北方设施蔬菜基地、园艺作物标准园、"三品一标"农产品生产基地，建设一批绿色防控示范区，帮助农业企业、农民合作社提升农产品质量、创响品牌，实现优质优价，带动大面积推广应用。三是培养一批技术骨干。以农业企业、农民合作社、基层植保机构为重点，培养一批技术骨干，带动农民科学应用绿色防控技术。此外，大力开展清洁化生产，推进农药包装废弃物回收利用，减轻农药面源污染、净化乡村环境。

（4）推进统防统治。以扩大服务范围、提高服务质量为重点，大力推进病虫害专业化统防统治。一是提升装备水平。发挥农作物重大病虫害统防统治补助、农机购置补贴及植保工程建设投资的引导作用，装备现代植保机械，扶持发展一批装备精良、服务高效、规模适度的病虫防治专业化服务组织。二是提升技术水平。推进专业化统防统治与绿色防控融合，集成示范综合配套的技术服务模式，逐步实现农作物病虫害全程绿色防控的规模化实施、规范化作业。三是提升服务水平。加强对防治组织的指导服务，及时提供病虫测报信息与防治技术。引导防治组织加强内部管理，规范服务行为。

2017 年我国提前三年实现了“到 2020 年农药使用量零增长”的目标。

(三) 农膜

从 20 世纪 50 年代初开始，随着塑料工业的快速发展，日本和欧美发达国家开始在农业生产中使用塑料薄膜，我国也从 20 世纪 70 年代末开始使用棚膜、地膜等农膜产品。地膜覆盖有效促进了农作物增产，为农业生产带来了一场“白色革命”。

然而，随着农膜使用范围扩大，其副作用也随之显现出来，尤其是地膜残留造成的“白色污染”，已经对农业环境构成了严重威胁。

我国农膜使用面积已突破亿亩，每年农膜使用总量高达 200 多万 t，由于超薄地膜大量使用，残膜回收再利用技术和机制欠缺，我国农膜回收率不足 2/3，每年约有 50 万 t 农膜残留于土壤中，残膜率达 40%。

大部分农膜不易分解，不但破坏了土壤结构，阻碍了作物根系对水的吸收和生长发育，降低了土壤肥力，造成地下水难以下渗，而且残膜在分解过程中会析出铅、锡、酞酸酯类化合物等有毒物质，造成新的土壤环境污染。

四、过量施用的危害

自工业革命以来，人类改变传统种植方法，追求“化学”模式来生产

粮食，大量使用化肥、农药，以为可增加农作物的产量。但事与愿违，统计数据显示：经过数十年使用化肥、农药和除草剂后，农作物产量不但没有增加，反而大大地减少，此外，还导致水源污染、土地流失、河道淤塞、海洋污染、生态变迁和疾病丛生等严重环境问题和经济损失等局面。农业生产过程中，化肥、农药、农膜等的大量使用已经造成了严重的大气、土壤和水污染。

农药的过量使用，不仅造成生产成本增加，也影响农产品质量安全和生态环境安全。农药使用不合理导致污染的加剧，土壤中的有益菌大量减少，土壤质量下降，自净能力减弱，影响农作物的产量与品质，危害人体健康，甚至出现环境报复风险。过量使用农药的主要危害为：①生态关系失衡，引起生态环境恶化；②土壤质量下降，使农作物减产降质；③重金属病开始出现，对人们身体健康和农业可持续发展构成严重威胁。因此实现农药减量控害，是十分必要的。

苏联科学家多库恰耶夫（Kostychev）早在1892年指出：土壤是一个自然体，具有起源和发展历史，是一个具有复杂和多样性程序和不断变化的实体。事实上，土壤是一个活生生的载体，它是由矿物、空气、水和有机物所组成的。土壤的有机物包括所有在土壤中生长的生物和在不同阶段分解中的死物。有机生物在土壤中作为土壤的结构、营养等，孜孜不倦地分工合作，分解土壤里的有机死物。

土壤有机死物和腐殖质对农田的其他益处包括：快速分解作物的残余物，使土壤变成水稳定的粒状聚合体，减少土壤硬化和泥块的形成，增进土层内部的排水功能，改善水渗透能力，增进和保存水分、养分的容量。改良土壤的外在结构有利于容易耕作、增加土壤的水储藏量、减少土地流失、改善根作物的形成和收割，在土壤更深处，还有丰富的根系形成，增进土壤中养分的循环等。

在耕地上过度使用化肥农药会破坏质壤的结构、导致腐殖质和上层土的下降、残杀土壤中的有机生物、破坏土壤中的生态平衡和导致有机物的失调和流失。

过磷酸钙、硫酸铵、氯化铵等都属生物酸性肥料，即植物吸收肥料中的养分离子后，土壤中氢离子增多，易造成土壤酸化。长期大量施用化肥，尤其在连续施用单一品种化肥时，在短期内即可出现这种情况。土壤酸化后会导致有毒物质的释放，或使有毒物质毒性增强，对生物体产生不良影响。土壤酸化还能溶解土壤中的一些营养物质，在降雨和灌溉的作用下，向下渗透补给地下水，使得营养成分流失，造成土壤贫瘠化，影响作物的生长。

农药、化肥的过度使用导致全球耕地的土地流失率比土地补充率高10～40倍，美国的流失率比补充率高10倍，中国的流失率比补充率高30倍，印度的流失率比补充率则高40倍。每年全球耕地所流失的面积相当于一个美国印第安纳州面积的大小，土地流失的速度极为惊人。人类99.7%的食物来源于耕地，每年全球土地流失导致1000万公顷的耕地消失和超过37亿人营养不良。

土地流失导致耕地的破坏。60%流失的土壤被冲至河流、小溪和湖泊，除导致河水、小溪和湖泊的污染外，淤泥的不断堆积还是造成河水、湖泊频频泛滥的原因。

土地流失降低土壤提供植物生长的储存水功能，因而导致支持生物多样性的能力的下降。土地流失使土地原有的水分、养分、有机物减低和导致土壤生物系的破坏，使树林、牧场和大自然的生态陷入破坏的局面。

上层土的流失，导致土地的沙化，成为风沙和空气污染产生的重要原因。而被刮起的沙土中具有20多种传染病的微生物，其中包括炭疽病和结核病，加速传染病的蔓延。

长期使用化肥、农药会破坏土壤的整个生态系统。严重的会导致土壤板结，最终丧失农业耕种价值。

我国20世纪80年代以后的农业，抛弃了之前主要通过兴修水利、改良土壤、培育良种等方法发展农业，施用化肥、农药只是起辅助作用的生态农业模式，走上了一条种田大量施用化肥、农药，养殖大量使用激素的“美国式”化学农业道路。

由于中国耕地不到美国的一半，为取得更高的产量，今天中国使用化肥、农药、激素的单位数量已经达到了美国的数倍，成了世界上最典型的

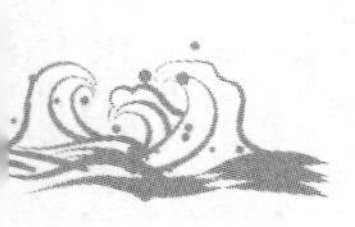

化学农业、石油农业。当代农业生产与食品供应遭遇了生态危机、生物多样性危机、水资源危机三重危机。

在工业化农业系统中，生产与过去同样多的食物，我们现在用的水相比过去多了 10 倍。化学农业方法是造成土壤非常严重破坏的重要原因。75% 的土壤已经失去了肥力，并且正在向沙漠化发展。

2015 年，我国水稻、玉米、小麦三大粮食作物化肥利用率为 35.2%，比 2013 年提高 2.2 个百分点；农药利用率为 36.6%，比 2013 年提高 1.6 个百分点；新增残膜加工能力约 4.6 万 t、回收地膜面积约 1212 万亩[1]。2017 年，农业用水量占全社会用水总量的 62.4%，农田灌溉水有效利用系数为 0.536。水稻、玉米和小麦三大粮食作物化肥利用率为 37.8%，比 2015 年上升 2.6 个百分点；农药利用率为 38.8%，比 2015 年上升 2.2 个百分点[2]。2019 年，水稻、玉米、小麦三大粮食作物化肥利用率为 39.2%，比 2017 年上升 1.4 个百分点；农药利用率为 39.8%，比 2017 年上升 1.0 个百分点[3]。

但我国化肥、农药利用率与欧美发达国家相比还有很大的差距，目前美国粮食作物氮肥利用率大体在 50%。欧洲主要国家粮食作物利用率大体在 65%，比我国高 15 ～ 30 个百分点。欧美发达国家小麦、玉米等粮食作物的农药利用率在 50% ～ 60%，比我国高 15 ～ 25 个百分点。跟发达国家或者利用水平比较高的地区相比，我国的化肥、农药利用率还有进一步提升的空间。

第三节　农业生产中的面源污染

农业面源污染是指在农业生产活动中，氮素和磷素等营养物质、农药以及其他有机或无机污染物质，通过农田的地表径流和农田渗漏形成的环

---

[1] 来源：生态环境部，《2015 年土地与农村环境》。
[2] 来源：生态环境部，《2018 中国生态环境状况公报》。
[3] 来源：生态环境部，《2019 中国生态环境状况公报》。

境污染，主要包括化肥污染、农药污染、畜禽粪便污染等。农业面源污染是导致目前河流、水库、湖泊等水体水质恶化的重要原因。农业面源污染由于其污染物的广域性、分散性、相对微量性和污染物运移途径的无序性，而具有机理模糊、潜伏周期长、危害大等特点，从而导致农业面源污染成为目前国内外环境污染治理的难点领域，也成为我国新农村建设尤其是环境建设的最大障碍。农业生产中的面源污染涉及水、土两个载体。

一、土壤及土壤侵蚀

（一）土壤

土壤是经济社会可持续发展的物质基础，关系人民群众身体健康，关系美丽中国建设，保护好土壤环境是推进生态文明建设和维护国家生态安全的重要内容。

土壤（soil）是陆地上一层薄的覆盖层，是由矿物质、有机质、活的生物体、空气和水组成的混合物，这些物质一起支持植物的生长。土壤中各成分的比例随土壤类型的不同而变化。但典型的“好的”农业土壤大约含有45%的矿物质、25%的空气、25%的水和5%的有机质（图4-4）。

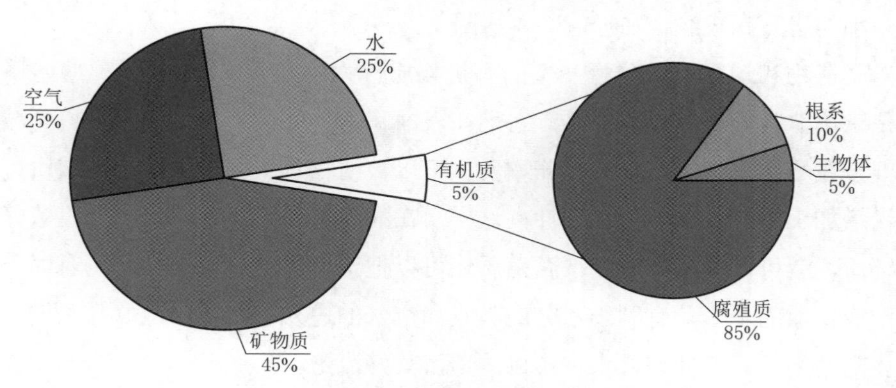

图4-4　优质农业土壤的成分

这种组合可以提供良好的排水、通风和有机质。农民最关心土壤，因为土壤的特性决定其作物种类和耕作方式。城市居民也应当关心土壤，因

为人们的健康取决于人们所吃的食物的质量和数量。如果土壤被滥用，以至于不能生长作物，或者任其侵蚀以致降低空气和水的质量，那么，无论是城市还是农村居民，都会遭殃。

土壤是人类生存的基本资源，也是农业发展的基础。要知道怎么保护土壤，首先要了解土壤的特性及其形成过程。

（二）土壤形成

土壤的形成涉及一系列物理、化学、生物过程。土壤的形成始于其母体材料（parent material）的破碎。母体材料包括古老的岩层，或由熔岩流或冰河活动形成的地质堆积物。土壤形成的种类和数量，取决于母体材料的种类、存在的动物和植物、气候、作用时间以及陆地的坡度等。母体材料的机械风化、化学风化速率受气候及其化学特性的影响。

在土壤的形成过程中，生物体也是一个重要角色。在被改变的母体材料中，首先获得一席之地的生物体同样参与了土壤的形成。苔藓通常形成先锋群落，并在岩石表面生长，捕捉小的颗粒。死亡苔藓以及其他有机物的分解，会释放酸性物质，改变岩石的化学特性，导致其进一步分解。从植物根系释放的化学物质，导致岩石颗粒的进一步分解。当其他生物体（如植物和小型动物）发展起来后，通过其死亡和腐烂，提供更多的有机质，与小的岩石颗粒结合在一起。

植物和动物残骸分解产生的有机物质称为腐殖质（humus）。腐殖质是土壤非常重要的成分之一，它们在表面积累，并最终与上层的无机颗粒混合在一起。该物质含有营养物质，可以被植物从土壤中摄取。腐殖质可以增加土壤的持水能力和酸性，这样，在酸性条件下易于溶解的无机营养物质，就可以被植物吸收。腐殖质还可以把土壤颗粒黏结在一起，有助于形成松散的土壤，有利于水分的吸收和空气的进入。密实的土壤几乎没有孔隙空间，通气性差，水也难以渗透，只好流走。

掘洞的动物、土壤细菌、真菌以及植物的根系，也是土壤形成中生物过程的一部分。最为重要的掘洞动物之一是蚯蚓。这些动物在土壤中行走的路是吃出来的，这样将有机物与无机物进一步混合，增加了植物可以利用的营养物质的量。它们同时把更深地层土壤中的营养物质携带到植物根系更为密集的区域，从而改善土壤的肥力。因为这些小型动物的掘洞行为，土壤的通风和排水条件得到改善。当植物的根系死亡并分解时，它们向土壤提供有机物和营养物质，并提供空气和水的通道。

真菌和细菌是分解者，在许多无机元素的循环过程中起着重要的作用。这些微生物与动物一起，通过将有机物分解成小颗粒并释放营养物质，改善土壤的质量。

在斜坡上的位置也影响土壤的形成。在陡峭的坡度上，土壤的形成非常缓慢，因为风和水会使各种物质向坡下方向移动。与此相反，河谷通常有较厚的土壤，因为通过类似的侵蚀过程，这些地方可以接收来自其他地方的土壤材料。

气候和时间的影响也非常重要。一般来说，特别干燥或寒冷的气候，不利于形成土壤；而湿润和温暖的气候，则有利于形成土壤。寒冷和干燥的气候，不利于土壤形成所必需的有机质的积累。而且，在较低温度和缺水的条件下，化学风化进行得更为缓慢。理想气候条件下，柔软的母体材料可以在 15 年内形成 1cm 厚的土壤。恶劣气候条件下，硬质的母体材料则需要几百年的时间才能形成这些土壤。在很多情形下，土壤的形成是一个缓慢的过程。

降雨量和有机物的量影响土壤的 pH 值。在降水量高的地区，基本离子（如钙、镁、钾等）从土壤中渗滤出来，留下更多的酸性物质。另外，有机质的分解也增加土壤的酸性。土壤 pH 值非常重要，因为它影响营养物质的可获取性，从而影响可以生长的植物的种类，影响土壤可以获得的有机物的量。由于钙、镁、钾是植物重要的营养物质，它们的渗滤遗失，降低了土壤的肥力。过量酸化的土壤会导致铝离子溶解。铝离子浓度高时，对许多植物有害。尽管有一些植物，如越橘和土豆，在酸性条件下生长良好，但大多数植物，在土壤 pH 值为 6 ～ 7 之间时生长良好。在大多数农业条件下，土壤的 pH 值通常都是通过添加化学物质来调节。添加石灰可以减少土壤的酸性，添加形成酸的物质，如硫酸盐，可以增强土壤的酸性。

（三）土壤性质

土壤的性质包括土壤质地、结构、含气量、水分、生物和化学组分等。土壤质地（soil texture）取决于土壤中无机物颗粒的大小及其所占百分比。最大的土壤颗粒是砂砾，由直径大于2mm的碎片组成。直径在0.05～2mm之间的颗粒称为砂。泥沙的直径为0.002～0.05mm。最小的颗粒是黏土颗粒，直径小于0.002mm。

大颗粒中间存在很多小的空隙，这样空气和水可以流过土壤。水从这种土壤中很快排出，通常携带有用的营养物质，进入根系无法达到的下层土壤层。黏土颗粒倾向于平坦，而且易于堆积在一起形成一层，降低水的流动性。含有大量黏土的土壤，难以排水、透气性差。因为水不易通过黏土层，所以黏性土壤易于长期保持水分，无机物也不易流失。

然而，由单一尺寸的颗粒组成土壤很少见。多种颗粒以不同的组合混合在一起，形成了多种多样的土壤（图4-5）。农业用的理想土壤是壤土（loam），它既有大颗粒良好的透气和排水性，又有黏土颗粒的保留营养物质和保持水分的能力。

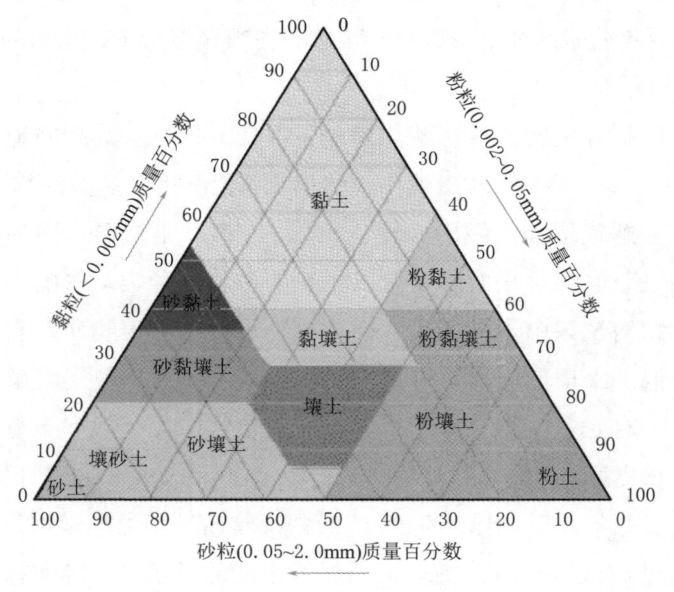

图4-5 土壤质地分类

如图 4-5 所示，如果土壤含有 40% 的砂（sand）、40% 的砂土（silt）和 20% 的黏土（clay），它就是壤土。

土壤结构与其质地是不同的。土壤结构（soil structure）是指各种不同的土壤颗粒堆积在一起的方式。砂质土壤中的颗粒彼此不粘贴在一起，因此，沙质土壤有着小粒结构。而黏质土壤中的颗粒相互粘在一起，形成大的团聚体。有着不同尺寸颗粒的混合土壤，容易形成更小的团聚体。好的土壤是易碎的，也就是说容易被破碎。土壤的结构和湿度决定了土壤的松散程度。砂质土壤非常松散，而黏质土壤不是。如果黏质土壤含有足够多的水分，可以形成结实的团块而不容易碎裂。

良好的农用土壤易于打碎，并且为空气和水留有空间。实际上，土壤中空气和水的含量，取决于这些空隙的存在。在良好的土壤中，当多余的水被排空后，有 1/2 ～ 2/3 的空间含有空气。空气为植物根系细胞和所有的其他土壤生物提供了氧气来源。空气与水的量之间的关系不是固定的。如果土壤不能排出多余的水，植物根系就会因缺少氧气而死亡，即被淹死了。另外，如果没有足够的土壤湿度，植物会因缺水而枯萎。土壤所含的水分和空气在决定土壤中生物的数量和种类方面也非常重要。

原生动物、线虫、蚯蚓、昆虫、藻类、细菌和真菌都是土壤中的典型生物。土壤中原生动物是土壤中其他生物的寄生者或捕食者，用于调节这些生物的数量。线虫有助于分解死亡的生物体。昆虫以及土壤中其他节肢动物，通过掘洞来消耗分解有机质，有助于形成土壤中的空隙。但它们以植物的根系为食，对庄稼有害。一些种类的细菌，可以固定空气中的氮。藻类进行光合作用，为其他土壤生物提供食物。细菌和真菌，在物质的降解和循环中有着特别重要的作用。它们的化学活动，可以将复杂的有机物转化为简单的、可被植物利用的营养物质。例如，一些种类的微生物，可以将有机质里蛋白质中的氮转化为植物可以利用的氨或硝酸盐。所产生的氮的量取决于有机质的种类、微生物的类型、排水和温度情况等。

最后，需要认识到，土壤含有复杂的食物链系统，其中任一种生物体都是其他生物的食物。所有这些生物，均活跃于土壤剖面（soil profile）不同的分层中（表 4–7）。

表 4–7　　土壤剖面各地层特点

地层	特　点
O_i	松散的树叶和有机碎屑，大部分未被分解
O_a	被部分分解的有机碎屑
A	表层土，生物活性最大的土层
E	不是所有的土壤都有 E 层；水中的溶解性物质或悬浮性物质能够被去除
B	底土，来自上层的悬浮性物质会积累的土层
C	风化的母体材料
R	基岩层

（四）土壤侵蚀

土壤侵蚀（soil erosion）是指土壤被水、风、冰磨损和输送的过程。流动的水可以携带大量的土壤，尽管侵蚀是一个自然过程，但是，农业活动把地面裸露出来，大大加速了这个过程。

无论什么地方，只要没有草、灌木和树，土壤侵蚀就会发生。森林砍伐和荒漠化都会使土地面临侵蚀。在森林被砍伐的地区，水从陡峭的、裸露的斜坡上冲刷下来，同时也携带了土壤。在沙漠化的地方，用于农业、建筑、采矿，或因为过度放牧而裸露的土壤，容易被风吹走。吹走土壤不仅会使土壤退化，而且会在其停留地点掩埋和杀死作物，还会填埋排水和灌溉沟渠。

风力也是土壤的重要输送者。风力侵蚀不如水力侵蚀明显，不会在地上留下侵蚀沟。由于干旱、过度放牧以及不合理的农业活动等，使大面积土地失去植被保护，导致土壤会受到广泛的风力侵蚀。

其他的还有耕作侵蚀、冻融侵蚀和重力侵蚀等。

二、农田灌溉及尾水排放

我国是一个农业大国，又是一个水资源不足、时空分布极不均衡、旱涝灾害频繁的国家。要达到农业的高产稳产，必须解决灌溉排水问题。1934年，江西瑞金，毛泽东审时度势，高瞻远瞩，提出“水利是农业的命脉，我们也应予以极大的注意”。如果土地是农业的一块块肌体，那么，河流、沟渠正是输送营养的血脉。

（一）农田灌溉

中国历史上最广泛的水利建设，发生在中华人民共和国成立以后的30年内，这个时期是中国几千年水利史上最辉煌的时期。数据显示，全国共修建水库（库容10万m^3以上）8万多座，新建人工河道近100条，开挖沟渠超过300万km，新建万亩以上的灌溉区5000多处，并基本解决大江大河的洪涝灾害问题。直接价值超过200万亿元。

20世纪80年代后，许多水库缺乏管理、维护，成为病库、险库，许多沟渠被堵塞、填埋、废弃，许多水利设施在经济建设中受到人为破坏。当干旱袭击我们时，江河、湖泊、水库的水却不能送到耕地里，洪涝时，害水不能及时排除，农民望水兴叹。

农业是用水大户，年用水量占全国总用水量的60%以上。占世界耕地面积约18%的水浇地生产着占世界约1/3的粮食，水浇地粮食单产是旱地的2倍以上。水浇地是指有水源保证和灌溉设施，在一般年景能正常灌溉，种植旱生农作物的耕地，包括种植蔬菜等非工厂化的大棚用地。旱地是指无灌溉设施，主要靠天然降水种植旱生农作物的耕地，包括没有灌溉设施，仅靠引洪淤灌达到耕地。

根据灌区的地形条件、控制面积及渠道设计流量的大小，灌溉渠道通常分为干渠、支渠、斗渠、农渠4级固定渠道。旱区通常采用雨水径流灌溉工程，导引、收集雨水径流，并把它蓄存起来，作为一种有效水资源而予以灌溉利用。

农田灌溉水有效利用系数是国家实行最严格水资源管理制度，确立水

资源管理“三条红线”[1]控制目标的主要指标之一。《水污染防治行动计划》提出，到2020年，大型灌区、重点中型灌区续建配套和节水改造任务基本完成，全国节水灌溉工程面积达到7亿亩左右，农田灌溉水有效利用系数达到0.55以上。

中共中央国务院《关于加快水利改革发展的决定》（2011年中央一号文件）指出，农田水利建设滞后仍然是影响农业稳定发展和国家粮食安全的最大硬伤，水利设施薄弱仍然是国家基础设施的明显短板。随着工业化、城镇化深入发展，全球气候变化影响加大，我国水利面临的形势更趋严峻，增强防灾减灾能力要求越来越迫切，强化水资源节约保护工作越来越繁重，加快扭转农业主要“靠天吃饭”局面任务越来越艰巨。水利是现代农业建设不可或缺的首要条件。

我国近年农业用水量增幅较缓，维持在3743亿～3920亿m^3之间，年平均3842亿m^3，耕地实际灌溉亩均用水量402m^3，农田灌溉水有效利用系数稳中有升，从2011年的0.510上升到2016年的0.542（图4-6）。这意味着使用1m^3水仅有0.542m^3被农作物吸收利用，与发达国家0.7～0.8的利用系数差距很大。以粮食为例，我国每立方米灌溉水可以生产1kg粮食，而发达国家能产出1.2～1.4kg。我国2004—2015年实现粮食十二连增，用水的总量却没有增加，主要是靠提高水分的利用效率来实现的。所以提出要把农田灌溉水有效利用系数提高到0.55。

虽然我国农田水利基础设施持续加强，但是现有灌溉排水设施大多建于20世纪50年代至70年代，存在标准低、不配套、老化失修等问题。由于农田水利公益性强、历史欠账多、投资需求大，即使近年来改善明显，但要从根本上改变农田水利条件，仍需付出长期不懈的努力。

---

[1] 一是水资源开发利用控制红线，到2030年全国用水总量控制在7000亿m^3以内；二是用水效率控制红线，到2030年用水效率达到或接近世界先进水平，万元工业增加值用水量降低到40m^3以下，农田灌溉水有效利用系数提高到0.6以上；三是水功能区限制纳污红线，到2030年主要污染物入河湖总量控制在水功能区纳污能力范围之内，水质达标率提高到95%以上。

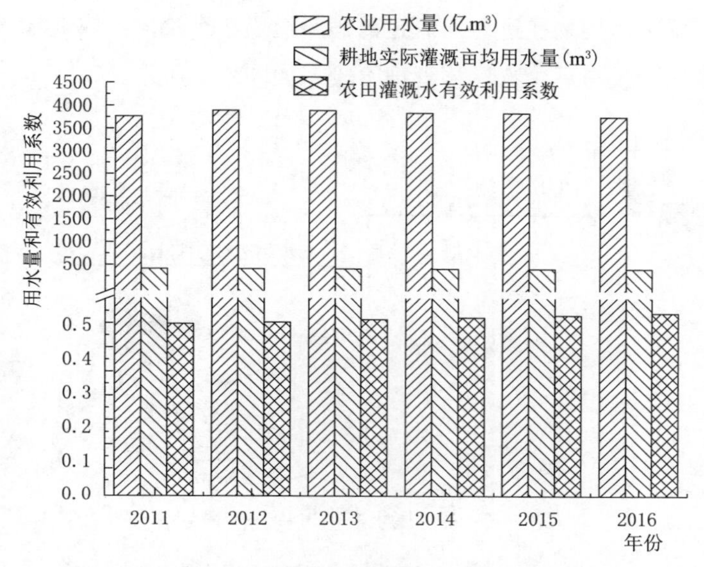

图 4-6　我国近年农业用水量及农田灌溉水有效利用系数

(二)尾水排放

农业面源污染造成的河流生态环境问题很大程度上源于携带有大量营养物质与农药残留的农田尾水未经任何处理，通过多种途径进入河道，严重破坏河流生态系统。联合国粮食与农业组织（FAO）的调查研究结果显示，有近一半的灌溉水会最终进入地下含水层与河流。由灌溉水转化而来的农田尾水一般水质较差，既不利于水资源的潜在二次利用，其污染输出也会严重影响受纳水体质量。

1. 农田尾水的特点

农田尾水是指农田中流出的地表径流水，属于农田中的过剩水分，其来源主要有灌溉过剩水、降雨、地下水的补给等多种。

农田尾水含有大量营养盐，个别灌区还含有大量的农药等。农田尾水不仅带走了农田中颗粒态和水溶态的养分，降低了土壤肥力和化肥的利用效率，并且通过受纳水体的运移作用直接或间接地导致水体的富营养化、水体缺氧等水质恶化问题，与此同时，水稻种植区的农田尾水会对其排泄河流的流动变化规律产生较大影响。

农田尾水污染物在进入河流之前需要经历 3 个阶段：农业输入阶段，污染源管理阶段与污染物运移管理阶段，如图 4-7 所示。

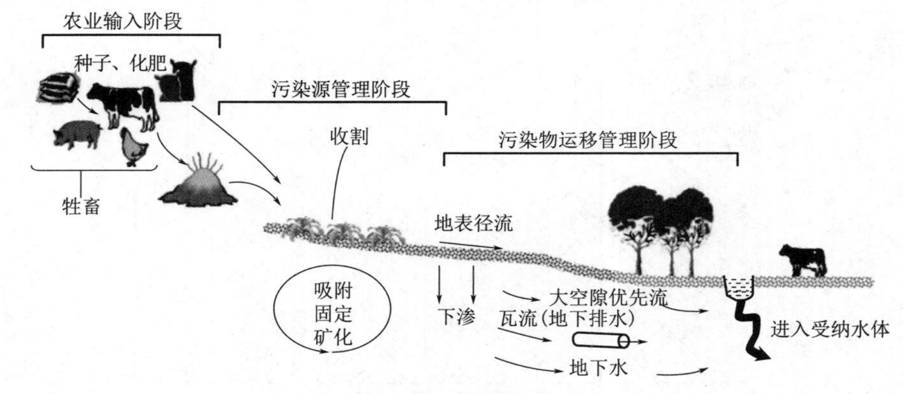

图 4-7　农田尾水产生过程与阶段划分

在农业输入阶段主要为饲料、牲畜粪便和肥料进入农业单元；污染源管理阶段包括上一阶段的物质输入转化为作物成分并被收割，进入土壤的部分被土壤吸附、固定与矿化，少部分进入地下水或随地表径流进入下一阶段；运移管理阶段包括地表径流携带物质进入河流，淋滤物质通过大孔隙优先流、瓦流和地下水进入受纳河流水体。

2. 农田尾水的处理现状

目前，全国大部分地区对农田尾水没有进行有效的处理，大部分直接排放到容泄区，未加二次利用，不仅造成严重的水源污染，而且使大量的水资源浪费，并且带走田间大量的无机盐、氮等营养成分。

灌区的部分农田在灌溉季节通过加高田埂高度将过剩水围堵在田间，形成重力水造成深层渗漏，直接污染地下水。又比如内蒙古的河套灌区，阿拉善盟的黑河额济纳灌区在渠道末尾修建退水闸，将农田尾水通过闸排泄到附近的流域。

参考文献

［1］　贾振邦，黄润华 . 环境学基础教程［M］.2 版 . 北京：高等教育出版社，2008.

［2］　鞠美庭 . 环境学基础［M］. 北京：化学工业出版社，2004.

[3] 左玉辉 . 环境学［M］.2 版 . 北京：高等教育出版社，2010.

[4] 汪志农 . 灌溉排水工程学［M］. 北京：中国农业出版社，2000.

[5] 黄晓龙，于艳新，丁爱中，等 . 农田尾水污染治理策略研究进展［J］. 中国农村水利水电，2016（7）：46-50.

[6] 董婷婷，王振颖，武玉峰 . 水浇地与旱地分类的研究进展［J］. 遥感信息，2010（4）：129-134.

第五章　农业生产的外部效应演变

良好的生态环境是人类生存与健康的基础。

——习近平

第一节 环境是一种经济资产

近年来，我国农业持续稳定发展，在提供丰富多样的农产品的同时，也产生了大量的副产品。我国养殖规模巨大，肉类产品产量从1996年开始居世界第一，2012年产量超8000万t，一年生猪饲养量接近12亿头，一年中禽类出栏130多亿只，每年产生的畜禽粪污，包括屠宰场清理粪污产生的污水30亿t，秸秆9亿多t，还有大量的农膜。处理不好，是污染、是问题，处理好了是资源。[1] 农业污染源一定程度上可以说是资源的时空错位。

一、从物质守恒的角度审视问题

当经济学家意识到，污染是生活和生产过程中不可避免地出现的现象时，开始研究环境保护问题。经济学家通常用“残余物”（residual）描述个人、工厂以及政府部门的生活和消费活动中伴随产生的物质和能量，相当于通常所说的污染物或者废弃物。

自然环境可以被视为一个围绕着社会经济系统的大空间（图5-1）。产品的生产和服务的提供过程都需要输入要素，例如，家庭提供的劳动力和来自自然环境中的原材料。生产过程和消费过程产生的“残余物”，最终被排放到环境中。

事实上，所有的生产和消费活动都会产生“残余物”，它们由物质和能量组成。物质残余是以固态、液态或气态返回到环境中的物质；能量残余包括噪声和热。例如，木头在炉子中燃烧产生并通过烟囱传导到环境中

---

[1] 十二届全国人大五次会议新闻中心于2017年3月7日10时45分在梅地亚中心多功能厅举行记者会，农业部部长韩长赋、副部长张桃林就“推进农业供给侧结构性改革”的相关问题回答中外记者的提问。

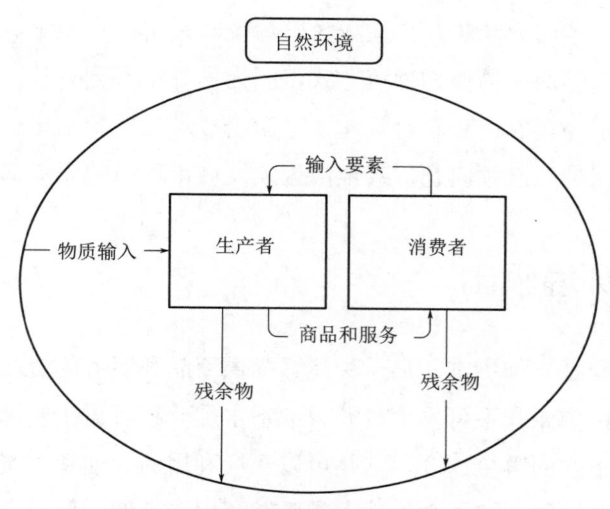

图 5-1　社会经济活动与自然环境

的热。废物通常可以循环利用，或者通过物理、化学、生物过程加以处理。

物质守恒定律在制定控制“残余物”的政策方面有着重要作用。如果不考虑这一物理定律，在制定政策的过程中，往往只是把“残余物”从一种介质转移至另一种介质。例如，旨在提高水质的政策有时会导致固体废物和大气质量问题，从水中将污染物分离出来进行填埋或燃烧会增加固体废物处理的压力，同样也会成为大气污染的新来源。

如果从环境物质守恒的角度出发，我们会认识到，两害相权取其轻。处理废物的过程并不能消灭它们，然而，将废物进行一定的处理再将它们释放到环境中会减小其对环境的影响。例如，在污水处理厂中，格栅及其他物理处理设施的应用可以将固体废物从废水中分离出来，经过一定处理，它们以脱水后的污泥、燃烧后的灰烬或者气态物质形态被排放到环境中，会比在水中对环境的影响小些。

物质守恒定律是非常基础的理论，然而，在制定环境政策时往往会忽视它，仅仅重视单个环境项目，要么针对水环境、要么针对大气环境、要么针对土壤环境等，忽视这些项目之间的协调，可能会导致不良后果。例如，我国对于秸秆的处理，由于农村生产、生活方式转变，秸秆由过去的“宝贝”变为“废弃物”，堆在田边、沟渠，形成固体废弃物，不仅占地，

还污染环境；若露天焚烧，会造成大气污染。采用秸秆还田，不适用我国连年耕作、一年两季的作物种植方式，因为秸秆得不到有效发酵，影响作物播种。禁烧令让农民和政府打起了“游击战”，屡禁不止。秸秆焚烧成为农村环境保护的瓶颈问题，甚至成为殃及城市环境的罪魁祸首。

二、环境输出

自然资源是一种资本，是一种能够提供商品和服务的资产。自然资源可分为可再生资源和不可再生资源。地下水是一种可再生资源，只要使用速度低于地下水的再生速度，它是可以永续利用的。油和煤炭属于不可再生资源，随着这些资源不断地被人类开发利用，它们的储量会越来越少。

环境是废物的处理场所。环境可以净化和转移人类生产和生活中的残余物，自然过程可以把一些残余物转化成无害的物质。

自然界中的光合作用是人类赖以生存的源泉。如果不是绿色植物把太阳能转化为有机物，人类将不可能生存下去。离开了光合作用，人类将失去一切食物和能量的来源。

同时，环境具有美学价值。人们去户外休闲娱乐，优美的景色可以陶冶人们的情操，让人们精神焕发。

一旦环境被视为一种资产，人们就往往只关心环境对人类有影响的一方面。其实这种看法非常狭隘。例如，许多人都喜欢大熊猫，所以经济学家在考虑环境问题时就会考虑到保护大熊猫的经济价值。相比之下，很少有人关心麻雀。既然环境被视为是一种资产，那么非人类和环境中的自然事物就会被人类考虑到，但是它们的重要性却因人类的关心程度而大相径庭。生物中心论在环境经济学中的地位并不重要。

人们愿意付出一些东西而获得更多的来自环境的服务，或者不损害其质量和数量。当人们获得环境处理废物的服务的同时，可能会对其他环境功能，包括生命支持、精神服务、物质输入等产生负面影响。但是在一定范围内，废物排放到环境中可能不构成环境污染。只有当废物丢弃变得普遍起来，可能影响到其他人的生活时，才构成环境污染。在大多数情况下，废物一旦排放，在环境法规中就被视为环境污染。

第二节 外部效应理论

亚当·斯密提出的市场中“看不见的手”理论以完全竞争市场模型为出发点，用数学模型说明竞争市场可以引导资源的有效配置，实现消费者效用最大化和生产者效益最大化。然而，亚当·斯密和其他人所描述的竞争市场的优点不适用于环境资源。下面介绍产权、公共物品、公共财产资源以及外部成本等概念。

一、产权

环境资源为什么不能通过正常的市场交易来实现适当管理，这个问题的一种解释起始于产权（property right）概念。产权就是物主在认为有利的情况下使用和交换财产的权利。完全竞争市场假定所有资源、物品和服务都归于个人所有，市场中存在一个产权体系。

泰坦伯格（Tietenberg）提出的产权关系有四个特征：一是普遍性（universality），所有资源都归个人所有，它们的产权完全明确；二是排他性（exclusivity），占有、使用资源或者将其直接、间接卖给其他人的过程中引起的收益和成本的增加只对拥有者而言，对其他人没有任何影响；三是可转移性（transferability），所有财产都可以在所有者之间自由转让；四是强制性（enforcebility），个人财产不容侵犯。

许多环境资源（比如自然界的水和空气）都不是个人所有，竞争市场无法将它们进行帕累托效率[1]分配。

---

[1] “帕累托效率”是以出生于意大利的瑞士经济学家 Vilfredo Pareto 的名字命名的，他在19世纪初提出了判断资源配置的准则。帕累托准则认为，当输入或输出因子的分配发生变化时，如果一部分人认为对他们有益，同时不伤害他人的利益，这样就是一种配置方式的提高。

二、公共物品

对于满足经济学家提出的公共物品这一概念的物品和服务来说，私有制并不是一定与帕累托效率相联系的。公共物品（public goods）的定义与物品或服务是否与公共实体提供没有联系，对于经济学家来说，公共物品有以下特征。

一是消费非竞争性（nonrival consumption），一个人消费了这种物品并不减少其他人的消费量。例如，一个家庭享受到了水坝防止洪水的作用，而从中受益，但他们的受益并不减少水坝给邻居带来的同样的保护作用。

二是非排他性（nonexcludability），一旦这种物品投入使用，任何一个生产者都没有能力花费那么多资金去阻止，或者说不能阻止任何消费者享受到这种物品带来的益处。例如，在一个有免费公园的地区，让一个居民不享受游玩免费公园是不可能的。

在市场体系中提供公共物品是不可能的，因为非排他性意味着生产者无法从消费者那里得到回报，所以公共物品大多是由政府经过集体商定后提供的。然而，公共物品的这一特性导致无偿使用问题，公共物品的分配不符合帕累托效率分配原则。

无偿使用者就是不用支出就能从某种物品或服务中受益的消费者，由于公共物品的消费无竞争性，因此无偿使用情况很容易发生。如果是自愿地为公共物品筹资，大多数消费者都不愿意投入资金。

三、公共财产资源

公共财产资源是指具有消费竞争性，却难以禁止其他消费者使用的资源，比如渔场、猎场、地下水源、石油层等。由于限制和控制其他消费者对公共财产资源的使用有很大难度，所以私人很难对其进行管理，除非其他消费者自己约束自己。

允许公共财产资源的无限制性开发具有很大的负面影响，英国经济学家、生物学家加勒特·哈丁的《公地的悲剧》（*Tragedy of the Commons*，1968 年）用一片牧牛场的实例来表明他的观点。假设公共资源对所有人都是开放的，社区中每人的放牧量没有任何限制。如果每年放牧量控制在一定范围内，牧场就可以自己恢复，永续利用。然而，为了追求个人利益最大化，每个放牧的人都想着增加放牧量，在对每人放牧量没有限制的情况下，最终将导致草场过度放牧，变成荒漠。

这种公地的悲剧同样适用于环境接纳人类污染的服务功能。例如，一条水质稳定的河流具有一定的环境容量，能够在不破坏水质的情况下接纳一定数量的污染，这个污染数量就是这条河流的自净能力。就像上面的牧场一样，河流的自净能力是一种公共资源，如果缺乏社会的控制，每个污染物排放者都会将其视为自由使用的资源。由于缺乏刺激手段，污染者不会试图减少污染物的排放。这样，河流的自净能力就会被过度利用，最终导致河流水质下降。

在政府干预和环境管理中，人们已经越来越意识到，建立防止公共资源过度利用的刺激手段是十分迫切的。对公共资源有效的管理需要对使用者进行控制和管理，防止过度使用造成的资源破坏。

四、外部效应

当生产者和消费者之间的交换行为不能被市场价格正确反映的时候，外部效应（externality）就产生了。外部效应，也称外部性，是指在实际经济活动中，生产者或者消费者的活动对其他生产者或消费者带来的非市场性影响。外部性包括正外部效益和负外部效益。这种影响可能是有益的，也可能是有害的，有益的影响被称为外部效益、外部经济性，或正外部性；有害的影响被称为外部成本、外部不经济性，或负的外部性。通常指厂商或个人在正常交易以外为其他厂商或个人提供的便利或施加的成本。

外部效应也可解释某个经济主体的活动所产生的影响不表现在他自身的成本和收益上，而是会给其他的经济主体带来好处或者坏处。

例如：养蜂人的到来增加了果园的产量，反过来果园的扩大又会增加

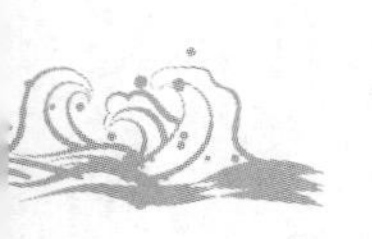

养蜂人的收益。这就是正外部效应。一个工厂污染了水源，对下游的居民和河中的鱼类造成了损害。这就是负外部效应。

例如，DDT 的发明与使用。DDT 于 1874 年由奥地利的欧特马·勤德勒（Othmar Zéidier）首次合成，1939 年瑞士化学家保罗·赫尔曼·穆勒（Paul Hermann Müller）发现了它的广谱高效杀虫能力，对农业虫害和居家杀虫有神奇的作用。1942 年开始大量生产并实用化。1948 年，穆勒获得了诺贝尔生理学或医学奖。这时，DDT 所带来的是极大的正外部性。

但是，DDT 是一种难降解的有毒化合物，长期使用会在环境及生物体内积累，造成环境污染。研究表明，长期使用 DDT 的地方，其农产品、水生动物、家畜、家禽体内都有 DDT 残留，进入人体后会积累在肝脏及脂肪组织内，产生慢性中毒。这时，它所带来的却是巨大的外部不经济效应。正因为如此，各国都已经禁止这种农药的使用。

当外部性存在的时候，资源不能有效分配。比如，一个生产者在有外部性的情况下，其产量会比考虑全部成本时多，他的全部成本就分为两部分，一部分是这个生产者的私人成本，另一部分就是转嫁给他人的外部成本。

图 5-2 可以看出当外部成本被忽视时，所导致的资源的不合理分配。即生产所造成的环境破坏的时候，工厂产量为 Q_1；假如环境法规强制生产者为每个单位的产品交纳 K 元的污染税，污染税的大小基于生产对环境

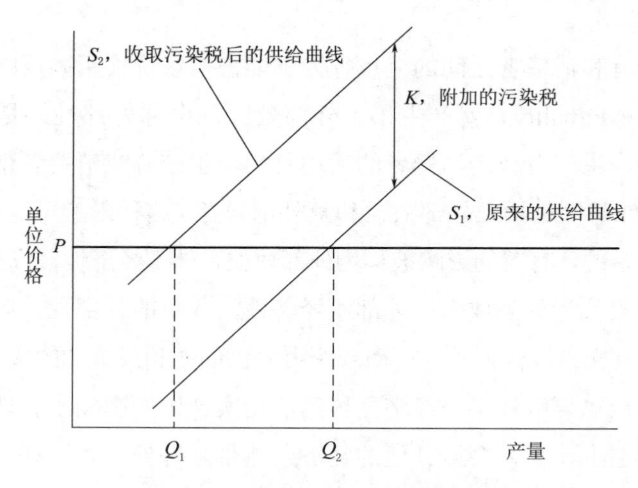

图 5-2　污染税对企业产生的影响

危害的程度，那么生产者的边际成本会增加，为了事先效益最大化，生产者只有削减产量以在收取污染税的情况下达到效益最大。

经济学家用“市场失灵”（market failure）来描述由于忽视外部性而导致的后果。在图 5-2 的例子中，假如忽视外部性，市场交易本身不会使生产者同时考虑私人成本和外部成本，这样就导致了市场失灵。经济学家所关心的是帕累托效率，所以关键问题是如何使生产者必须考虑由其污染产生的外部成本，将外部成本内部化。

根据外部性理论来看环境问题，不论是城市环境问题还是农村环境问题，其根源都是人类生产生活过程中的外部性引起的。对于问题根源（即“病灶”）的分析判断在某种意义上也蕴含着解决问题的方法（即“药方”）。按照外部性理论，根治环境问题的对策就是基于外部性的内部化，也就是使用各种手段使得环境问题的制造者考虑和承担他们经济行为给社会带来的附加环境成本。

外部性在市场之外，农业生产的外部性不是市场能作为的，需要政府起作用。政府为了强制生产者将其外部成本内部化，通常实施一些法规政策，限制污染物的排放，对违规者予以处罚；对生产者收取排污费，迫使生产者考虑外部成本；建立排污权交易市场等。

第三节　传统农业与现代农业

一、传统农业的实施情况

古代中国是一个“可持续、无垃圾”的社会，更进一步地说，之所以“可持续”，核心是因为我们的祖先构建了一个“无垃圾”的经济体系。在数千年历史里，中华农耕文明延绵不绝，这一点在世界上是绝无仅有的。

长期以来，我国农业一直依靠传统的农耕方式，农业发展能够与生态环境实现和谐统一，在人们的观念中，农业发展不仅不会危及环境，而且

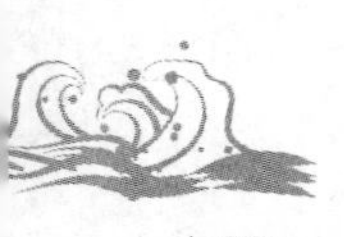

还会有积极的环境保护效应。

1909 年，美国的农业经济学家、土壤学家富兰克林 · H. 金来到中国，考察中国乡村，随后他又走访了日本和韩国，为当时正陷于“石油农业”下的美国寻找东方智慧，并将之记录。1911 年，《四千年农夫：中国、朝鲜和日本的永续农业》出版。书中序言说：“我们不要想当然地认为我们可以指导全世界的农业，认为我们有巨大的农业财富并大量出口到其他国家。其实，我们也就是刚刚会耕作。农业耕作的最基本条件就是如何保持肥力。这个问题东方人已经遇到并且有他们自己的解决办法。或许我们不能采取任何特别的方法，但我们却可以从他们的经验里多多获益。我们必须学习他们是如何进行环境资源保护的，这是土地的根本。”

作者产生了疑问：“中国农民数千年来如何成功地保持了土壤的肥力和健康，他们没有使用大量的外部资源投入，他们几千年来的耕作都没有让土壤的肥力降低太多，同时又养活了这么高密度的人口。为什么美国这样的国家仅仅耕作几百年的历史，就已经面临着如何保护土壤健康的问题，并面临着农业如何可持续下去的危机呢？”

答案是：中国农业生产特点集中于生产过程中高效利用时间、空间和各种可增进土壤肥力的资源（以粪为肥），甚至达到吝啬的程度。但唯一不惜投入的资源则是农民自身的劳动力，此即所谓的传统小农经济。而美国则是广泛使用化肥、农药的“石油农业”。

中国自古以农业立国，天然有机肥利用历史悠久，多粪肥田的思想根深蒂固。在燃料匮乏的情形下，度过寒冷的冬天，对于北方广大百姓来说是一个严峻的挑战。这时，人们把烟囱和炕连接起来，在烟囱里的热气被排向屋顶之前将烟囱里的热气导入到炕底下。而且，制作炕的砖坯比较特殊，是将稻田里的底土与谷壳、秸秆的短茎混合在一起而制成，使得这种炕能够大量吸收厨房中的废热及烟灰。这样既减少了废气的污染排放，还有效利用了废热，可谓是一举两得，既节能又减排。

必须指出的是，炕的作用并不仅仅局限于“节能减排”，还能制造肥料。使用三四年后，造炕的砖头在热量、发酵和吸收燃烧产物的共同作用下，原本相对贫瘠的底土会变成珍贵的肥料。浓烟和烟灰中含有磷、钾和石灰，而且在高温条件下氮会被合成氨，这些都是植物生长的必须养料。居家使用的秸秆、薪柴等燃料形成的草木灰最终也被当做农作物肥料。

在古代中国，无论来自农村和城市，收集有机肥料应用于自己的土地被视为神圣的农业活动。除了燃料形成的灰烬以及旧的炕砖，人畜的粪便是非常重要的。古人早就认识到："庄稼一枝花，全靠粪当家""耕农之事粪壤为急""所以变瘠为肥者，惟在积粪""故曰惜粪如金""不耕者市之得钱"。

这样一来，我们看到，植物为人畜提供了食物，而人畜本身以及灶、炕对植物而言就是一座座小型肥料工厂。正因为如此，作为土壤学家的金教授甚至写道："我们深信，利用人类粪便做肥料是人类文明发展进程中取得的一项伟大成就""对于这些大城市（指广州、汉口、上海等地）来说，浪费粪便无疑是慢性自杀"。

对于桑农，他们往往会将蚕的粪便、褪下的蚕皮以及吃剩下的一些叶子和梗一起埋在桑树树干周围，这样一来不但处理了废物还能促进下一季桑叶的生长。当养蚕和养鱼结合起来的时候，更能显著地提高生产力。其法"将洼田挖深取泥复四周为基，中凹下为塘，基六塘四。基种桑，塘蓄鱼，桑叶饲蚕，蚕矢饲鱼""以蚕沙、残桑为饲鱼饲料，肥大较易；且又藉塘泥为种桑肥料，循环作用"，因此能够鱼、桑"两利俱全，十倍禾稼"。

无论是种植业还是养殖业抑或是人们自身生活所产生的"废弃物"，在古代的农耕体系中，其实都是宝贵的生产资料。

随着农村劳动力减少、农业劳动力成本提高，用工多的北方区田法、南方桑基鱼塘已经消失；作为传统农业精髓的技术，如保持地力的施用有机肥、除草保水的土壤中耕，提高土地生产力的套作、间作，都在陆续退出生产体系，复种指数持续下降，传统精耕细作迅速退化，代之以机械、化肥、农药、免耕少耕的替代劳力技术。

中国农业的多样性是有历史根据的。据考古发掘，中国有 7000 年的蚕桑和 6400 年的稻作农业史。承载中国农业文明史的传统家庭经营，是有利于生态环保的有机生产，且具有食品安全、环境维护和社会稳定三大正外部性，与最近 40 年才被当做发展方向的农业现代化导致大规模推进

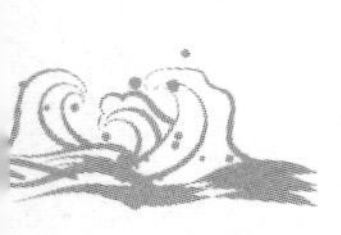

的化学农业、石油农业相比，后者只不过是中华农业文明史中的短暂一瞬。尽管短暂，却已经让我国的农业变成了不可持续农业，在农村造成了严重的生态和环境灾难，在城市造成严重的食品不安全，并在一定程度上导致了城乡之间的信任危机。也恰恰由于短暂，我们还有机会恢复我国农业的可持续发展，在农业现代化发展与可持续发展中找到平衡点。

工业文明在战胜农耕文明、迅速成为发展主导的同时，并不是取而代之，它是文明形态的一种演进。人的本能，人的自然属性，仍然依赖于农耕文明的存在，更需要生态文明的熏陶。城市和乡村的出现，在历史过程中属必然，放眼将来，乡村仍然有一席之地。而不仅于此，传承农耕生产水平上形成的文明成果，能让我们读懂更多的社会哲理，感悟更多的传统文化魅力，体验更丰富的生活内涵。

中国农业在转型之中，在追赶农业发达国家缩小差距加快发展之时，中国农业向发达农业学习引进先进的设备、制度、理念、技术和经验的同时，更需要设法从中国传统农耕方式汲取有益养分。

二、现代农业的主流做法

（一）概念及类型

1. 概念

现代农业（modern agriculture）相对于传统农业而言，是广泛应用现代科学技术、现代工业提供的生产资料和科学管理方法进行的社会化农业。在按农业生产力性质和水平划分的农业发展史上，属于农业的最新阶段。

我国原国家科学技术委员会发布的中国农业科学技术政策，对现代农业的内涵分为3个领域来表述：产前领域，包括农业机械、化肥、水利、农药、地膜等领域；产中领域，包括种植业（含种子产业）、林业、畜牧业（含饲料生产）和水产业；产后领域，包括农产品产后加工、储藏、运输、营销及进出口贸易技术等。从上述界定可以看出，现代农业不再局限于传统的种植业、养殖业等农业部门，而是包括了生产资料工业、食品加工业等第二产业和交通运输、技术和信息服务等第三产业的内容，原有的第一产业扩大到第二产业和第三产业。现代农业成为一个与发展农业相关、为发展农业服务的产业群体。这个围绕着农业生产而形成的庞大的产业群，在市场机制的作用下，与农业生产形成稳定的相互依赖、相互促进的利益共同体。

2. 类型

现代农业由于其外延的不确定性，划分标准有所不同。通常人们理解划分为以下 7 种：

（1）绿色农业。将农业与环境协调起来，促进可持续发展，增加农户收入，保护环境，同时保证农产品安全性的农业。“绿色农业”是灵活利用生态环境的物质循环系统，实践农药安全管理技术、营养物综合管理技术、生物学技术和轮耕技术等，从而保护农业环境的一种整体性概念。绿色农业大体上分为有机农业和低投入农业。

（2）休闲农业。休闲农业是一种综合性的休闲农业区。游客不仅可以观光、采果、体验农作、了解农民生活、享受乡间情趣，而且可以住宿、度假、游乐。休闲农业的基本概念是利用农村的设备与空间、农业生产场地、农业自然环境、农业人文资源等，经过规划设计，以发挥农业与农村休闲旅游功能，提升旅游品质，并提高农民收入，促进农村发展的一种新型农业。

（3）工厂化农业。工厂化农业是设计农业的高级层次。综合运用现代高科技、新设备和管理方法而发展起来的一种全面机械化、自动化技术（资金）高度密集型生产，能够在人工创造的环境中进行全过程的连续作业，从而摆脱自然界的制约。

（4）特色农业。特色农业就是将区域内独特的农业资源（地理、气候、资源、产业基础）开发区域内特有的名优产品，转化为特色商品的现代农业。特色农业的“特色”在于其产品能够得到消费者的青睐和倾慕，在本地市场上具有不可替代的地位，在外地市场上具有绝对优势，在国际市场上具有相对优势甚至绝对优势。

（5）观光农业。观光农业又称旅游农业或绿色旅游业，是一种以农业和农村为载体的新型生态旅游业。农民利用当地有利的自然条件开辟活动场所，提供设施，招揽游客，以增加收入。旅游活动内容除游览风景外，还有林间狩猎、水面垂钓、采摘果实等农事活动。有的国家以此作为农业综合发展的一项措施。

（6）立体农业。立体农业又称层状农业。着重于开发利用垂直空间资源的一种农业形式。立体农业的模式是以立体农业定义为出发点，合理利用自然资源、生物资源和人类生产技能，实现由物种、层次、能量循环、物质转化和技术等要素组成的立体模式的优化。

（7）订单农业。订单农业又称合同农业、契约农业，是近年来出现的一种新型农业生产经营模式。所谓订单农业，是指农户根据其本身或其所在的乡村组织同农产品的购买者之间所签订的订单，组织安排农产品生产的一种农业产销模式。订单农业很好地适应了市场需要，避免了盲目生产。

（二）特征

1. 技术密集型产业

传统农业主要依赖资源的投入，而现代农业则日益依赖不断发展的新技术投入，新技术是现代农业的先导和发展动力。这包括生物技术、信息技术、耕作技术、节水灌溉技术等农业高新技术，这些技术使现代农业成为技术高度密集的产业。

这些科学技术的应用，一是可以提高单位农产品产量，二是可以改善农产品品质，三是可以减轻劳动强度，四是可以节约能耗和改善生态环境。新技术的应用，使现代农业的增长方式由单纯地依靠资源的外延开发，转到主要依靠提高资源利用率和持续发展能力的方向上来。

另外，传统农业对自然资源的过度依赖使其具有典型的弱质产业的特征，现代农业由于科技成果的广泛应用已不再是投资大、回收慢、效益低的产业。相反，由于全球性的资源短缺问题日益突出，作为资源性的农产品将日益显得格外重要，从而使农业有可能成为效益最好、最有前途的产业之一。

一整套建立在现代自然科学基础上的农业科学技术的形成和推广，使农业生产技术由经验转向科学，如在植物学、动物学、遗传学、物理学、化学等科学发展的基础上，育种、栽培、饲养、土壤改良、植保、畜保等农业科学技术迅速提高和广泛应用。

现代机器体系的形成和农业机器的广泛应用，使农业由手工畜力农具生产转变为机器生产，如技术经济性能优良的拖拉机、耕耘机、联合收割机、农用汽车、农用飞机以及林牧渔业中的各种机器，成为农业的主要生产工具，使投入农业的能源显著增加，电子、原子能、激光、遥感技术以及人造卫星等也开始运用于农业；良好的、高效能的生态系统逐步形成。

农业生产的社会化程度有很大提高，如农业企业规模的扩大，农业生产的地区分工、企业分工日益发达，“小而全”的自给自足生产被高度专业化、商品化的生产所代替，农业生产过程同加工、销售以及生产资料的制造和供应紧密结合，产生了农工商一体化。

经济数学方法、电子计算机等现代科学技术在现代农业企业管理和宏观管理中运用越来越广，管理方法显著改进。

现代农业的产生和发展，大幅度地提高了农业劳动生产率、土地生产率和农产品商品率，使农业生产、农村面貌和农户行为发生了重大变化。

2. 多功能特色

相对于传统农业，现代农业正在向观赏、休闲、美化等方向扩延，假日农业、休闲农业、观光农业、旅游农业等新型农业形态也迅速发展成为与产品生产农业并驾齐驱的重要产业。传统农业的主要功能是供给农产品，而现代农业的主要功能除供给农产品之外，还具有生活休闲、生态保护、旅游度假、文明传承、教育等功能，满足人们的精神需求，成为人们的精神家园。生活休闲的功能是指农业不再是传统农民的一种谋生手段，而是一种现代人选择的生活方式；旅游度假的功能是指在都市的郊区，以满足城市居民节假日在农村进行采摘、餐饮休闲的需要；生态保护的功能是指农业在保护环境、美化环境等方面具有不可替代的作用；文化传承则是指农业还是我国5000年农耕文明的承载者，在教育孩子、发扬传统等方面

可以发挥重要的作用。

3. 现代农业以市场为导向

与传统农业以自给为主的取向和相对封闭的环境相比，现代农业是农民的大部分经济活动被纳入市场交易，农产品的商品率很高，用一些剩余农产品向市场提供商品供应已不再是农户的基本目的。完全商业化的“利润”成了评价经营成败的准则，生产完全是为了满足市场的需要。市场取向是现代农民采用新的农业技术、发展农业新的功能的动力源泉。从发达国家的情况看，无论是种植经济向畜牧经济转化，还是分散的农户经济向合作化、产业化方向转化，以及新的农业技术的使用和推广，都是在市场的拉动或挤压下自发产生的，政府并无过多干预。

4. 现代农业重视生态环保

现代农业在突出现代高新技术的先导性、农工科贸的一体性、产业开发的多元性和综合性的基础上，还强调资源节约、环境零损害的绿色性。现代农业因而也是生态农业，是资源节约和可持续发展的绿色产业，担负着维护与改善人类生活质量和生存环境的使命。目前可持续发展已成为一种国际性的理念和行为，在土、水、气、生物多样性和食物安全等资源和环境方面均有严格的环境标准，这些环境标准，既包括产品本身，又包括产品的生产和加工过程；既包括对某地某国的地方环境影响，也包括对相邻国家和相邻地区以及全球的区域环境影响和全球环境影响。

5. 现代农业产业化组织

传统农业是以土地为基本生产资料，以农户为基本生产单元的一种小生产。在现代农业中，农户广泛地参与专业化生产和社会化分工中，要加入到各种专业化合作组织中。这些合作组织包括专业协会、专业委员会、生产合作社、供销合作社、公司加农户等各种形式，它们活动在生产、流通、消费、信贷等各个领域。

（三）现代农业的发展阶段

1. 准备阶段

这是传统农业向现代农业发展的过渡阶段。在这个阶段开始有较少现代因素进入农业系统。如农业生产投入量已经较高，土地产出水平也已经较高。但农业机械化水平、农业商品率还很低，资金投入水平、农民文化程度、农业科技和农业管理水平尚处于传统农业阶段。

2. 起步阶段

本阶段为农业现代化进入阶段。其特点表现为：①现代投入物快速增长；②生产目标从物品需求转变为商品需求；③现代因素（如技术等）对农业发展和农村进步已经有明显的推进作用。在这一阶段，农业现代化的特征已经开始显露出来。

3. 初步实现阶段

本阶段是现代农业发展较快的时期，农业现代化实现程度进一步提高，已经初步具备农业现代化特征。具体表现为现代物质投入水平较高，农业产出水平，特别是农业劳动生产率水平得到快速发展。但这一时期的农业生产和农村经济发展与环境等非经济因素还存在不协调问题。

4. 基本实现阶段

本阶段的现代农业特征十分明显：①现代物质投入已经处于较大规模、较高的程度；②资金对劳动和土地的替代率已达到较高水平；③现代农业发展已经逐步适应工业化、商品化和信息化的要求；④农业生产组织和农村整体水平与商品化程度，农村工业化和农村社会现代化已经处于较为协调的发展过程中。

5. 发达阶段

发达阶段是现代农业和农业现代化实现程度较高的发展阶段，与同时期中等发达国家相比，其现代农业水平已基本一致，与已经实现农业现代化的国家相比虽仍有差距，但这种差距是由于非农业系统因素造成，就农业和农村本身而论，这种差距并不明显。这一时期，现代农业水平、农村工业、农村城镇化和农民知识化建设水平较高，农业生产、农村经济与社会和环境的关系进入了比较协调和可持续发展阶段，已经全面实现了农业现代化。

现代农业发展阶段的划分，是一个相对的概念，每一个阶段之间互相联系，不是截然分开的。中国农业部农村经济研究中心在制定指导全国的

农业现代化指标体系时，制定了量化的阶段性标准，分别从农业外部条件、农业本身生产条件和农业生产效果三大方面着眼，将评价指标确定为社会人均国内生产总值、农村人均纯收入、农业就业占社会就业比重、科技进步贡献率、农业机械化率、从业人员初中以上比重、农业劳均创造国内生产总值、农业劳均生产农产品数量、每公顷耕地创造国内生产总值、森林覆盖率 10 项。其中，1 ～ 3 项为农业外部条件指标，4 ～ 6 项为农业生产本身条件指标，7 ～ 10 项为农业生产效果指标。

由于农业现代化是一个动态的概念，其评价的具体标准应随时间的推进而作相应的调整。

（四）农业现代化

2015 年的中央一号文件《关于加大改革创新力度加快农业现代化建设的若干意见》，对加快推进中国特色农业现代化作出重要部署。在农村人口流动性增强、农民分工分业加快、农业生产集约程度提高的共同作用下，我国进入推进农业现代化的战略机遇期。我们应充分利用工业化、城镇化、信息化和城乡发展一体化给农业现代化带来的新机遇，积极推进农业现代化。

1. 全面认识农业现代化

农业现代化是国家现代化的基础和支撑，对于“三农”发展既是新机遇，也是新挑战。农业现代化的内容是随着经济社会发展逐渐丰富的。当前，农业现代化不仅包括农业生产过程的机械化、水利化和电气化等，而且拓展到生产条件、生产技术、生产标准、生产组织和管理制度等方面。农业现代化的过程是完善农业产业体系、基础设施体系、经营管理体系、质量保障体系和资源保护体系的过程，也是推进制度创新和技术创新，突破技术制约、化解自然风险、减轻资源压力和消除环境污染的过程。

我国农业现代化既有类似于其他国家（如农业资源禀赋丰富的美国、加拿大，农业资源禀赋不足的以色列、荷兰，农业资源禀赋介于它们之间的法国、德国）之处，又有自己的特色。全面推进中国特色农业现代化需要借鉴国际经验，更需要自主创新，就是根据市场需求和资源禀赋条件，做好主要农产品生产的优先序和区域布局，构建种养加、产供销、贸工农一体化的经营格局和商业化的作业外包服务体系，实现稳定粮食生产、拓宽农民增收渠道和提高农业发展可持续性的有机统一。

2. 推进农业现代化的主要任务

（1）转变农业发展方式。农业发展方式转变是否完成，可用全要素生产率对农业增长的贡献率来衡量。我国全要素生产率对农业增长的贡献率与发达国家相比有 20 多个百分点的差距，转变农业发展方式还要做很多工作。例如，在资源环境约束下，实现农产品供需平衡、农业竞争力提升与突破资源环境瓶颈的统一，必须加快技术创新，促进技术对资本、土地、劳动力的替代。又如，提高农产品的市场竞争力，必须优化农业产业体系，以需求为导向，以制度、组织创新为手段，以水土资源可持续利用为约束，优化农业布局规划，形成符合资源、生态和市场要求的农业产业体系。重点打造粮食生产核心区，增加产能、稳定产量、提高效益，保障国家粮食安全。

（2）扩大农业经营规模。当前，国内主要农产品价格普遍高于进口农产品价格。在这一严峻现实下，越来越多的农民不愿从事超小规模农业经营，这为扩大农业经营规模提供了条件。据调查，农业经营规模至少要达到 30 亩，才能使新型农业经营主体的实际生活水平不低于主要劳动力在非农部门就业的农户。这就需要从提高农民非农就业技能和非农就业收入的稳定性入手，促使农民转移就业和土地流转，推进农业适度规模经营。

（3）细化农业生产结构。目前，经济作物生产的市场定位和专业化、区域化特征越来越清晰，但粮食作物生产尚未形成口粮、饲料粮和牧草的三元生产结构。例如，牧草对光热利用更充分，合成的生物量更多，耐旱省水，可以在降雨量少的半干旱地区种植，是保持水土的理想作物。“十三五”期间，可以在继续强化粮食生产基础上，进一步细化农业生产结构。第一，推进饲料粮生产。我国目前玉米总产量的 70% 以上用作饲料，若其中一半改种高赖氨酸、高油玉米和青贮玉米，既可提高饲料粮的质量，又可提高经济效益。第二，推进豆科牧草生产。我国有 9 亿亩中低产田，

如果其中1亿亩改种豆科牧草，就既能改善饲料结构，又能减少水资源消耗，还能减轻改造中低产田的任务。第三，在天然草地上播撒草种。我国40亿亩草场中至少有4亿亩适宜采用该措施，平均产草量可增加20%，相当于增加近亿亩草场。

（4）拓展农业多种功能。农业除了具有农产品供给功能，还具有调节气候、净化环境、维护生物多样性等生态服务功能和休闲、教育等文化服务功能。农业功能拓展越充分，农业产业体系就越健全，农民增收渠道就越通畅。“十三五”期间，可以从以下几个方面拓展农业功能：以微生物资源产业化为抓手，将植物、动物二维农业拓展为植物、动物、微生物三维农业；以海藻资源产业化为抓手，将陆地农业拓展为陆地与海洋交融农业；以国民日益增长的游憩需求为抓手，合理有序开发农业资源、田园景观、农家生活以及农耕历史文化、民族传统文化、地方特色文化等旅游资源，促进第一产业和第三产业有机结合；以完善生态补偿政策为抓手，推进生态建设产业化，提高农业生态系统的服务价值。

（5）增强农业发展可持续性。我国是土地资源相对稀缺的国家，农民重视化学品对土地的替代。化学品投入能够有效提高农产品产量，但化肥、农药和薄膜的过量使用影响农产品质量和农田生态环境。这种高耗肥（药、膜）、高耗水、高耗能的农业发展模式越来越难以持续。农业是一个具有显著外部性的产业。提高农业发展的可持续性，需要对增强农业正外部性的行为给予足额补偿，对增强农业负外部性的行为进行经济处罚，实现外部收益（或成本）内部化。

3. 推进农业现代化的保障措施

（1）进一步向农民赋权。劳动力是最活跃的生产力。把农民创新活力和创收潜力充分激发出来，是推进农业现代化的关键所在。30多年来，农村改革的主线是向农民赋权。改革初期，赋予农民自主经营承包地的权利，很快就解决了农民自身温饱和国家农产品短缺问题。20世纪80年代中期，赋予农民在农村从事非农产业的权利，创造了乡镇工业占据我国工业半壁江山的奇迹。20世纪90年代以来，允许和鼓励农民进城就业，农民工已成为我国工人阶级的主力军。“十三五”期间，赋予农民利用集体建设用地参与城镇化的权利。农村集体经济组织以土地入股的方式与资本合作，既能使农民得到持续的农村建设用地股权收入，又能降低工业化、城镇化的土地成本和融资难度，增强工业化、城镇化对农业现代化的带动力。

（2）加强农民人力资本投资。考虑到农业具有弱质性，国家近些年持续增加农业补贴。从根本上说，其政策取向不仅是消除农业弱质性的负面影响，更重要的是消除农业的弱质性。“十三五”期间，应从提高农民素质、完善农业产业体系着眼，对农民进行人力资本投资，使其主动掌握所需知识、技能、经验和信息，形成依靠人力资本投资兴农、富农、惠农的局面。

（3）深化农地制度改革。近些年，农地流转越来越活跃。随着农地流转规模的扩大、流转形式的增多，现行农地产权安排已无法满足农民需求。对于土地流转引发的问题，解决办法是把隐含在农村集体土地中的股权显性化。现在，农民越来越关注土地的收益权而不是生产权。农村集体土地的股权是稳定的，适宜用权证的方式界定；土地经营权是变动的，适宜用契约的方式界定。股权形态的产权比实物形态的产权更便于土地的整理和细分。对于集体经济组织成员而言，无论自己使用归其名下的集体土地经营权，还是将其全部或部分让渡出去，土地股权证都在自己手里。这既有利于维护农民土地承包权益，也有利于土地经营权流转，实现适度规模经营。

（4）培育新型农业经营主体。实践表明，超小规模农业能够解决农民温饱和农产品供给短缺问题，但难以实现农业现代化。近些年，愿意从事超小规模农业经营的农民越来越少，“谁来种地”问题凸显。这为新型农业经营主体的形成提供了必要条件。新型农业经营主体在市场竞争中成长起来，具有自生能力，能够自行解决遇到的问题。这样的新型农业经营主体，银行会愿意为其提供贷款，保险公司会愿意为其提供保险，市场化的营商环境就形成了。政府的责任是为新型农业经营主体的发育创造公平竞争的环境，把他们推向市场，并将试图套取政府农业补贴的投机分子清理出去。

（五）现状与展望

我国目前农业的生态环境系统已经难以承受当前这种生产方式的压力。过去为了解决温饱问题，努力追求粮食产量增长的目标，在这个目标下，虽然取得了成就，但是也付出了代价。过去相当长时期，耕地、水等自然资源更多用于满足农产品生产，农产品供给主要依靠资源投入，对资源和生态环境造成很大压力。

改革开放初期，1978 年全国使用的化肥，存量不到 800 万 t，2013 年使用化肥超 5900 万 t。我们每公顷土地使用的化肥是世界平均量的 4 倍以上，造成土壤和水体的污染不断加剧。2014 年使用的农药大概在 180 万 t，有关部门的测算，真正能够作用于作物发挥作用的比重约占 30%，有 70% 在喷洒过程中都喷到了地上或者飞到了空中，带来的污染也很严重。

2013 年，我国使用的塑料薄膜大概在 240 多万 t，但是年能够回收的不到 140 万 t，[1] 意味着每年有 100 万 t 以上的塑料薄膜遗留在土地里头，这些都会带来污染。更何况还有整个水体的污染或者水源的短缺，还有其他方面如工业的污染、大气的污染等。应该说，农业的生态环境所面临的挑战和压力是前所未有的，这就迫使我们必须尽快地考虑转变农业的发展方式，否则资源环境是难以承受的。

对中国未来农业的发展，很重要的一条是要确立基本的概念，就是多少人种多少地，这是一个很基本的问题。2019 年我国人口突破 14 亿人，城镇化率突破 60%，留在农村的人，还有将近 5.6 亿人。大约 2030 年前后，中国的全部人口将会增加到 15 亿人左右，如果说那时候我们的城镇化率达到 70%，就是说居住在城市有 10.5 亿人，居住在农村的还有 4.5 亿人。这 4.5 亿人是个什么概念？中华人民共和国成立的时候，是 5.6 亿人，其中农村人口 4.5 亿人，经过 80 年的努力，可能农村人口还是 4.5 亿人。

向世界各国学习借鉴的过程中，一定要因地制宜，避免照抄照搬。世界上的两种农业，即传统国家的农业和新大陆国家的农业是无法比较的。

---

[1] 专家解读中央农村工作会议精神　适应新常态　加快农业现代化，http://www.moa.gov.cn/ztzl/qgnygzh/mtbd/201412/t20141224_4306910.htm。

传统国家的农业由于发展历史漫长，人口繁衍众多，结果就是人多地少。特别是亚洲、中东、西欧一些国家的农业发展历史长，在中国，黄河流域的农业有8000年以上的历史，长江中下游的农业至少有7000年的历史，因为人口积聚得多，所以人均耕地面积少，形成了一种自己的农业特点。

而在新大陆国家，地理大发现之后，才被欧洲移民逐步地占领，发展农业只有300来年的历史，因此那里人少地多，形成了独特的一个家庭农场可以耕种几万亩土地的局面，而且引起了农村社会方面的很大不同。

亚洲的农民，由于人多地少，所以大多数都积聚村庄而居，相互守望，相互帮助，这是传统国家农业的基本特点，它有一个复杂的农村社会结构，以村庄治理为中心的复杂的农村社会结构。但新大陆国家，如南北美洲、澳大利亚，一个农民家庭自己经营一个家庭农场，没有邻居。因为他耕种一大片土地，而且一个农场不能光是耕地，还有草地、水源、森林，再加上道路等，所以往往新大陆国家的一个标准的农场，都有2万亩左右的耕地，实际占地面积往往就是三四万亩，三四万亩地的范围之内，只有一户住在那里。社会结构就和传统国家社会结构非常不一样。

农业要想大发展，引入必要的工程思想具有现实意义。这里的工程思想是指农业农村农民的废弃物要通过和城市的环境基础设施联手，走城乡一体化深度融合的路线，打造物质和能量的城乡大循环，才有可能解决“三农”的负外部效应问题。

三、有机农业的发展趋势

随着农产品被污染的加重及人们对生活质量要求的提高，一些国家和地区对食品的卫生安全标准进行了修订提高，为满足这些要求便出现了“有机农业”。有机农业是对当前农业生产模式的突破，其倡导的“低耗能、低污染、低投入”从根本上解决了农业污染问题，而其所带来的消费理念、生活模式，不仅有利于解决食品安全问题，更有助于农业走向多元化的平衡发展。

有机农业是指在生产中不采用或很少采用基因工程、不使用或很少使

用任何化学合成的农药、化肥、生长调节剂、饲料添加剂等物质，遵循自然规律和生态学原理，来协调种植业和养殖业的平衡，达到稳定和可持续发展的农业。有机农业区别于常规农业，追求产量的同时，通过效用改进提升农产品的竞争力，在保障食物供给总量和质量的前提下改善生态、增加效益。

有机农业起源于欧美，但它的生产理念却深受中国农耕文化的影响。1911年的《四千年农夫：中国、朝鲜和日本的永续农业》，成为指导欧美有机农业运动的经典著作。有机农业其实并没有我们想象得那么复杂和高深，中国几千年来的农耕文明几乎就是某种程度上的有机耕作。在英文里，organic（有机的）就有"古代的"意思，古代没有化肥和农药，栽培的材料均取之自然，而且没有污染。有机农业的重点是生态问题。

农产品的安全性和品质是出口的瓶颈，大力发展有机农业是我国农业可持续发展和走向世界的必由之路。我国发展有机农业有许多有利条件：

（1）我国是一个具有悠久历史的农业大国，有传统的有机农业基础，因而农民对发展有机农业的观念易于接受，并且他们在长期的实践中积累了丰富的经验。

（2）我国有些地区农业较落后，从某种意义上看也是向有机农业转化的有利条件。比如一些边远山区或贫困地区，本来就很少使用或不使用农药、化肥，实际上许多农产品就是有机食品，只要适当地开发管理就可以成为有机农业。

（3）有机农业是劳动力密集型产业，我国农村劳动力资源最为丰富。

（4）从20世纪80年代以来，我国的绿色农业得到了有力地推广，为有机农业的发展奠定了基础。20世纪90年代以来有机农业在我国也有了一定的发展，并且有些有机食品已出口，国际上对我国的有机大豆、花生、茶叶、稻米、小麦、棉花，有机干果、酒类、蜂蜜、中草药等需求量较大。中国有机食品有较大的发展空间，在国内市场发展潜力也很大。

有机农业并不是传统农业的翻版、也不是传统农业的回归，它是吸收生态农业、自然农业等各种类型先进农业发展模式的精髓和内涵，通过去其糟粕、取其精华，去劣取优之后形成的一种内涵丰富的新型农业。其中，提高农业综合经济效益和农产品竞争力是发展有机农业的目标。

农业综合经济效益包括农业的经济效益、生态效益和社会效益三个方面，强调数量、质量、生态、经济和社会效益的统一和协调，有别于常规农业仅仅强调直接的产量和产值。它利用现代科学技术和机制创新，使资源优化配置，资源节约消耗，其原理是利用线性规划的办法追求多目标的最优解，在线性成本条件下，求得产品质量和数量的最优解。

中国传统农业发展了几千年，在生产过程中积累了丰富的经验。有机农业正是充分吸收和利用传统农业的这些经验和优势，结合现代农业的先进技术手段和管理经验如基因技术、灌溉技术、生物防治、有机肥料等，以高产、稳产、高效为目标，将劳力、农肥、畜力、机械、设备等农用生产资料的硬投入与科学技术、智力、信息、人才等软投入科学匹配，使有机农业具备适应性和先进性。

有机农业企业具有生产的正外部性，有机农业的发展会对生态环境、自然资源的保护做出一定的贡献，提高广大消费者的饮食安全水平，促进整个社会福利水平的提高。但由于有机企业在前期有技术上的巨大投入，走向市场阶段时要对其产品做宣传，因此它的生产成本较一般的农业食品较高。

有机农业提倡的是农业资源的节约、环境的保护、人与自然的和谐及农业自身的可持续发展。有机农业不仅仅是种植业的有机，它涵盖了农林牧渔业的生产、加工、流通、消费的全过程，涉及经济、生态、社会文化及道德修养等诸多领域，因此有机农业是个系统工程，它能够体现以人为本的科学发展观和建立和谐社会的目标。同时，由于我国人口多，人均资源较少，因此发展有机农业具有保证农业安全、生态安全、提升中国农产品国际竞争力等特殊的历史与现实意义。

在我国有机农业迅速发展的同时，伴随而来的是各种问题，我国有机农业的问题包括两个方面，一个是有机农业和有机农产品的问题，另一个就是其处于产业成长期的问题，两者相互叠加、相互作用，形成了特殊的情况和问题。总体上看，我国有机农业产业面临的问题包括有机农产品差

异性强、存在市场失灵现象、处于产业成长期、认可度低等，而且有机农业技术水平落后，科技基石不牢，同时发展环境较差，有机农业面临严峻的生态问题。具体来说，我国有机农业产业的需求和供给都不足，而且面临严峻的市场环境问题，比如市场发展不够规范，法律环境亟待完善，又如有机食品标准体系建设不完善等问题。

第四节　农业活动的负效应

伴随着工业化的浪潮，我们逐渐抛弃了传统的耕作体系，引进了大量使用化肥农药的耕作方式，短短的几十年，耕地肥力出现了明显的下降，农田充满了污染物，农业活动的负外部效应渐显。

一、食品安全问题

民以食为天，食以安为先。从 2005 年“孔雀石绿”事件开始，我们经过苏丹红鸭蛋、三聚氰胺毒奶粉、地沟油、瘦肉精、塑化剂、皮革奶、镉大米、毒豆芽、福喜问题肉、人造牛羊肉、假鸡蛋……主食副食、鱼肉蔬菜，吃喝涉及的方方面面，都被爆出各种安全问题。

我国食品安全事件频发，严重影响了社会大众的身心健康和国民经济的良性发展，是我国政府面临的一项重大挑战。食品安全包含食品数量安全和食品质量安全，我们强调的食品安全，是指数量安全基础上的质量安全。目前虽然人们没有了“食不果腹”的忧虑，但吃的食品不安全所引起的心理恐慌和焦虑却严重地影响了人们的生活品质，甚至扰乱了正常的社会秩序。因此，食品安全问题可以说是当今社会的一大“毒瘤”。

目前我国食品安全现状并不乐观，主要还是体现在源头污染（种植、养殖过程）问题较严重，生产加工环节隐患巨大，同时批发零售和储藏等环节也存在问题等方面。

食品安全是一项系统工程，从农田到餐桌是一个闭合的食品—生态链条。对于食品垃圾的处理也是一个不容忽视的食品安全问题，“地沟油”的出现正凸显了这一问题的严重性。食品垃圾乃至生活垃圾、工业垃圾的合理利用和处理不仅仅是环境保护问题，也是关系相关产业可持续发展、生物多样性保护和人们生活品质的问题。因此，从宏观的整体角度来分析食品安全问题，食品生产与环境保护密不可分，二者构成了一个闭合的生态链条，是一个循环系统。图 5-3 列出了我国食品供应链各阶段食品安全问题的基本情况及形成成因，如此循环下去就会使我国的食品安全问题陷入一个“过度使用—无序生产经营—盲目消费—巨大浪费”的怪圈，并在一定程度上促进了全球气候变化。而后者导致的异常天气现象会直接影响种植业和畜牧业生产，并通过对病原菌传播途径的影响，加重食源性疾病流行的可能性，带来新的食品安全问题。

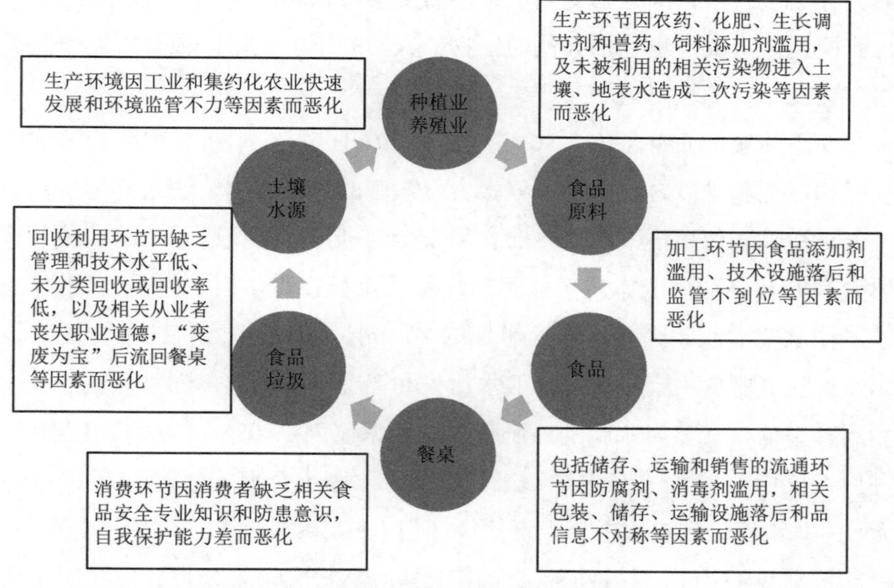

图 5-3　我国食品供应链各阶段食品安全问题的基本情况及形成原因

食品安全关系每个人的身体健康和生命安全，吃得放心、吃得安全是广大群众的心声，是全面建成小康社会的基本要求。要以贯彻落实新食品安全法为契机，创新工作思路和机制，加快建立健全最严格的覆盖生产、

流通、消费各环节的监管制度，完善监管体系，全面落实企业、政府和社会各方责任。以基层为主战场加强监管执法力量和能力建设，以“零容忍”的举措惩治食品安全违法犯罪，以持续的努力确保群众“舌尖上的安全”。

二、生态环境损失

目前，我国以煤炭、天然气等资源为原料的化肥工业、农业废物和施肥造成的面源污染，已超出资源和生态环境的承载能力，不能支持进一步发展。长期高投入、高消耗、高排放的粗放型增长已使得我国农业自然资源与生态环境遭受了极大破坏，农业生产环境承载力迫近极限。

对于农药的负外部性，美国著名海洋生物学家蕾切尔·卡逊的《寂静的春天》已经阐释得足够清晰了。春天本来是一个充满生机的季节，可是它为什么沉寂了？因为它受到了可怕的污染。自然界是一张紧密相连的网，这张网包括人类，也包括其他的生物。农药的不慎使用，很有可能使人类“生活在幸福的坟墓之中”。

对于化肥的负外部性，2010 年 1 月 14 日，温铁军研究团队和国际环保组织绿色和平联合发布的研究报告《氮肥的真实成本》深入分析了氮肥生产、运输、使用环节所产生的食品安全问题，以及氮肥行业的补贴政策所带来的社会经济成本。《氮肥的真实成本》报告了自 1994 年以来，温铁军团队在北京、山东、陕西等地的 20 个县 600 多个点位的抽样调查显示，过量氮肥施用会导致严重的水污染和温室气体排放。而且氮肥的吸收利用率很低，江苏省水稻的氮肥吸收利用率仅为 19.9%，山东省小麦氮肥利用率仅为 10% 左右。这样一来，中国每年因不合理施肥将造成 1000 多万 t 的氮素流失到农田之外，直接经济损失约 300 亿元。

根据 2014 年 4 月发布的《全国土壤污染状况调查公报》，我国土壤污染超标率已达到 16.1%，我国的耕地面积占世界耕地资源的 8% 左右，但我国化肥（氮肥、磷肥）平均用量达到 400kg/hm^2，东部地区甚至高达 600kg/hm^2，是世界公认警戒上限（225kg/hm^2）的 1.8 倍以上，更是欧美国家平均用量的 4 倍以上。

农民把粮食的增产过分地寄托在化肥施用量的增加上，但肥料利用率却只有35%左右，大量的氮、磷浪费和流失，不仅造成土壤板结而且大部分随降水和灌溉进入水体，导致地下水中氮、磷含量增高，水质富氧化程度加重。相对水体和大气污染而言，由于土壤污染更具隐蔽性、滞后性和难可逆性，土地不但是“三农”之本，更是社稷之本，土壤污染修复迫在眉睫。土壤，可以说是文明的一面镜子。它清晰地照出了现代农业的弊端，对此，已经不容我们视而不见了。

垃圾问题是农村环境治理中的重点和难点。摄影师王久良的两部纪录片《垃圾围城》《塑料王国》向人们清楚地昭示，垃圾问题是一个系统性的问题，它涉及城乡关系（城市垃圾向农村转移）、国际关系（洋垃圾）。

恩格斯在考察了美索不达米亚土地的破坏历史之后说：“我们不要过分陶醉于我们对自然界的胜利。对于每一次这样的胜利，自然界都报复了我们。每一次胜利，在第一步都确实取得了我们预期的结果，但是在第二步和第三步却有了完全不同的、出乎预料的影响，常常把第一个结果又取消了。”正是洞察了人与自然的这种“不和谐”的关系，恩格斯把问题提到一个历史哲学的高度，“文明是一个对抗的过程，这个过程以其至今为止的形式使土地贫瘠，使森林荒芜，使土壤不能产生其最初的产品，并使气候恶化”。

我国环境治理方面一直存在“重城市、轻农村；重工业、轻农业；重点源、轻面源”的问题。近年来虽有所改观，但是农村环境治理问题依然是整个社会环境治理的薄弱环节。

农业资源环境是农业生产的物质基础，也是农产品质量安全的源头保障。随着人口增长、膳食结构升级和城镇化不断推进，我国农产品需求持续刚性增长，对保护农业资源环境提出了更高要求。目前，我国农业资源环境遭受着外源性污染和内源性污染的双重压力，已成为制约农业健康发展的瓶颈约束。一方面，工业和城市污染向农业农村转移排放，农产品产地环境质量令人担忧；另一方面，化肥、农药等农业投入品过量使用，畜禽粪便、农作物秸秆和农田残膜等农业废弃物不合理处置，导致农业面源

污染日益严重，加剧了土壤和水体污染风险。

三、农业面源污染解析

水环境污染按排放特征分为点源污染和非点源污染（图 5-4）。点源中的工业废水可通过工艺改进、技术革新、循环经济、重复利用等实现“零增长”“零排放”；点源中的生活污水可通过大规模的集中式污水处理厂或小型、分散式污水处理设施、提标改造等实现达标排放，满足《城镇污水处理厂污染物排放标准》（GB 18918—2002）、《城市污水再生利用》系列标准；个别城市可制定执行严于国家标准的地方标准，如北京市执行《城镇污水处理厂水污染物排放标准》（DB 11/890—2012）A 标准，除总氮、总汞指标，其他基本控制项目满足《地表水环境质量标准》（GB 3838—2002）Ⅲ类。

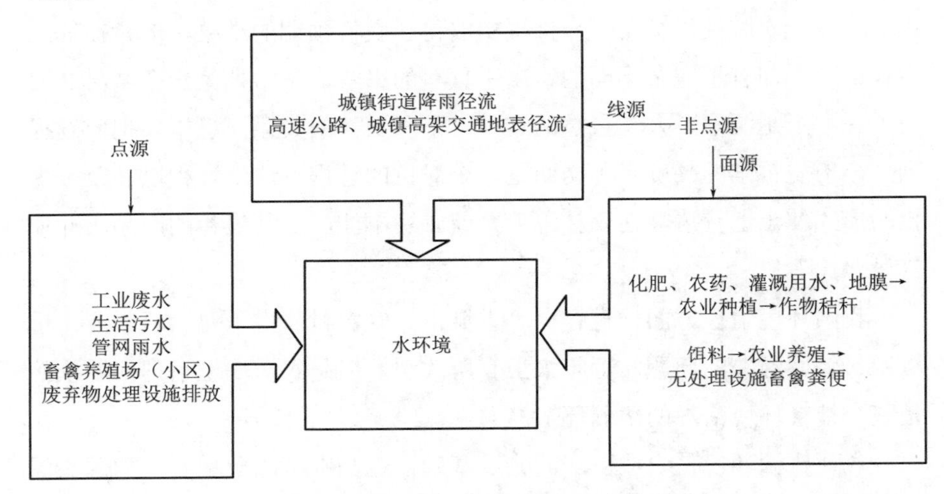

图 5-4　水环境污染点源和非点源分类及组成

雨水是所有水体的重要补给水源。由于下垫面各异，降雨径流的产生、迁移、转化过程中含有一定的污染物。对进入雨污分流制管网中的雨水，可通过加强雨水的处理和利用，采取技术措施或禁止任何单位和个人向雨水收集口、雨水管道排放或者倾倒污水、污物和垃圾等废弃物等指令，防止初期雨水和降雨径流造成水体污染；我国 2013 年起推进的海绵城市建设是对雨水资源给予充分尊重和管护的重要举措。

高速公路、城市高架交通等城镇线形污染源，由于其产生的驱动力是降雨，无法人为控制径流量，但可通过清扫路面、及时清洗、良好维护上路车辆等形式减少污染负荷，并通过必要的导流、回用于沿线绿地灌溉、景观补水，实现雨水资源化。

非点源中的面源污染在我国常称为农业面源污染，是指在农业生产活动中，因种植业的化肥、农药等生产要素的过量施用以及养殖业畜禽粪便的乱排乱放，超过了土壤自净能力，农田中的泥沙、无机营养盐、有机氯磷物、重金属和其他污染物在降水或灌溉排水等驱动下，通过地表径流、壤中流、农田排水和地下渗漏进入水体，而形成的地表水、地下水污染。在点源达标（或高标）排放、不危及水环境功能的前提下，控制农业面源污染是水污染防治、水生态恢复的关键。

水环境质量问题表象在水里，根子在岸上。我国的农业面源污染是随着农业和农村经济的快速发展，化肥、农药、地膜等农用化学品长期不合理使用、养殖数量和规模不断扩大，而农业投入品利用率低、种植养殖废弃物集中处理滞后等形成。除了与城市地表径流、高速公路等非点源污染具有相同的降雨驱动力外，农业灌溉排水是农业面源污染产生的另一重要力量。营养物质的氮磷流失和水产养殖用饵料导致河湖水体富营养化；化肥、农药中的重金属以及污水灌溉造成水体、土壤、大气污染；作物秸秆和废旧地膜不合理处置导致的资源浪费、大气污染、地力受损；传统灌溉方式导致低效灌溉、排水污染等，使农业面源污染具有复杂性、不确定性、潜在性、交叉性等特征，加剧防治难度。

2007 年，农业源化学需氧量（COD）、总氮（TN）和总磷（TP）排放量分别占排放总量的 43.7%、57.2% 和 67.4%[1]。虽然排放量不是真正进入水体的污染负荷，但农业源污染形势不容乐观。2007—2013 年农业面源污染物排放量总体增加，2013 年以后 COD 和 TP 开始下降，TN 趋稳，

[1] 中华人民共和国环境保护部、中华人民共和国国家统计局、中华人民共和国农业部，第一次全国污染源普查公报，2010 年。

但排放总量仍较大。

我国畜禽、水产养殖，每年畜禽粪污产生量约 38 亿 t，综合利用率不到 60%；水产养殖过程中大量饵料、养殖用药的使用，造成集中养殖区域水环境污染。2015 年，种植化肥使用量 6022 万 t，利用率仅为 35.2%，尤其是果园和设施蔬菜化肥过量施用现象较为突出。

种植农药使用量稳定在 30 万 t（有效成分）左右，农药利用率 36.6%。2015 年，农作物秸秆产生量 10.4 亿 t，综合利用率 80.2%，未被利用的秸秆，随意丢弃或露天焚烧，既污染环境，又浪费资源。2015 年，农用地膜使用量 145 万 t，当季农膜回收率尚不足 2/3，农田废旧地膜的“白色污染”问题日益凸显。[1]

水利是农业的命脉，作为用水大户，2011—2016 年，农业用水量占比经济社会用水总量 61.3%~63.6%，农田灌溉水有效利用系数从 2011 年的 0.510 上升到 2016 年的 0.542，仍较发达国家低 15%~20%。

我国农业生产存在的水、肥、药用量大、效率低和农膜、畜禽粪便、作物秸秆综合利用率低等问题是我国农业面源污染的根本原因。坚持农业面源污染“一控两减三基本”的防治目标，即控制农业用水，化肥、农药减量化，农膜、畜禽粪便、农作物秸秆基本资源化利用，应成为我国制定和实施农业面源污染立法和政策的基本依据。

作为世界上人口最多且经济发展最快的国家，中国对粮食的需求具有刚性，粮食安全这根弦始终不能松动，依靠单纯减少化肥、农药施用量来达到农业面源污染物减排不合实际。

参考文献

［1］ 奥托兰诺 . 环境管理和影响评价［M］. 郭怀成，梅凤乔，译 . 北京：化学工业出版社，2004.

［2］ Tietenberg T. Environmental and Natural Resources Economics［M］.New

❶ 农业部办公厅，《重点流域农业面源污染综合治理示范工程建设规划（2016—2020 年）》（农办科〔2017〕16 号）。

York：Harper Collins，1992.

[3] 石嫣 . 中国农业需要可持续发展——对《四千年农夫》的思考［J］. 中国合作经济，2012（7）：62-63.

[4] 孙兴权，姚佳，韩慧，等 . 中国食品安全问题现状、成因及对策研究［J］. 食品安全质量检测学报，2015，6（1）：10-16.

[5] 冯亮 . 中国农村环境治理问题研究［D］. 北京：中共中央党校研究生院，2016.

[6] 杨育红 . 我国应对农业面源污染的立法和政策研究［J］. 昆明理工大学学报（社会科学版），2018，18（6）：18-26.

[7] 程存旺，石嫣，温铁军 . 氮肥的真实成本［J］. 绿叶，2013（4）：77-88.

第二部分 实践篇

中国生态环境的严峻性，有的是自我发展中出现的问题，有的是自然禀赋的原因，我们讲环境问题的时候，要分清哪些是社会经济的原因（人为原因），哪些是自然的原因（非人为原因）。中国环境问题的严重性还要分清在不同的发展阶段，社会的主要矛盾问题不同，生态环境问题表现的程度和形式也会不同。

党的十八大以来，我国经济已由高速增长阶段转向高质量发展阶段，生态文明建设也到了有条件有能力解决生态环境突出问题的窗口期。中共十九大报告首次在党的报告中出现“加强农业面源污染防治，开展农村人居环境整治行动”。农业面源污染已经成为制约我国生态文明建设和打赢蓝天、碧水、净土保卫战的瓶颈，农业面源污染治理进入攻坚期，对农业面源污染的实践工具、技术和工程予以总结整理具有重要的现实指导意义。

防治农业面源污染要坚持转变发展方式、推进科技进步、创新体制机制的发展思路。要把转变农业发展方式作为防治农业面源污染的根本出路，促进农业发展由主要依靠资源消耗向资源节约型、环境友好型转变，走产出高效、产品安全、资源节约、环境友好的现代农业发展道路。要把推进科技进步作为防治农业面源污染的主要依靠，积极推进农业科技计划、项目和经费管理改革，提升农业科技自主创新能力，坚定不移地用现代物质条件装备农业，用现代科学技术改造农业，全面推进农业机械化，加快农业信息化步伐，加强新型职业农民培养，努力提高土地产出率、资源利用率和劳动生产率。要把创新体制机制作为防治农业面源污染的强大动力，培育新型农业经营主体，发展多种形式适度规模经营，构建覆盖全程、综合配套、便捷高效的新型农业社会化服务体系，逐步推进政府购买服务和第三方治理，探索建立农业面源污染防治的生态补偿机制。

实践篇共有四章，研究了农业面源污染管控制度、面源污染负荷量化、农业面源污染控制技术、农业绿色发展等。

第六章　农业面源污染管控制度

用最严格制度最严密法治保护生态环境，加快制度创新，强化制度执行，让制度成为刚性的约束和不可触碰的高压线。

——习近平

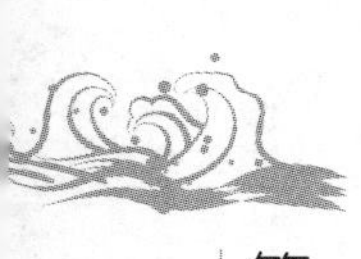

第一节 我国农业面源污染管理主体

环境管理的主体是指“谁来管理”和“管理谁”的问题。在环境管理中，政府、企业和公众都是环境管理的主体。参与我国农业面源污染管理的部门主要有国务院及其农业农村部、生态环境部、水利部、住房和城乡建设部等。

一、农业农村部

（一）机构历史

我国是农业大国，重农固本是安民之基、治国之要。农业农村部是主管农业与农村经济发展的国务院组成部门，是国务院综合管理种植业、畜牧业、水产业、农垦、乡镇企业和饲料工业等产业的职能部门，又是农村经济宏观管理的协调部门。

1949 年 10 月 1 日，根据 1949 年 9 月 27 日中国人民政治协商会议第一届全体会议通过的《中华人民共和国中央人民政府组织法》第十八条的规定，成立中华人民共和国中央人民政府农业部，与新中国同龄。

1954 年 9 月，第一届全国人民代表大会第一次会议在北京召开，会议通过了《中华人民共和国宪法》和《中华人民共和国国务院组织法》，成立中华人民共和国国务院。根据国务院《关于设立、调整中央和地方国家机关及有关事项的通知》，中央人民政府农业部即告结束。国务院按照《国务院组织法》的规定，将原中央人民政府农业部改为中华人民共和国农业部，接替相关工作，成为国务院的组成部门。

1970 年 5 月，农业部和林业部合并成立了农林部。

1979 年 2 月，撤销农林部，分设农业部和林业部。

1982 年 5 月，农业部与农垦部、国家水产总局合并，成立农牧渔业部。

1988 年 4 月，撤销农牧渔业部，成立农业部。

2018 年 3 月，根据十三届全国人大一次会议批准的国务院机构改革方案，为加强党对“三农”工作的集中统一领导，坚持农业农村优先发展，统筹实施乡村振兴战略，推动农业全面升级、农村全面进步、农民全面发展，加快实现农业农村现代化，将中央农村工作领导小组办公室的职责，农业部的职责，以及国家发展和改革委员会的农业投资项目、财政部的农业综合开发项目、原国土资源部的农田整治项目、水利部的农田水利建设项目等管理职责整合，组建农业农村部，作为国务院组成部门。

（二）相关职责

良好的人居环境是广大农民的殷切期盼，是乡村振兴的当务之急。农业农村部将和住建、环保等部门一道，以实施农村人居环境整治三年行动为抓手，推进农村垃圾处理、污水治理，搞好厕所革命及农业废弃物资源化利用，改善村容村貌。

（三）面源污染防治专题

2015 年 1 月，中央一号文件对“加强农业生态治理”作出专门部署，强调要加强农业面源污染治理。2015 年 3 月，政府工作报告也提出了加强农业面源污染治理的重大任务。2015 年 4 月 2 日，《水污染防治行动计划》全面控制污染物排放。农业部牵头，发展改革委、工业和信息化部、国土资源部、环境保护部、水利部、国家质检总局等参与，控制农业面源污染。制定实施全国农业面源污染综合防治方案。推广低毒、低残留农药使用补助试点经验，开展农作物病虫害绿色防控和统防统治。实行测土配方施肥，推广精准施肥技术和机具。完善高标准农田建设、土地开发整理等标准规范，明确环保要求，新建高标准农田要达到相关环保要求。敏感区域和大中型灌区，要利用现有沟、塘、窖等，配置水生植物群落、格栅和透水坝，建设生态沟渠、污水净化塘、地表径流集蓄池等设施，净化农

田排水及地表径流。到 2020 年，测土配方施肥技术推广覆盖率达到 90% 以上，化肥利用率提高到 40% 以上，农作物病虫害统防统治覆盖率达到 40% 以上；京津冀、长三角、珠三角等区域提前一年完成。

2015 年 4 月 10 日，农业部印发《关于打好农业面源污染防治攻坚战的实施意见》（农科教发〔2015〕1 号），提出了打好农业面源污染防治攻坚战的总体要求。农业部为及时加强对地方工作的指导与服务，2015 年 7 月 28 日，成立相关司局参加的“农业部农业面源污染防治推进工作组”（简称推进工作组）。各级农业部门要切实增强对农业面源污染防治工作重要性、紧迫性的认识，将农业面源污染防治纳入打好节能减排和环境治理攻坚战的总体安排，积极争取当地党委政府关心与支持，及时加强与发展改革、财政、国土、环保、水利等部门的沟通协作，形成打好农业面源污染防治攻坚战的工作合力。

推进工作组职责是负责指导、协调农业面源污染防治工作，组织重大问题调研、政策法规制定以及规划编制等，落实《关于打好农业面源污染防治攻坚战的实施意见》确定的各项任务和政策措施，组织开展调研、督导、总结等工作。

农业面源污染防治攻坚战力争到 2020 年农业面源污染加剧的趋势得到有效遏制，实现“一控两减三基本”。“一控”即严格控制农业用水总量，大力发展节水农业，确保农业灌溉用水量保持在 3720 亿 m^3，农田灌溉水有效利用系数达到 0.55；“两减”即减少化肥和农药使用量，实施化肥、农药零增长行动，确保测土配方施肥技术覆盖率达 90% 以上，农作物病虫害绿色防控覆盖率达 30% 以上，肥料、农药利用率均达到 40% 以上，全国主要农作物化肥、农药使用量实现零增长；“三基本”即畜禽粪便、农作物秸秆、农膜基本资源化利用，大力推进农业废弃物的回收利用，确保规模畜禽养殖场（小区）配套建设废弃物处理设施比例达 75% 以上，秸秆综合利用率达 85% 以上，农膜回收率达 80% 以上。农业面源污染监测网络常态化、制度化运行，农业面源污染防治模式和运行机制基本建立，农业资源环境对农业可持续发展的支撑能力明显提高，农业生态文明程度明显提高。

打好农业面源污染防治攻坚战，确保农产品产地环境安全，是实现我国粮食安全和农产品质量安全的现实需要，是促进农业资源永续利用、改善农业生态环境、实现农业可持续发展的内在要求。同时，农业是高度依赖资源条件、直接影响自然环境的产业，加强农业面源污染防治，可以充分发挥农业生态服务功能，把农业建设成为美丽中国的“生态屏障”，为加快推进生态文明建设做出更大贡献。

2018 年 3 月机构重组，原农业部监督指导农业面源污染治理职责调整到生态环境部。

二、生态环境部

保护环境是我国的基本国策，一切单位和个人都有保护环境的义务。要把生态环境保护放在更加突出位置，像保护眼睛一样保护生态环境，像对待生命一样对待生态环境。

（一）机构历史

20 世纪 60 年代后期，环境质量的恶化已经成了重要的国际政治问题。1972 年 6 月 5—16 日，第一次国际环保大会——联合国人类环境会议在瑞典斯德哥尔摩举行，世界上 133 个国家的 1300 多名代表出席了这次会议。这是世界各国政府共同讨论当代环境问题，探讨保护全球环境战略的第一次国际会议。会议通过了《联合国人类环境会议宣言》和《行动计划》，宣告了人类对环境的传统观念的终结，达成了“只有一个地球”，人类与环境不可分割的“共同体”的共识。这是人类对严重复杂的环境问题作出的一种清醒和理智的选择，是向采取共同行动保护环境迈出的第一步，是人类环境保护史上的第一座里程碑。

1972 年召开人类环境会议时，我国正处于“左”倾社会主义思潮当中，当时的观点是“宁要社会主义的草，不要资本主义的苗”“社会主义没有污染”“说社会主义有污染是对社会主义的污蔑”，我国不准备派代表参加。但在国家领导人的指示下，我国派出代表团参加了人类环境

会议。[1]1973年8月5—20日，由国务院委托国家计委在北京组织召开的第一次全国环境保护会议，揭开了中国环境保护事业的序幕。会议通过了《关于保护和改善环境的若干规定》（国发〔1973〕158号），确定了“全面规划、合理布局、综合利用、化害为利、依靠群众、大家动手、保护环境、造福人民”的“32字方针”，这是我国第一个关于环境保护的战略方针。

1974年10月，国务院环境保护领导小组正式成立，由国家计委、工业、农业、交通、水利、卫生等有关部委领导人组成，下设办公室负责处理日常工作。主要职责是：负责制定环境保护的方针、政策和规定，审定全国环境保护规划，组织协调和督促检查各地区、各部门的环境保护工作。

1982年5月，第5届全国人大常委会第23次会议决定，将国家建委、国家城市建设总局、国家建筑工程总局、国家测绘局、国务院环境保护领导小组办公室合并，组建城乡建设环境保护部，部内设环境保护局。

1984年5月，根据国发〔1984〕64号文件，国务院作出《关于环境保护工作的决定》，环境保护开始纳入国民经济和社会发展计划。成立国务院环境保护委员会，其任务是：研究审定有关环境保护的方针、政策，提出规划要求，领导和组织协调全国的环境保护工作。委员会主任由副总理兼任，办事机构设在城乡建设环境保护部（由环境保护局代行）。

1984年12月，城乡建设环境保护部环境保护局改为国家环境保护局，仍归城乡建设环境保护部领导，同时也是国务院环境保护委员会的办事机构，主要任务是负责全国环境保护的规划、协调、监督和指导工作。

1988年7月，国机编〔1988〕4号文件将环保工作从城乡建设部分离出来，成立国家环境保护局（副部级），明确为国务院综合管理环境保护的职能部门，作为国务院直属机构，也是国务院环境保护委员会的办事机构。

1998年6月，国发〔1998〕5号、国办发〔1998〕80号文件将国家环境保护局升格为国家环境保护总局（正部级），是国务院主管环境保护

[1] 摘自周生贤2013年7月9日在中央宣传部、中央直属机关工委、中央国家机关工委、教育部、解放军总政治部、中共北京市委联合主办的“中国特色社会主义和中国梦宣传教育系列报告会”上的报告《我国环境保护的发展历程与成效》。

工作的直属机构，撤销国务院环境保护委员会。

2008 年 7 月，国办发〔2008〕73 号文件，将国家环境保护总局升格为环境保护部，成为国务院组成部门。

2018 年 3 月，根据十三届全国人大一次会议在北京人民大会堂举行第四次全体会议，“组建生态环境部。不再保留环境保护部”。

我国生态环境部机构职责调整如图 6-1 所示。

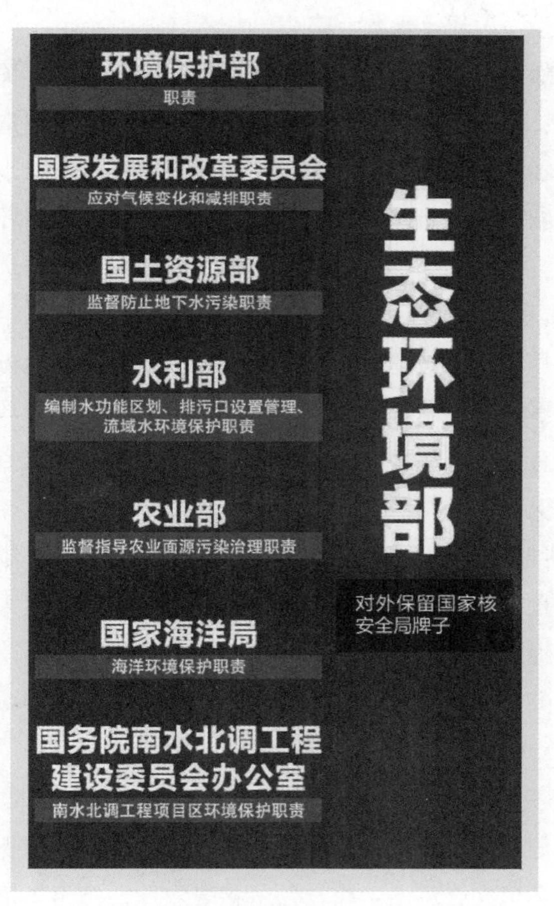

图 6-1　我国生态环境部机构职责调整

污染治理依靠多部委进行多方治理的效果不太好。因为相关部委不仅权责有限，而且人员和技术装备也有限。同时，很多污染往往是交叉重叠和相互贯通的，仅靠单个部门的力量是很难达到整体治理效果的。

把这些分散的职能都统一到生态环境部，治理全域国土上的各种生态环境污染，责任就非常明确了，而且可以确保监督、管理和治理无死角，在后期进行监测、统计、考核、评价和奖惩时，也更易操作。由一个部门统一部署，而非由多个部门来协调，可形成一个拳头发力，更有利于达到治理效果。

（二）相关职责

生态环境部负责建立健全生态环境基本制度。会同有关部门拟订国家生态环境政策、规划并组织实施，起草法律法规草案，制定部门规章。会同有关部门编制并监督实施重点区域、流域、海域、饮用水水源地生态环境规划和水功能区划，组织拟定生态环境标准，制定生态环境基准和技术规范。

（1）负责重大生态环境问题的统筹协调和监督管理。牵头协调重特大环境污染事故和生态破坏事件的调查处理，指导协调地方政府对重特大突发生态环境事件的应急、预警工作，牵头指导实施生态环境损害赔偿制度，协调解决有关跨区域环境污染纠纷，统筹协调国家重点区域、流域、海域生态环境保护工作。

（2）负责监督管理国家减排目标的落实。组织制定陆地和海洋各类污染物排放总量控制、排污许可证制度并监督实施，确定大气、水、海洋等纳污能力，提出实施总量控制的污染物名称和控制指标，监督检查各地污染物减排任务完成情况，实施生态环境保护目标责任制。

（3）负责环境污染防治的监督管理。制定大气、水、海洋、土壤、噪声、光、恶臭、固体废物、化学品、机动车等的污染防治管理制度并监督实施。会同有关部门监督管理饮用水水源地生态环境保护工作，组织指导城乡生态环境综合整治工作，监督指导农业面源污染治理工作。监督指导区域大气环境保护工作，组织实施区域大气污染联防联控协作机制。

内设机构土壤生态环境司负责全国土壤、地下水等污染防治和生态保护的监督管理，组织指导农村生态环境保护，监督指导农业面源污染治理工作。

（三）重要举措

自 1973 年以来，我国共召开 8 次全国环境保护大会，其中，2018 年为全国生态环境保护大会，旨在保护环境，造福人类。我国历次环境保护会议如图 6-2 所示。

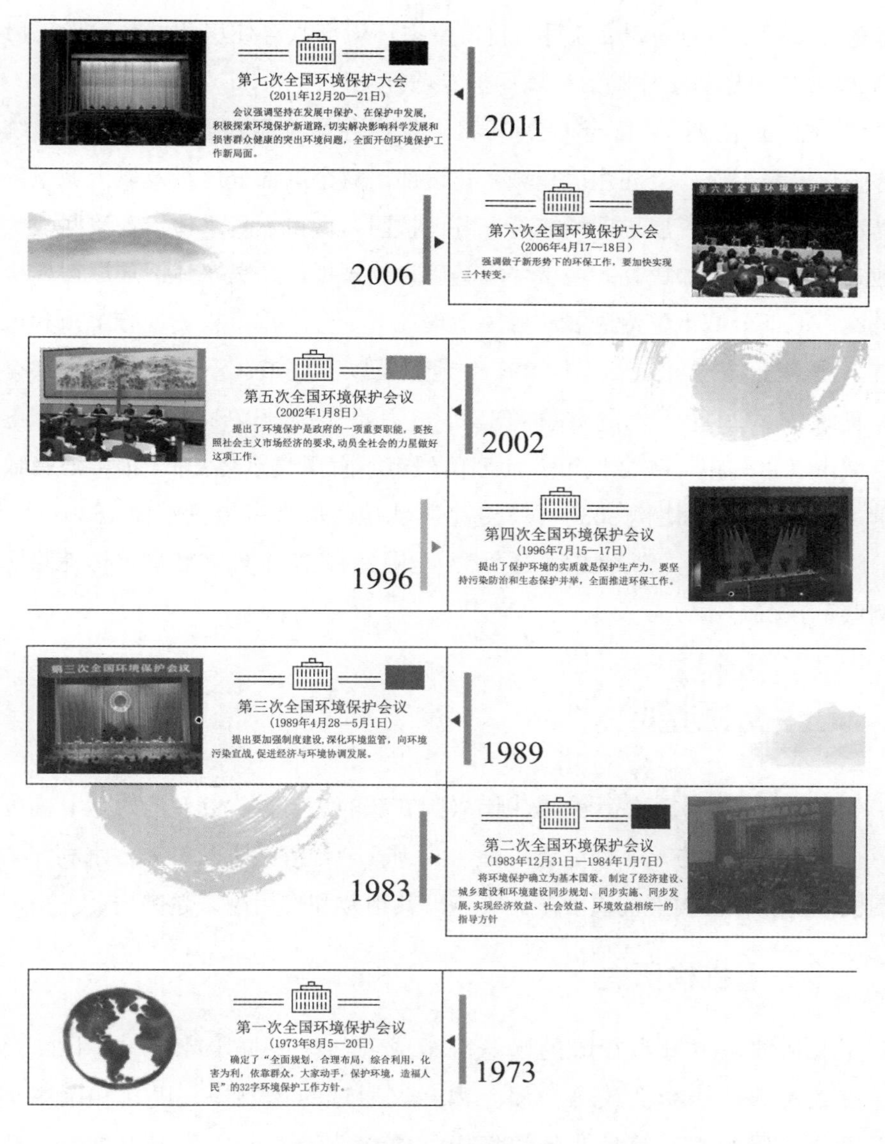

图 6-2　我国历次环境保护会议

2018年4月初召开的中央财经委员会第一次会议明确提出，未来三年要打赢蓝天保卫战，打好柴油货车污染治理、城市黑臭水体治理、渤海综合治理、长江保护修复、水源地保护、农业农村污染治理等七大攻坚战。其中，后五项属于涉“水”攻坚战。

2018年3月30日，生态环境部联合水利部部署全国集中式饮用水水源地环境保护专项行动；5月7日，生态环境部联合住房和城乡建设部启动2018年“黑臭水体整治环境保护专项行动”。

2019年11月26日至12月4日，生态环境部组织开展了2019年统筹强化监督工作，会同住房和城乡建设部，对全国部分地级及以上城市黑臭水体整治情况开展了现场核查。各地按照《城市黑臭水体治理攻坚战实施方案》要求，加快补齐城市环境基础设施短板，黑臭水体治理取得积极进展，但部分城市整治进展滞后，治理任务十分繁重。根据地方上报和核查，截至2019年年底，全国295个地级及以上城市（不含州、盟）共有黑臭水体2899个，消除数量2513个，消除比例86.7%。其中，36个重点城市（直辖市、省会城市、计划单列市）有黑臭水体1063个，消除数量1023个，消除比例96.2%；259个其他地级城市有黑臭水体1836个，消除数量1490个，消除比例81.2%。全国共有57个城市黑臭水体消除比例低于80%。

三、水利部

兴水利，除水害，历来是中国兴国安邦的大事。党和政府对水利高度重视，我国治水方略不断完善。随着我国社会经济的不断发展，水利作为国民经济和社会发展的重要基础设施，其地位和作用越来越突出。

（一）机构历史

水利部是主管水行政的国务院组成部门。根据1949年9月27日中国人民政治协商会议第一届全体会议通过的《中华人民共和国中央人民政府组织法》第十八条的规定，成立中华人民共和国中央人民政府水利部。

1958 年 2 月 11 日，第一届全国人大第五次会议决定撤销水利部和 1955 年成立的电力工业部，合并为水利电力部。

合久必分，分久必合。1979 年 2 月 23 日第五届全国人大第六次会议决定撤销水利电力部，分别设水利部和电力工业部。1982 年机构改革将水利部和电力工业部合并设水利电力部。

1988 年 4 月，第七届全国人大第一次会议上通过的国务院机构改革方案，确定成立水利部。水利部于 1988 年 7 月 22 日重新组建。

根据第九届全国人大一次会议批准的国务院机构改革方案和《国务院关于机构设置的通知》（国发〔1998〕5 号）、第十一届全国人民代表大会第一次会议批准的国务院机构改革方案和《国务院关于机构设置的通知》（国发〔2008〕11 号），设置水利部，为国务院组成部门。

2018 年 3 月，根据第十三届全国人民代表大会第一次会议批准的国务院机构改革方案，将水利部的水资源调查和确权登记管理职责整合，组建中华人民共和国自然资源部；将水利部的编制水功能区划、排污口设置管理、流域水环境保护职责整合，组建中华人民共和国生态环境部；将水利部的有关农业投资项目管理职责整合，组建中华人民共和国农业农村部；将水利部的水旱灾害防治相关职责整合，组建中华人民共和国应急管理部；为优化水利部职责，将国务院三峡工程建设委员会及其办公室、国务院南水北调工程建设委员会及其办公室并入水利部。

（二）相关职责

水利部门是水资源监督管理部门，在监督管理水量、水质方面，主要有六个方面的工作。一是修订出台了《水功能区监督管理办法》，进一步完善了水功能区分级分类管理要求；二是按照《水法》《水污染防治法》等相关法律法规要求，核定了全国重要水功能区水域纳污能力；三是严格入河排污口监管，根据纳污能力严格入河排污口设置；四是建立完善水功能区水质达标评价体系，并纳入最严格水资源管理制度考核；五是加强河流

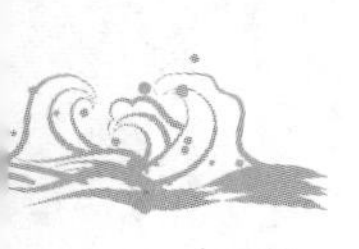

水生态保护与修复，实施河湖连通工程，大力提高水体自净能力；六是配合环保部门落实《水污染防治行动计划》，推动水环境质量改善，消除黑臭水体。

（三）重要举措

实行最严格水资源管理制度，确立“三条红线”和“四项制度”。水资源开发利用控制红线，到2030年全国用水总量控制在7000亿m^3以内；用水效率控制红线，到2030年用水效率达到或接近世界先进水平，万元工业增加值用水量（以2000年不变价计，下同）降低到40m^3以下，农田灌溉水有效利用系数提高到0.6以上；水功能区限制纳污红线，到2030年主要污染物入河湖总量控制在水功能区纳污能力范围之内，水功能区水质达标率提高到95%以上。

实施的“四项制度”，一是用水总量控制制度。加强水资源开发利用控制红线管理，严格实行用水总量控制，包括严格规划管理和水资源论证，严格控制流域和区域取用水总量，严格实施取水许可，严格水资源有偿使用，严格地下水管理和保护，强化水资源统一调度。

二是用水效率控制制度。加强用水效率控制红线管理，全面推进节水型社会建设，包括全面加强节约用水管理，把节约用水贯穿于经济社会发展和群众生活生产全过程，强化用水定额管理，加快推进节水技术改造。

三是水功能区限制纳污制度。加强水功能区限制纳污红线管理，严格控制入河湖排污总量，包括严格水功能区监督管理，加强饮用水水源地保护，推进水生态系统保护与修复。

四是水资源管理责任和考核制度。将水资源开发利用、节约和保护的主要指标纳入地方经济社会发展综合评价体系，县级以上人民政府主要负责人对本行政区域水资源管理和保护工作负总责。

全面推动河湖长制有名有实。我国江河湖泊众多，水系发达，保护江河湖泊，事关人民群众福祉，事关中华民族长远发展。中共中央办公厅国务院办公厅印发《关于全面推行河长制的意见》的通知（厅字〔2016〕42号），明确提出在2018年底全面建立河长制。2016年12月，水利部、环境保护部制定了《贯彻落实〈关于全面推行河长制的意见〉实施方案》。截至2019年年底，全国共明确省、市、县、乡四级河长30多万名，其中省级河长402人，59名省级党政主要负责同志担任总河长，各地还因地制宜设置村级河长（含巡河员、护河员）76万多名。

四、住房和城乡建设部

（一）机构历史

1952年8月7日，中央人民政府委员会第十七次会议通过决议，决定成立中央人民政府建筑工程部，建筑工程部是在原重工业部有关建筑工程管理机构的基础上组建的。

1954年9月，第一届全国人民代表大会第一次会议在北京召开，会议通过了《中华人民共和国宪法》和《中华人民共和国国务院组织法》，成立中华人民共和国国务院。根据国务院《关于设立、调整中央和地方国家行政机关及其有关事项的通知》，中央人民政府建筑工程部即告结束。国务院成立了中华人民共和国建筑工程部，接替相关工作。

1955年4月7日，城市建设局从建筑工程部划拨出来，成立直接隶属于国务院的城市建设总局。

1958年2月11日，第一届全国人民代表大会第五次会议决定将建筑材料工业部、建筑工程部和城市建设部合并成为建筑工程部。

1965年3月31日全国人民代表大会常务委员会决定将中华人民共和国建筑工程部分为中华人民共和国建筑工程部和中华人民共和国建筑材料工业部。

1970年6月22日，中共中央批准《关于国务院各部门设立党的核心小组和革命委员会的请示报告》，决定合并国家基本建设委员会、建筑工程部、建筑材料工业部、中共中央基建政治部，成立国家基本建设革命委员会。

1982年5月，第五届全国人大常委会第二十三次会议决定，将国家

城市建设总局、国家建筑工程总局、国家测绘局、国家基本建设委员会的部分机构和国务院环境保护领导小组办公室合并，组建城乡建设环境保护部。

1988 年 4 月 9 日，第七届全国人民代表大会第七次会议通过《关于国务院机构改革方案的决定》，撤销中华人民共和国城乡建设环境保护部，设立中华人民共和国建设部，国家计委施工管理局等一些部门划归建设部。

2008 年 3 月 15 日，根据十一届全国人大一次会议通过的国务院机构改革方案，“组建中华人民共和国住房和城乡建设部。不再保留中华人民共和国建设部”。

（二）相关职责

内设城市建设司负责拟订城市建设和市政公用事业的发展战略、中长期规划、改革措施、规章；指导城市供水、节水、燃气、热力、市政设施、园林、市容环境治理、城建监察等工作；指导城镇污水处理设施和管网配套建设；指导城市规划区的绿化工作；承担国家级风景名胜区、世界自然遗产项目和世界自然与文化双重遗产项目的有关工作。

（三）重要举措

2014 年 10 月，住房和城乡建设部编制了《海绵城市建设技术指南——低影响开发雨水系统构建（试行）》，旨在指导各地新型城镇化建设过程中，推广和应用低影响开发建设模式，加大城市径流雨水源头减排的刚性约束，优先利用自然排水系统，建设生态排水设施，充分发挥城市绿地、道路、水系等对雨水的吸纳、蓄渗和缓释作用，使城市开发建设后的水文特征接近开发前，有效缓解城市内涝、削减城市径流污染负荷、节约水资源、保护和改善城市生态环境，为建设具有自然积存、自然渗透、自然净化功能的海绵城市提供重要保障。

2015 年 4 月，《水污染防治行动计划》要求全力保障水生态环境安全，由住房和城乡建设部牵头，环境保护部、水利部、农业部等参与，整治城市黑臭水体。采取控源截污、垃圾清理、清淤疏浚、生态修复等措施，加大黑臭水体治理力度，每半年向社会公布治理情况。地级及以上城市建成区应于2015年年底前完成水体排查，公布黑臭水体名称、责任人及达标期限；于2017年年底前实现河面无大面积漂浮物，河岸无垃圾，无违法排污口；于2020年年底前完成黑臭水体治理目标。直辖市、省会城市、计划单列市建成区要于2017年年底前基本消除黑臭水体。

2015年8月，住房和城乡建设部会同环境保护部、水利部、农业部组织编制了《城市黑臭水体整治工作指南》。提出面源控制技术主要用于城市初期雨水、冰雪融水、畜禽养殖污水、地表固体废弃物等污染源的控制与治理。可结合海绵城市的建设，采用各种低影响开发（LID）技术、初期雨水控制与净化技术、地表固体废弃物收集技术、土壤与绿化肥分流失控制技术，以及生态护岸与隔离（阻断）技术；畜禽养殖面源控制主要可采用粪尿分类、雨污分离、固体粪便堆肥处理利用、污水就地处理后农地回用等技术。

在我国素有“九龙治水”之说、长治低效之难。随着工业“三废”综合利用水平的提高和城市生活垃圾分类成为新时尚，农业源日益成为中国主要的水污染源。规模化畜禽养殖粪污排放形成的点源与农田排水或径流造成的氮磷流失面源污染日益凸显，加剧水环境治理难度。而对于农业面源污染治理，需要的是相关部门拧成一股绳，进行协同、创新、综合、系统的行动。

党的十九大报告将农业面源污染防治上升到党政方针和国家战略高度。随着我国城市点源污染的确定和有效控制，农业面源污染成为我国环境质量改善、生态文明建设的短板，事关蓝天、碧水、净土保卫战和污染防治攻坚战的成败，甚至危及农产品质量安全。2006年“社会主义新农村”建设的提出，治理农业面源污染是促进我国农业可持续发展的重要抓手。国家政府逐渐重视以农业源为主的面源污染，陆续制定、修订相关法律、法规，出台系列政策和经济措施。我国由宪法、法律、行政法规组成的有关农业面源污染防治的法律保障体系以及规划、党和政府报告、中央一号文件等政策引导在我国污染防治方面是比较成功的。通过梳理我国防治农业面源污染的法律制度和政策措施、概括其立法特征，并就内容

的配套性、系统性、可操作性提出合理化建议，具有一定的理论指导和实际参考意义。

第二节 农业面源污染防治制度保障

在 2018 年全国生态环境保护大会上，党中央强调“用最严格制度最严密法治保护生态环境”。加强法制建设，不断完善环境法治，运用制度管根本、管长远的力量，是党的十八大以来，加强生态环境保护的一个鲜明特色。

法律是治国之重器，良法是善治之前提。法律制度是防治污染的刚性约束和不可触碰的高压线。农业面源（也称非点源）污染被认为是水环境质量难以彻底改善的世界性顽疾，是涉及法律、经济、社会、环境、技术等多方面的问题，制定行之有效的法律法规被视作是防治农业面源污染的关键。美国、英国自 20 世纪 80 年代末开展农业面源污染专题研究和治理，日本 20 世纪 90 年代开始致力防治农业面源污染。国外发达国家均有运用立法手段防治农业面源污染的成功经验，用严格的法律制度防治面源污染是我国生态文明建设的重要保障。

我国水环境治理素以工业点源污染为重，2006 年“社会主义新农村建设”的提出，是我国农业面源污染治理领域的重要转折点，农业面源污染开始高频次地出现在国家法律法规和政策文件中。2014 年《中共中央关于全面推进依法治国若干重大问题的决定》发布，一系列法律、法规、政策、措施的陆续落地，我国水环境治理进入建设密集期。海绵城市建设、黑臭水体治理、污染防治攻坚、河长制等目标的设置，农业面源污染当仁不让地成为制约我国水生态文明建设和打赢碧水保卫战的瓶颈，防治农业面源污染跃入攻坚期。

根据中国数据呈现较弱的环境库兹涅茨曲线特性的事实推断，改革开放以来中国政府所推行的环境政策是比较成功的。对我国治理农业面源污染的法规和政策保障效果缺乏自信，加强对相关法律制度、国民经济和社会发展规划、中央一号文件、政策指导性文件和纲领性文件的效应整合有利于我们全面认识农业面源污染程度及其治理成绩。

一、我国应对农业面源污染的法律法规

按中国特色社会主义法律体系组成，就农业用排水、化肥、农药、畜禽粪便、农作物秸秆、农膜等农业面源污染防治进行法律法规相关考量。

（一）农业面源污染防治的法律规定

我国政府敏锐地意识到高速工业化带来的严重环境问题，并采取越来越严格的环境保护法律措施，改善人民群众的生活质量和健康状况，保护生态系统。

1. 宪法规定

宪法是国家长治久安、民族团结、经济发展、社会进步的根本保障。我国现行宪法是1982年通过、公布施行，经1988年、1993年、1999年、2004年和2018年5次修正，始终保持着1982年宪法第一章“总纲”第二十六条第一款“国家保护和改善生活环境和生态环境，防治污染和其他公害”的规定。在2018年宪法修正案中，第三章“国家机构”第三节“国务院”第八十九条“国务院行使职权”第六款增加了生态文明建设内容，“领导和管理经济工作和城乡建设、生态文明建设”。生态文明写入宪法，更好地展现了中国特色法治模式和中国特色环保战略的风采。

保护环境是我国的基本国策，保护环境还意味着防止环境污染。水污染是我国三大污染之一，农业面源污染是我国水污染防治攻坚对象，是农业可持续发展、水生态文明建设的瓶颈。宪法的“防治污染”、建设“生态文明”“美丽中国”为未来制定更全面、更细致、更有效的生态环境保护、农业面源污染治理法律法规提供了最根本的法律保障。

2. 单行法规定

我国涉及农业面源污染防治的法律12部。其中行政法5部，经济法

7部，法律名称及其基本信息见表6-1。

表6-1　我国现行有关农业面源污染防治的法律及其基本信息

序号	名　称	基本信息	法律部门
1	《中华人民共和国水污染防治法》	1984年5月11日通过，根据1996年5月15日《关于修改〈中华人民共和国水污染防治法〉的决定》第一次修正，2008年2月28日修订，根据2017年6月27日《关于修改〈中华人民共和国水污染防治法〉的决定》第二次修正，自2018年1月1日起施行	行政法
2	《中华人民共和国环境保护法》	1989年12月26日通过，2014年4月24日修订，自2015年1月1日起施行	行政法
3	《中华人民共和国水土保持法》	1991年6月29日通过，2010年12月25日修订，自2011年3月1日起施行	经济法
4	《中华人民共和国渔业法》	1986年1月20日通过，根据2000年10月31日《关于修改〈中华人民共和国渔业法〉的决定》修正，根据2004年8月28日《关于修改〈中华人民共和国渔业法〉的决定》第二次修正，根据2009年8月27日《全国人民代表大会常务委员会关于修改部分法律的决定》第三次修正，根据2013年12月28日《全国人民代表大会常务委员会关于修改〈中华人民共和国海洋环境保护法〉等七部法律的决定》第四次修正	经济法
5	《中华人民共和国大气污染防治法》	1987年9月5日通过，根据1995年8月29日《关于修改〈中华人民共和国大气污染防治法〉的决定》修正，2000年4月29日第一次修订，2015年8月29日第二次修订，自2016年1月1日起施行	行政法
6	《中华人民共和国水法》	1988年1月21日通过，2002年8月29日修订，根据2009年8月27日《全国人民代表大会常务委员会关于修改部分法律的决定》修改，根据2016年7月2日《全国人民代表大会常务委员会关于修改〈中华人民共和国节约能源法〉等六部法律的决定》修改，自2016年9月1日起施行	经济法
7	《中华人民共和国农业法》	1993年7月2日通过，2002年12月28日修订，根据2009年8月27日《关于修改部分法律的决定》第一次修正，根据2012年12月28日《关于修改〈中华人民共和国农业法〉的决定》第二次修正，自2013年1月1日起施行	经济法
8	《中华人民共和国固体废物污染环境防治法》	1995年10月30日通过，2004年12月29日修订，根据2013年6月29日《关于修改〈中华人民共和国文物保护法〉等十二部法律的决定》第一次修正，根据2015年4月24日《关于修改〈中华人民共和国港口法〉等七部法律的决定》第二次修正，根据2016年11月7日《全国人大常委会关于修改〈中华人民共和国对外贸易法〉等十二部法律的决定》修改	行政法

续表

序号	名　称	基本信息	法律部门
9	《中华人民共和国清洁生产促进法》	2002年6月29日通过，根据2012年2月29日《关于修改〈中华人民共和国清洁生产促进法〉的决定》修正，自2012年7月1日起施行	经济法
10	《中华人民共和国农产品质量安全法》	2006年4月29日通过，自2006年11月1日起施行	经济法
11	《中华人民共和国循环经济促进法》	2008年8月29日通过，自2009年1月1日起施行	经济法
12	《中华人民共和国土壤污染防治法》	2018年8月31日通过，自2019年1月1日起施行	行政法

表6-1中的前三部法律明确规定有“农业面源污染”。最早提出“防治农业面源污染”的是2008年修订的《中华人民共和国水污染防治法》，高度关注了农业和农村水污染防治，增加了一些防治农业和农村水污染的条款。第三条规定，水污染防治应当坚持预防为主、防治结合、综合治理的原则，优先保护饮用水水源，严格控制工业污染、城镇生活污染，防治农业面源污染，积极推进生态治理工程建设，预防、控制和减少水环境污染和生态破坏。2017年修正，进一步提出“制定化肥、农药等产品的质量标准和使用标准，应当适应水环境保护要求”。

2014年修订的、被称史上最严的《中华人民共和国环境保护法》，作为我国环境领域的“基本法”，对种植和养殖、农药和化肥、农用薄膜和农作物秸秆等给予了重视，明确加强对农业污染源的监测预警，“防止农业面源污染”“合理使用化肥、农药及植物生长激素等”。

2010年修订版《中华人民共和国水土保持法》第三十六条明确，严格控制化肥和农药的使用，减少水土流失引起的面源污染，保护饮用水水源。

其他9部法律中，《中华人民共和国渔业法》2000年修正版增加了从事养殖生产不得使用含有毒有害物质的饵料、饲料；应当保护水域生态环境，不得造成水域的环境污染的规定。《中华人民共和国大气污染防治法》2015年修订提出农业生产经营者应当改进施肥方式，科学合理施用化肥，并按照国家有关规定使用农药，减少氨、挥发性有机物等大气污染

物的排放。《中华人民共和国水法》2002年修订提出国家保护水资源，采取有效措施，保护植被，植树种草，涵养水源，防治水土流失和水体污染，改善生态环境。《中华人民共和国农业法》从1993年的“保养土地”“防止土地的污染”到2002年要求农民和农业生产经营组织应当“保养耕地”“防止农用地污染”。《中华人民共和国固体废物污染环境防治法》2004年修订增加了第十七条第二款和第二十条有关涉水区域固体废物倾倒、堆放和农业固体废物的规定，要求“使用农用薄膜的单位和个人，应当采取回收利用等措施，防止或者减少农用薄膜对环境的污染”。2002年《中华人民共和国清洁生产促进法》提出农业生产者应当科学地使用化肥、农药、农用薄膜和饲料添加剂，改进种植和养殖技术，实现农产品的优质、无害和农业生产废物的资源化，防止农业环境污染；禁止将有毒、有害废物用作肥料或者用于造田。2006年《中华人民共和国农产品质量安全法》提出了防止对农产品产地造成污染和防止危及农产品质量安全的农业投入品的使用规定限制；2008年《中华人民共和国循环经济促进法》提出优先发展生态农业，鼓励和支持节水、节肥、节药的先进种养殖、灌溉技术。2018年《中华人民共和国土壤污染防治法》强化了农业投入品管理，可减少因降雨径流、排水、有机物挥发等造成的农业面源污染负荷。

表6-1中序号4～12的法律所规定的事项并未完全针对农业面源污染，但从其涉及的具体内容而言，均在不同程度上起到防止农业面源污染的效果，因此，这些立法是农业面源污染防治法律体系的重要补充和主要内容。

3. 行政法规

行政法规是法律规定的相关制度的具体化，是对法律的细化和补充。现行两部行政法规有“农业面源污染”内容：2011年《太湖流域管理条例》第三十一条明确太湖流域县级以上地方人民政府应当开展清洁小流域建设，有效控制农业面源污染；2016年《农田水利条例》第三十条明确减少肥料流失，防止农业面源污染。

而1997年《农药管理条例》提出的农药减量计划、1998年《基本农田保护条例》规定“国家提倡和鼓励农业生产者对其经营的基本农田施用有机肥料，合理施用化肥和农药。利用基本农田从事农业生产的单位和个人应当保持和培肥地力”。2013年《畜禽规模养殖污染防治条例》提出畜禽养殖废弃物要经过处理向环境排放等措施，对防治农业面源污染均有较好保障作用。

虽然2007年《全国污染源普查条例》明确污染源普查范围应包括农业污染源，但2011年版《淮河流域水污染防治暂行条例》关注的仍是点源污染，没有农业面源污染相关规定。

2003年《肥料管理条例（征求意见稿）》出台，直到2018年7月11日，农业农村部在“对十三届全国人大一次会议第7606号建议的答复”中表示，加强肥料立法研究，推动将《肥料管理条例》列入国务院立法计划。2000年公布的《中华人民共和国水污染防治法实施细则》，经2018年中华人民共和国国务院令第698号废止后，没有新行政法规替代。《肥料管理条例》和《水污染防治法实施细则》的缺位，削弱了农业面源污染防治的执行力。

4. 地方性法规和规章

我国多个省、自治区、直辖市和较大的市自1999年以来，陆续颁布并修正了有关农业（生态）环境保护、水环境保护、水污染防治、露天禁烧秸秆等地方性法规，无一例外地规定了农药、化肥、农用薄膜等农业投入品的合理使用、畜禽养殖投入品和废弃物综合利用、循环利用制度，实施省市县乡村河长制，旨在改变多头治水、各自为政的格局，形成合力；强调从源头上解决水污染防治问题；加强农业环境监测等。

《农产品产地安全管理办法》（农业部〔2006〕71号）第四章产地保护规定：“农产品生产者应当合理使用肥料、农药、兽药、饲料和饲料添加剂、农用薄膜等农业投入品。禁止使用国家明令禁止、淘汰的或者未经许可的农业投入品。农产品生产者应当及时清除、回收农用薄膜、农业投入品包装物等，防止污染农产品产地环境。”

（二）存在问题

我国防治农业面源污染在近10年才被纳入法律文件，对农业面源污

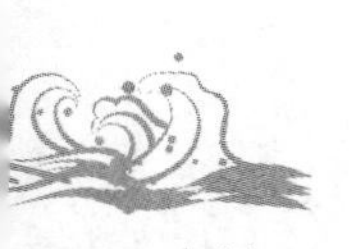

染的问题重视滞后，有关农业面源污染防治的立法起步晚、数量少。结合《中华人民共和国立法法》适用范围，农业面源污染防治的立法层面理应包括宪法、法律、行政法规、地方性法规、自治条例和单行条例，以及国务院部门规章和地方政府规章等，依次体现环境保护和污染防治具体化的层级职责。通过法律法规梳理发现，我国相关法律和行政法规从各自立法目的出发，明确规定了农业源污染防治主体、对象、措施等，但最应体现空间区域、行业特色的地方性法规、规章和部门规章却存在缺位，没有“农业面源污染”防治的明确规制。农业面源污染防治法律体系存在一定立法层面的缺陷，在制度设计的科学性、有效性方面仍然存在一定差距，有待进一步完善。

（1）包括农业面源污染防治的法律法规缺乏系统性、时效性。目前明确有关农业面源污染防治的规制仅出现在 3 部法律、2 部行政法规里，地方性法规和政府、部门规章，不能及时根据上位法制定、修正、修订防止农业面源污染的法规，没有形成完整、系统、全面的法律体系。

（2）相关规定原则性有余，强制性不足。受我国长期以来立法“宜粗不宜细”的影响，很多地方性立法较为原则与粗疏，操作性不强；条款仅停留在诸如“应当”“合理”“鼓励”“不得”等字眼上，严重影响执法的积极性，加大执法难度。

（3）观念落伍。“污染防治法”非“保护法”，反映出当前环境保护理念仍然处于事后治理的阶段，将环境保护停留于污染防治上，体现的是消极应对，未展现环境保护的整体性、激励性、预防性理念，需要更深层次地尊重自然、顺应自然、保护自然。

农村环境保护工作是一项系统工程，涉及农村生产和生活的各个方面，要统筹规划，分步实施。如果不制定面源污染控制的国家战略，减少污染对农产品影响的成就会非常有限，因为这些工作需要牵扯到若干部委和公共机构。因此建议将该项战略的制定列为一项紧急工作。在制定面源污染控制的国家战略时，我们应该考虑流域综合管理、限制过度灌溉、全球对温室气体排放的关注（中国每年农业生产使用化肥所排放的一氧化二氮约占全世界总量的 1/3）、农业政策以及更好地控制面源污染（包括农村和城镇污水以及大规模畜禽养殖而产生的垃圾）。面源污染战略应该包括以下几个重要的议题：改善为农民提供的咨询服务；更好地评估和监测环境，从而测量化肥、农药和肥料对人类和生态系统的健康所产生的风险；在农村地区实施循环经济；将高产出农业（如粮食生产）转移到面源污染风险较低地区的可能性；提高公众对过量施用化肥和其他化学物质所产生危害的意识。

二、我国防治农业面源污染的文件及行动

（一）政策文件顶层设计

我国的国民经济和社会发展五年规划、中央一号文件、政府工作报告、相关决议、决定和意见等纲领性文件分别对农业面源污染防治予以了规定和引导。

1. 国民经济和社会发展五年规划

经全国人民代表大会批准的国民经济和社会发展五年规划纲要从“九五计划”的控制农田污染和水污染，到“十五计划”的防治不合理使用化肥、农药、农膜和超标污灌带来的化学污染及其他面源污染，在“十一五规划”中首次提出建设社会主义新农村，明确防治农药、化肥和农膜等面源污染，加强规模化养殖场污染治理，发展到“十二五”规划的治理农药、化肥和农膜等面源污染，全面推进畜禽养殖污染防治，在“十三五规划”中提出大力发展生态友好型农业，开展农业面源污染综合防治。

我国改“计划”为“规划”，从“环境和生态保护”中的控制农田污染和水污染，到单列农村环境保护篇章，倡导大力发展生态友好型农业，全面阐述导致农业面源污染的化肥、农药、种养业废弃物、农膜等污染因素，表明了我国国民经济和社会发展五年规划纲要对农业面源污染的日益重视。

2. 中国共产党全国代表大会报告

中国共产党全国代表大会的任务之一是讨论并决定党的重大问题，建

党90多年来，已经举行19次党的全国代表大会。从环境保护到污染治理，逐渐突破原有限制。1997年党的十五大报告开始警觉我国经济发展带来的水、大气、土壤污染，提出“加强对环境污染的治理”；党的十七大报告，环境保护放在经济建设范畴内，强调的是点源污染防治；党的十八大报告将生态文明建设放在突出地位，强调经济建设、政治建设、文化建设、社会建设和生态文明建设“五位一体”，坚持预防为主、综合治理环境问题；党的十九大报告坚持新发展理念，首次在党的报告中出现“加强农业面源污染防治”。农业面源污染影响严峻程度可见一斑，党的高度关注必将取得污染防治攻坚战的最后胜利。

3. 中央一号文件

“三农”问题在中国的改革开放初期曾是“重中之重”，中共中央在1982—1986年连续五年发布以“农业、农村和农民”为主题的中央一号文件，对农村改革和农业发展作出具体部署。这五个一号文件，在中国农村改革史上成为专有名词——“五个一号文件”。时隔18年，2003年12月30日印发《中共中央、国务院关于促进农民增加收入若干政策的意见》，中央一号文件再次回归农业。

中央一号文件已成为中共中央重视“三农”（农业、农村、农民）问题的专有名词。2004—2020年连续17年发布以“三农”为主题的中央一号文件，强调了“三农”问题在中国社会主义现代化时期“重中之重”的地位。农业面源污染在2006年中央一号文件中的首次亮相，是我国水污染治理从点源到面源的重要转折点，自此，每年的中央一号文件都离不开农村污染、农业环境治理、农业面源污染。

2006—2020年的15个中央一号文件中，除了2009年支持农业农村污染治理、2011年大力开展生态清洁型小流域建设、2020年扎实搞好农村人居环境整治和治理农村生态环境突出问题外，其他12年的中央一号文件均明确提到“农业面源污染”。2016—2019年更是将农业面源污染列为农业环境突出问题，明确指出农业面源污染治理是关系中国农业可持续发展和社会主义新农村建设的重要问题。

进入21世纪以来，中央一号文件汇总见表6-2。

表 6-2　　我国 2004—2020 年中央一号文件发布

日期	文件名称	相关主题
2020 年 1 月 2 日	《关于抓好"三农"领域重点工作 确保如期实现全面小康的意见》	二、对标全面建成小康社会加快补上农村基础设施和公共服务短板 •全面推进农村生活垃圾治理，开展就地分类、源头减量试点。梯次推进农村生活污水治理，优先解决乡镇所在地和中心村生活污水问题。开展农村黑臭水体整治。支持农民群众开展村庄清洁和绿化行动，推进"美丽家园"建设 •大力推进畜禽粪污资源化利用，基本完成大规模养殖场粪污治理设施建设。深入开展农药化肥减量行动，加强农膜污染治理，推进秸秆综合利用
2019 年 1 月 3 日	《关于坚持农业农村优先发展做好"三农"工作的若干意见》	三、扎实推进乡村建设，加快补齐农村人居环境和公共服务短板 •加强农村污染治理和生态环境保护。统筹推进山水林田湖草系统治理，推动农业农村绿色发展。加大农业面源污染治理力度，开展农业节肥节药行动，实现化肥农药使用量负增长。发展生态循环农业，推进畜禽粪污、秸秆、农膜等农业废弃物资源化利用，实现畜牧养殖大县粪污资源化利用整县治理全覆盖，下大力气治理白色污染
2018 年 1 月 2 日	《关于实施乡村振兴战略的意见》	四、推进乡村绿色发展，打造人与自然和谐共生发展新格局 •加强农村突出环境问题综合治理。加强农业面源污染防治，开展农业绿色发展行动，实现投入品减量化、生产清洁化、废弃物资源化、产业模式生态化。推进有机肥替代化肥、畜禽粪污处理、农作物秸秆综合利用、废弃农膜回收、病虫害绿色防控。加强农村水环境治理和农村饮用水水源保护，实施农村生态清洁小流域建设
2016 年 12 月 31 日	《关于深入推进农业供给侧结构性改革加快培育农业农村发展新动能的若干意见》	二、推行绿色生产方式，增强农业可持续发展能力 •集中治理农业环境突出问题。实施耕地、草原、河湖休养生息规划。开展土壤污染状况详查，深入实施土壤污染防治行动计划，继续开展重金属污染耕地修复及种植结构调整试点。扩大农业面源污染综合治理试点范围
2015 年 12 月 31 日	《关于落实发展新理念 加快农业现代化实现全面小康目标的若干意见》	二、加强资源保护和生态修复，推动农业绿色发展 •加快农业环境突出问题治理。基本形成改善农业环境的政策法规制度和技术路径，确保农业生态环境恶化趋势总体得到遏制，治理明显见到成效。实施并完善农业环境突出问题治理总体规划。加大农业面源污染防治力度，实施化肥农药零增长行动，实施种养业废弃物资源化利用、无害化处理区域示范工程
2015 年 2 月 1 日	《关于加大改革创新力度加快农业现代化建设的若干意见》	一、围绕建设现代农业，加快转变农业发展方式 •加强农业生态治理。实施农业环境突出问题治理总体规划和农业可持续发展规划。加强农业面源污染治理，深入开展测土配方施肥，大力推广生物有机肥、低毒低残留农药，开展秸秆、畜禽粪便资源化利用和农田残膜回收区域性示范，按规定享受相关财税政策。落实畜禽规模养殖环境影响评价制度，大力推动农业循环经济发展

续表

日期	文件名称	相关主题
2014年1月19日	《关于全面深化农村改革加快推进农业现代化的若干意见》	三、建立农业可持续发展长效机制 •促进生态友好型农业发展。加大农业面源污染防治力度，支持高效肥和低残留农药使用、规模养殖场畜禽粪便资源化利用、新型农业经营主体使用有机肥、推广高标准农膜和残膜回收等试点
2012年12月31日	《关于加快发展现代农业 进一步增强农村发展活力的若干意见》	一、建立重要农产品供给保障机制，努力夯实现代农业物质基础 •提升食品安全水平。强化农业生产过程环境监测，严格农业投入品生产经营使用管理，积极开展农业面源污染和畜禽养殖污染防治
2011年12月31日	《关于加快推进农业科技创新 持续增强农产品供给保障能力的若干意见》	五、改善设施装备条件，不断夯实农业发展物质基础 •搞好生态建设。推进农业清洁生产，引导农民合理使用化肥农药，加强农村沼气工程和小水电代燃料生态保护工程建设，加快农业面源污染治理和农村污水、垃圾处理，改善农村人居环境
2010年12月31日	《关于加快水利改革发展的决定》	六、实行最严格的水资源管理制度 •建立用水总量控制制度，确立水资源开发利用控制红线； •建立用水效率控制制度，确立用水效率控制红线； •建立水功能区限制纳污制度，确立水功能区限制纳污红线； •建立水资源管理责任和考核制度
2009年12月31日	《关于加大统筹城乡发展力度 进一步夯实农业农村发展基础的若干意见》	二、提高现代农业装备水平，促进农业发展方式转变 •构筑牢固的生态安全屏障。实施国家水土保持重点建设工程，加快岩溶地区石漠化和南方崩岗治理，启动坡耕地水土流失综合治理工程，搞好清洁小流域建设。加强农业面源污染治理，发展循环农业和生态农业
2008年12月31日	《关于2009年促进农业稳定发展农民持续增收的若干意见》	三、强化现代农业物质支撑和服务体系 •安排专门资金，实行以奖促治，支持农业农村污染治理
2007年12月31日	《关于切实加强农业基础建设 进一步促进农业发展农民增收的若干意见》	三、突出抓好农业基础设施建设 •继续加强生态建设。加大农业面源污染防治力度，抓紧制定规划，切实增加投入，落实治理责任，加快重点区域治理步伐
2006年12月31日	《关于积极发展现代农业 扎实推进社会主义新农村建设的若干意见》	二、加快农业基础建设，提高现代农业的设施装备水平 •提高农业可持续发展能力。加强农村环境保护，减少农业面源污染，搞好江河湖海的水污染治理
2005年12月31日	《关于推进社会主义新农村建设的若干意见》	二、推进现代农业建设，强化社会主义新农村建设的产业支撑 •加快发展循环农业。加大力度防治农业面源污染

续表

日期	文件名称	相关主题
2004年12月31日	《关于进一步加强农村工作 提高农业综合生产能力若干政策的意见》	三、加强农田水利和生态建设，提高农业抗御自然灾害的能力 •坚持不懈搞好生态重点工程建设。切实防治耕地和水污染
2003年12月31日	《关于促进农民增加收入若干政策的意见》	二、继续推进农业结构调整，挖掘农业内部增收潜力 •加快发展农业产业化经营。对龙头企业为农户提供培训、营销服务，以及研发引进新品种新技术、开展基地建设和污染治理等，可给予财政补助

4. 国务院政府工作报告

国务院政府工作报告自2005年3月提出“加强农村面源污染治理”。在2009年、2013年、2018年分别提到推进农村环境综合整治、大力加强生态文明建设和环境保护、深入开展水、土壤污染防治等，除这三个年度未提“农业面源污染”外，其他11个年度国务院政府工作报告均有农业或农村面源污染相关内容。但是从1998—2018年政府工作报告关注的依然是重点流域、海域、区域的水污染防治，关注重点水污染物从化学需氧量扩大到化学需氧量、氨氮排放总量的下降；缺少最能代表农业面源污染物的氮磷营养元素的考核。

5. 环境保护规划和污染防治行动计划

环保规划在环境保护治理管理中发挥着重要的引领和统筹作用。国家“十一五”“十二五”“十三五”环境保护规划对农业（农村）面源污染均有要求，虽然《国家环境保护“十一五”规划（2006—2010）》（国发〔2007〕37号）根据《国务院关于宣布失效一批国务院文件的决定》（国发〔2015〕68号），已宣布失效，但它是在环境保护规划中第一次明确提出“防治农村面源污染”是整治农村环境、促进社会主义新农村建设的主要任务之一。《“十三五”生态环境保护规划（2016—2020）》（国发〔2016〕65号）强调通过一系列措施打好农业面源污染治理攻坚战。

《大气污染防治行动计划》（国发〔2013〕37号）、《水污染防治行动计划》（国发〔2015〕17号）、《土壤污染防治行动计划》（国发〔2016〕31号）相继出台，深化面源污染治理、综合整治城市扬尘的大气污染防治助力；通过测土配方施肥、净化农田排水及地表径流、低残留

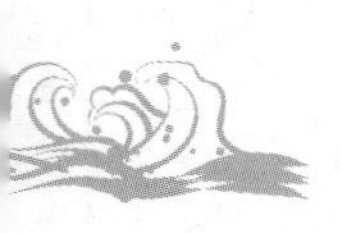

农药使用等措施控制水环境农业面源污染；推行农业清洁生产，开展农业废弃物资源化利用试点，形成一批可复制、可推广的农业面源污染防治技术模式防治土壤污染。这 3 个行动计划形成空中、地上、水里的全方位农业面源污染防治网。

从政策因素追溯来看，我国农业面源污染治理从“一控两减三基本”的源头减量、实施污染行动计划的过程控制，以及末端利用的全过程治理路径发力，但强制性不足。

（二）坚决打赢农业面源污染防治攻坚战

我国法律、法规、政策、示范工程的实施和水体污染控制与治理科技重大专项的设立，既为防治农业面源污染提供了法律政策保障，又为污染防治提供了有力的科技支撑。2016 年以来的中央一号文件和 2005 年以来的国务院政府工作报告均有农业面源污染防治内容，特别是 2015 年相关文件和政策的接连出台，成为农业环境治理行动落实最为密集和迅速的一年。2016—2017 年“中国知网”上检索的相关文献稳定在 800 篇以上，积攒了强大的科研力量。农业部成立“农业面源污染防治推进工作组”负责指导、协调农业面源污染防治工作，组织重大问题调研、政策法规制定以及规划编制等工作；《农业部关于打好农业面源污染防治攻坚战的实施意见》（农科教发〔2015〕1 号）制定了力争到 2020 年农业面源污染加剧的趋势得到有效遏制，实现“一控两减三基本”的农业面源污染防治攻坚战的工作目标。目标、措施、理论、实践，成为 2015 年吹响攻坚战冲锋号角的有力支撑。

《中共中央 国务院关于加快推进生态文明建设的意见》（中发〔2015〕12 号）、《生态文明体制改革总体方案》（国务院 2015 年第 28 号公报）、《全国农业可持续发展规划》（农计发〔2015〕145 号）、《农业环境突出问题治理总体规划》（发改农经〔2015〕110 号）、《水污染防治行动计划》（国发〔2015〕17 号）、《到 2020 年化肥使用量零增长行动方案》和《到 2020 年农药使用量零增长行动方案》（农农发〔2015〕2 号）、《耕地质量保护与提升行动方案》（农农发〔2015〕5 号）、《关于进一步加快推进农作物秸秆综合利用和禁烧工作的通知》（发改环资〔2015〕2651 号）等印发，以及《中华人民共和国环境保护法》2015 年修订版正式施行，提供了我国农业面源污染防治的依据和行动方案。

2016 年，《国民经济和社会发展第十三个五年（2016—2020 年）规划纲要》、《“十三五”生态环境保护规划（2016—2020 年）》（国发〔2016〕65 号）、《农业资源与生态环境保护工程规划（2016—2020 年）》和《土壤污染防治行动计划》《培育发展农业面源污染治理、农村污水垃圾处理市场主体方案》（环规财函〔2016〕195 号）等印发，二次修订的《中华人民共和国大气污染防治法》、修改的《中华人民共和国水法》《中华人民共和国固体废物污染环境防治法》《农田水利条例》等施行；2017 年，修订通过《中华人民共和国水污染防治法》，施行《农药管理条例》；《开展果菜茶有机肥替代化肥行动方案》（农农发〔2017〕2 号）和《重点流域农业面源污染综合治理示范工程建设规划（2016—2020 年）》（农办科〔2017〕16 号）、《关于加快推进畜禽养殖废弃物资源化利用的意见》（国办发〔2017〕48 号）、《畜禽粪污资源化利用行动方案（2017—2020 年）》（农牧发〔2017〕11 号）等政策、规范性文件印发。除了中央一号文件、国务院政府工作报告持续关注农业面源污染防治外，党的十九大报告将农业面源污染防治上升到党政方针和国家战略高度，决胜农业面源污染防治攻坚战势在必行、志在必得。

面源污染可能成为中国水质的最大威胁，也会造成大气污染。解决问题的主要障碍不在于面源污染科学知识及其控制技术的匮乏，而在于没有相应的政策、适当的法律和激励机制帮助农民了解面源污染以及如何减少面源污染，也缺乏有效措施来采取现有的技术和管理惯例，应加强全员参与、全程监管机制等方面的研究。

在我国素有“九龙治水”之说，而对于农业面源污染治理，需要的是相关部门拧成一股绳，进行协同、创新、综合、系统的行动。随着工业“三废”综合利用水平的提高和城市生活垃圾分类成为新时尚，农业日益成为中国主要的水污染源。规模化畜禽养殖粪污排放形成的点源与农田排水或径流造成的氮磷流失面源污染日益凸显，加剧了水环境治理的难度。

三、小结

伴随中国在经济发展方面取得史无前例的成就，学界、业界、政界对牺牲环境为代价必然成为可持续发展瓶颈已达成共识。农业面源污染日益突显为我国加快农业现代化、实施乡村振兴战略、全面建成小康社会的隐形杀手，受到党和政府的高度重视。改革开放40多年的发展，我国初步形成了虽有缺位但框架完整的农业面源污染防治法律体系。

以宪法防治污染为统帅，以水污染防治法、环境保护法、水土保持法等12部法律为主干，以太湖流域管理条例、农田水利条例、农药管理条例、畜禽规模养殖污染防治条例等行政法规具体组成，辅以国民经济和社会发展五年规划、党的十九大报告、中央一号文件、国务院政府工作报告和环境保护规划、农业发展规划以及污染防治行动计划等上层设计引领，以农业面源污染防治攻坚战为抓手的全面行动计划已经形成。

农业面源污染防治关键在农田，成败在化肥、农药合理施用和农业用水控制等源头治理上。我国农业面源污染防治的政策导向很强，亟须加快法律、行政法规、地方性法规、规章的配套性、系统性、可操作性立法工作，出台农业面源污染防治法、农业环境保护法等法律，制定肥料管理、农业用水等对面源污染有重大影响的行政法规，细化水、肥、药实施细则，根据具体情况和实际需要先行制定污染防治与环境保护并举的相关地方性法规、规章，并适时更新。

修改或废止或用新的法规和制度性措施替代那些鼓励或不反对过度使用化学物质的法律法规。新的法规和制度性措施能推动包括化肥和农药的用量、施用时间以及使用方法等良好的农业耕种方法；能减少人畜垃圾对水系的排放量以及在更好地处理肥料和居民垃圾方面实施更加严格的控制和激励措施等。还应该通过在农村地区加强教育并提供延伸服务，调整财政补贴、风险分担等一系列经济政策，引导农民减少农用化学物质的使用量，形成自觉的环境保护意识。

农业面源污染防治攻坚战不是终结战，而是进入更长久巩固维护阶段的起跑线，需要更具体、严格的法治加以强化和保障。

参考文献

[1] 奥托兰诺.环境管理和影响评价[M].郭怀成，梅凤乔，译.北京：化学工业出版社，2004.

[2] 杨育红.我国应对农业面源污染的立法和政策研究[J].昆明理工大学学报(社会科学版)，2018，18(6)：18-26.

[3] 徐高源，董红．我国农业面源污染防治法的PEST分析[J]．云南农业大学学报（社会科学），2016，10（1）：18-21.

[4] 祝创杰．“双重失灵”视角下我国农业面源污染的法律规制[J]．云南农业大学学报（社会科学），2016，10（4）：13-19.

[5] 汪洁，马友华，栾敬东，等．美国农业面源污染控制生态补偿机制与政策措施[J]．生态经济（学术版），2010（2）：159-163.

[6] 刘坤，任天志，吴文良，等．英国农业面源污染防控对我国的启示[J]．农业环境科学学报，2016，35（5）：817-823.

[7] 刘冬梅，管宏杰．美日农业面源污染防治立法及对中国的启示与借鉴[J]．世界农业，2008（4）：35-37.

[8] 邓小云．源头控制：农业面源污染防治的立法原则与制度中心[J]．河南师范大学学报（哲学社会科学版），2011，38（5）：80-83.

[9] 冷罗生．日本应对面源污染的法律措施[J]．长江流域资源与环境，2009，18（9）：871-875.

[10] 冷罗生．我国面源污染控制的立法思考[J]．环境与可持续发展，2009（2）：21-23.

[11] 张晓．中国环境政策的总体评价[J]．中国社会科学，1999（3）：88-99.

[12] 中华人民共和国国务院新闻办公室．中国特色社会主义法律体系[Z]，2011.

第七章　面源污染负荷量化

污染防治好比是分子，生态保护好比是分母，要对分子做好减法降低污染物排放量，对分母做好加法扩大环境容量，协同发力。

——习近平

面源污染，也称非点源污染（本书中“面源污染”与“非点源污染”同义），是造成地表水体质量恶化的重要污染源。与点源污染排放时间的连续性、排放量的易知性、排放途径的固定性相比，面源污染排放具有不确定时间、不确定途径、不确定量的特点。其负荷计算远比点源困难，但获得准确的水体污染负荷量又是对水环境实施污染总量控制管理的基础和关键，中国的环境管理部门正在探索将面源污染纳入污染总量控制体系，面源污染负荷计算成为不可回避的重要研究内容。

第一节 输出系数模型

非点源污染模型是非点源污染进行时空模拟的重要手段，但现有模型往往只是对小区域的精细模拟，很难适用于大尺度区域的负荷估算。因此，大尺度流域的非点源污染负荷估算一直是非点源污染研究的薄弱环节。基于土地利用变化提出的输出系数模型，避开了非点源污染发生的复杂过程，所需参数少，操作简单，又具有一定的精度，在我国大尺度流域的非点源污染负荷研究时表现出独特的优越性。

一、模型结构

输出系数模型（Export Coefficient Models）来自一种称为“单位负荷测算”（Unit load approach）的研究思路。20 世纪 70 年代初期，美国、加拿大学者最先提出输出系数模型并将其应用于研究土地利用－营养负荷－湖泊富营养化关系。其核心是测算每个计算单元（人、畜禽或单位土地面积）的污染物产生量，将每个计算单元的平均污染物产生量与总量相乘，估算研究范围内非点源污染的潜在产生量。

Novrell 等于 1979 年提出了一个较为简单的输出系数模型，以预测康涅狄格州湖泊群流域的营养物输入对湖泊富营养化的影响。在输出系数模型中，各土地利用类型对营养物的贡献率是与该土地利用类型在流域中的面积比重成正比的。来自于不同土地利用类型的径流量及径流中污染物浓度各不相同，这主要通过输出系数的不同取值来体现。

早期的模型假定所有土地利用类型的输出系数固定不变，这种假设和现实状况差异很大，因而限制了模型的应用。Johnes（1996）在已有研究成果基础上建立了更为细致、输出系数更完备的输出系数模型。该模型对不同的土地利用类型或牲畜种类等分别采用不同的输出系数并考虑居民生活污染输出。在总氮输入方面还进一步考虑了植物固氮、氮的空气沉降等因素，大大提高了非点源污染负荷估算精度。该模型已经成为输出系数法的经典模型，国内输出系数法方面的研究，大多基于该模型或稍作改进。模型表达式为

$$L=\sum_{i=1}^{n} E_i[A_i(I_i)]+p$$

式中：L 为研究区域的总污染负荷量；n 为土地利用类型的种类或牲畜、人口等不同的污染来源；E_i 为第 i 种土地利用类型、牲畜或人口的污染物输出系数；A_i 为第 i 种土地利用类型的面积或牲畜、人口的数量；I_i 为第 i 种污染物的输出量；p 为来自降雨的污染物输出量。

输出系数模型属于经验模型，建立 Johnes 模型的主要步骤为：模型建立、输出系数选择、模型参数率定和检验。其优点在于所需参数较少、操作简便，而且具有一定的精度，适合大中尺度非点源污染负荷估算分析研究，尤其比较适合于我国水文水质监测资料少、研究基础相对薄弱的现实。

由于输出系数法直接建立非点源污染负荷与流域土地利用状况之间的关系，而很少考虑对营养物质迁移起决定性作用的水文路径问题和在水循环过程中营养物的迁移转化过程，因此不能预测单场降雨所产生的非点源污染。但其结构简单和数据获取容易等特点，为大中型流域的长期非点源污染研究提供了一种新的途径，因而在国内外得到了广泛应用。

该模型避开了非点源污染复杂的迁移转化过程，用统计数据进行污染负荷量化，其计算区域既可以是边界明确的流域，也可以是不同等级的行政单元，时间步长的设定比较灵活，可以是月、季甚至年。虽然测算精度通常比机理模型低（如果不测算输移系数，其计算结果只是非点源污染的产生潜力，而不是真正进入水体的污染量），但对尺度不敏感，可移植性好，并可以在较大尺度和较长时间段对非点源污染负荷进行估算。国内输出系数模型的应用，既有将流域作为研究区域的案例，也有将行政单元作为研究区域的案例，研究的时空尺度从中小尺度到大尺度均有涉及，2007 年开展的全国污染源调查，其非点源污染负荷的调查方法，也是基于输出系数模型建立的。还有一些研究者对模型进行了改进，引入降雨和地形影响因子，考虑降雨时空分布差异和地形对计算结果的影响。

二、参数确定

应用输出系数类模型的关键是合理确定输出系数的数值。影响流域非点源污染物输出系数的因素很多，主要包括流域内的地形地貌、水文、气候、土壤特征、土地利用结构、植被、管理措施以及人类活动等。从土地利用的角度出发，一般可以将流域输出系数分为种植用地输出系数、城镇用地输出系数和自然用地输出系数三类，根据实际情况还可以进一步细分。从牲畜类型的角度出发，可区分大牲畜、猪、牛、羊、家禽等的输出系数，具体而言是根据各类牲畜每年排泄物中的氮、磷含量及其损失折合计算确定。不同土地利用类型的污染物输出系数确定方法有查阅文献法、野外监测法和数学统计分析法三类。

（一）查阅文献法

查阅文献法是国内普遍采用的一种方法。根据研究区的自然社会条件，利用前人在相似或近邻区域的研究成果，直接获取或经过简单的换算确定输出系数。如梁常德等（2007）对三峡库区非点源氮、磷负荷的研究中，以国外研究的各类土地输出系数经验值为基础，参考施为光（1991）对成都市的研究确定城镇用地输出系数，参照黄真理等（2006）计算的三峡库区农田地表径流年载荷因子确定农田输出系数，常娟等（2005）对黑河流域的研究和史志华等对汉江中下游的研究确定草地和林地的输出系数等，最终确定一组较优的三峡库区不同土地利用类型污染物输出系数。

陈亚荣等（2017）以长江流域为研究对象，将研究区域划分为1km×1km的栅格单元，根据土地利用类型、降水、坡度等栅格基础数据，利用降水和地形改进的Johnes输出系数模型，采用查阅文献法，并结合长江流域所处的地理位置特征，确定了各面源污染物的输出系数值，对研究区域2010年面源污染物TN、TP、BOD、COD、SS进行了负荷估算与空间模拟。

李娜等（2016）以长春市水源地新立城水库汇水区为研究对象，选用输出系数模型，农村居民输出系统、土地利用输出系数、畜禽养殖输出系统参考国内相似自然条件下其他地区的研究结果而取其平均值确定，对其农业非点源污染负荷进行估算。

该方法简单、易于操作，节省了大量的人力、财力，对于缺乏长期水文水质监测资料且实验条件不充分的地区，可以考虑优先使用该方法。但前人的研究都是在特定时空条件下进行的，所以直接采用已有文献中的输出系数值难免受到各种主客观因素的影响，模拟结果不确定性较大，精度有限。

（二）野外监测法

野外监测法是对研究区内不同土地利用类型构成的流域水质水量进行一段时间的连续监测，通过计算负荷量，得到相应的输出系数值。根据研究区域空间尺度的不同，有两种监测形式：田间人工或自然降雨监测和流域长期定点监测。

选择田间标准径流小区或研究区周边地区不同土地利用类型，采用人工降雨模拟或监测天然降雨条件下，土壤氮、磷元素随暴雨径流及径流沉

积物的迁移过程，估算氮素在流域内不同土地利用 / 土地覆被条件下的损失率。流域长期定点监测，采用小流域出口水质监测数据，利用 GIS 工具获取各子流域的降水、径流深度、土地利用结构信息等建立小流域不同土地利用类型面积比例与营养物浓度的定量关系，从而计算获得研究区域每种土地利用类型的污染物输出系数。

野外监测法实验条件易于控制，便于研究不同地形特征和降雨条件对污染物迁移的影响，获取的输出系数精度较高，更好地反映了非点源污染的区域特性，但该方法需进行现场监测，耗时长、费用高，只能用于小尺度流域的研究。

（三）数学统计分析法

数学统计分析法是指在已有水文水质监测数据基础上，依据非点源污染发生的水文机理建立污染负荷与泥沙或径流量等之间的定量关系模型，从而计算出污染负荷系数。

例如，李怀恩（2000）的平均浓度法，根据各次降雨径流过程的水量、水质同步监测资料，先计算每次暴雨各种污染物的平均浓度，再以各次暴雨产生的径流量为权重，求出加权平均浓度，最终采用年径流量分割法计算出年负荷值；洪晓康和李怀恩（2000）的水质水量相关法，基于有限的监测资料，建立次暴雨单位面积径流量和单位面积降雨径流污染负荷量之间的相关关系经验模型，从而可推算出单位面积径流污染负荷系数；丁晓雯等（2006）基于历史水文水质资料，根据污染物质量守恒原则，得到各营养源的输出系数等；杨育红等（2010）通过实验室浸提方法，研究表层土壤水浸提营养物与降雨径流溶解态营养物之间的拟合关系，获得土壤营养物向径流迁移的提取系数，简化了小流域面源污染负荷量化过程。

该方法在这些相关区域取得了较好的应用效果，而且包含了一定的水文机理，参数要求低，精度较高，因此具有广泛的适用性。

条件许可时，应尽可能采用监测途径，即通过实际监测不同土地利用类型流域（或典型小区）的水质水量，至少需要连续监测 1 年以上，计算出负荷量后，即可得到相应的输出系数值。当无法采用监测途径时，作为初步分析，也可以充分利用前人的研究成果，通过查阅文献，获得输出系数的近似值。这方面，国外由于已经研究了40多年，积累了大量成果，许多学者进行了汇编和分析，可供参考。国内尚无系统的输出系数研究成果。

在实际工作中，对输出系数的取值不能机械照搬，而应该在前人研究成果（如文献值）的基础上，结合研究流域的实际，因地制宜地进行分析比较，确定合理的输出系数值。

第二节　实　证　模　型

实证模型（Empirically Based Models）有时也称为统计模型（Statistic Models），它的研究基础是统计分析，根据长系列降雨、水文和水质监测数据，建立非点源污染负荷变化和降雨、径流变化之间的相关关系，通过回归分析构建经验公式计算非点源污染负荷，这种方法一般适用于内部结构比较单一的小流域，因为小流域内降雨、径流量和污染负荷之间的关系相对简单，大多是线性关系或者简单的非线性关系。

实证模型同样不考虑污染的迁移转化，无法从机理上对计算公式进行解释，加之这些公式都是通过回归分析获得的，因此，模型通常不可移植，在其他流域使用时，必须根据该流域的水文、水质监测数据重新进行分析，但如果研究的流域面积不大、结构简单且能够在流域出口处获得足够长系列的水文、水质监测数据，该方法也可以获得较高的计算精度。

实证模型的代表是水文分割法，水文分割法尚无规范的名称，也有研究者将其称为平均浓度法或其他名称，但研究思路基本一致：将河川径流过程划分为汛期地表径流过程和基流过程，认为降雨径流的冲刷是产生非点源污染的原动力，非点源污染主要由汛期地表径流携带，而枯水季节的水污染主要由点源污染引起。根据多年的水文和水质监测数据，分别测算枯水期和汛期流域出口处污染物的平均浓度，再根据流域出口处的径流量，就可

以计算整个流域的污染负荷，并将非点源污染负荷从总负荷中区分出来，该方法的应用受研究区域水文和其他条件的影响较大，应用的案例总体不多。

杨育红等（2009）根据第二松花江流域水文具有明显季节变化和非点源污染主要发生在汛期、点源排放量年内相对稳定的特点，利用第二松花江流域出口控制水文站和水质控制断面监测数据，分别计算了第二松花江流域 COD 和 NH_3-N 的非点源输出负荷。该方法避开污染物从产生到输出流域的迁移转化过程，直接从流域出口断面水质进行分析，将点源和非点源污染物概化于流域出口断面，按照完全混合水质模型，对水体质量有影响的污染源视为点源、非点源共同作用。流域点源污染负荷年内相对比较稳定，可通过枯季污染物实测浓度、枯季流量求得；汛期总的污染负荷，包括非点源和点源污染负荷，可通过实测汛期污染物浓度乘以汛期流量 Q 求得；汛期和枯季污染负荷之差即为流域非点源污染输出负荷。

由水文分割法进一步发展而来的还有降雨量差值法，其基本思想是：只有发生较大降雨并产生地表径流时，非点源污染物才会流失并进入水体，降雨量跟非点源污染负荷之间存在相关关系，可以对任意两场洪水产生的污染负荷之差与降雨量之差进行回归分析，从而获得降雨量与非点源污染负荷之间的相关关系，根据相关关系，结合降雨和水文、水质统计数据，估算流域非点源污染负荷。

除水文分割法以外，神经网络和灰色关联分析法实质上也属于实证模型，少数研究者应用这些方法也开展了一些探索性研究。此外，还有一些研究者提出过用流域总负荷减去点源污染负荷的方法来计算非点源污染负荷的思路，但由于中国目前污染管理水平不高，准确核算流域点源污染负荷本身就非常困难，因此，几乎没有见到过成功应用的案例。

第三节 机 理 模 型

机理模型（physically based models）试图根据非点源污染形成的内在

机理，通过数学模型，对降雨径流的形成以及污染物的迁移转化过程进行模拟，它通常包括子流域划分、产汇流计算、污染物流失转化和水质模拟等子模块，不仅考虑污染物的输入和输出情况，还考虑污染物的迁移转化过程。

目前，无论是国内还是国外，机理模型在非点源污染负荷计算方法中均占据主导地位，国内广泛使用的机理模型绝大多数来自美国。SWAT（Soil and Water Assessment Tool）、AnnAGNPS（Annualized Agricultural Non-point Source Pollution） 和 HSPF（Hydrologic Simulation Program Fortran）是应用最为广泛的 3 种模型，除此以外，ANSWERS（Areal Nonpoint Source Watershed Environment Response Simulation）、SWMM（Storm Water Management Mode1）、WEPP（Water Erosion Prediction Project）等也有一定的应用，我国常用的机理模型及其特点见表 7–1。

表 7–1　　我国常用的机理模型及其特点

模型名称	计算单元	水文计算方法	负荷计算方法	模拟的污染物类型
SWAT	水文响应单元	SCS 曲线法	负荷函数	氮、磷、杀虫剂等
AnnAGNPS	栅格	SCS 曲线法	潜在排放因子	氮、磷、细菌、杀虫剂等
HSPF	子流域	斯坦福模型	累积 / 冲刷函数	氮、磷、杀虫剂等
ANSWERS	栅格	连续方程	潜在排放因子	氮、磷等
SWMM	子流域	非线性储水	累积 / 冲刷系数	氮、磷、悬浮物等
WEPP	子流域	风蚀预测模型	负荷函数	泥沙等

SWAT 是目前国内应用最多的机理模型，以水文响应单元（Hydrologic Response Unit，HRU）作为基本计算单元，参数设置方面将土地利用、土壤、作物类型和农业管理方式等各方面的数据储存在查找表（lookup tables）中，在北美地区使用时，用户输入研究区域的空间、坡度、土壤性质以及土地管理方式等信息，模型可自动从查找表中提取所需要的参数；AnnAGNPS 与 HSPF 的基本原理和 SWAT 类似，在基本计算单元（AnnAGNPS 为栅格，HSPF 为子流域）等方面略有差异；此外，还有研究者将 SWMM、WEPP 等用于非点源污染负荷计算研究，与其他模型大多基于源—汇过程开展污染物模拟不同，SWMM 的污染物模拟基于累积—

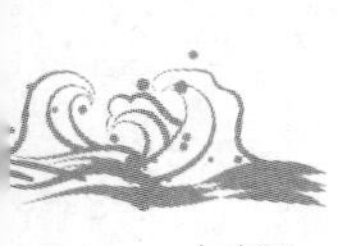

冲刷原则，由于具有强大的管道水力计算功能，SWMM 更多应用于城市非点源污染负荷的研究，WEPP 则更多应用于土壤侵蚀的研究。

机理模型引入国内后，得到迅速应用，以 SWAT 应用最为广泛，应用范围已经覆盖北方和南方的许多地区，研究区域多以中型和小型流域为主，但也有应用于大流域的案例，AnnAGNPS 和 HSPF 也有一定的应用。

（一）SWAT 模型

分布式水文模型对流域水文循环的物理、化学和生物过程都有丰富的刻画，且考虑了气象、下垫面因子的空间异质性，是认识、模拟、分析及预测变化环境下水文过程时空变化规律的有效工具。SWAT 模型是基于流域尺度的一个长时段的分布式流域水文模型，具有很强的物理基础，能够有效模拟和预测长期连续时间段内环境变化与管理措施对大面积复杂流域的水、沉积物和营养物输出的影响，在全世界各地得到了广泛应用。

SWAT 模型由美国农业部农业研究院（USDA-ARS）在 20 世纪 90 年代中期通过对其前身 SWRRB 模型的修改开发而成的分布式流域水文模型。它是一个具有很强物理机制的、连续的、长时段的流域水文模型，能够充分利用 GIS 和 RS 提供的空间信息，采用多种方法将流域离散化，用于模拟评价复杂大流域中不同土地利用方式和农业管理措施下的水文、泥沙和营养盐的长期影响。与集总式水文模型不同，SWAT 模型对流域下垫面的异质性进行了充分的刻画。

SWAT 模型利用 DEM 数据将流域划分成多个子流域，子流域之间通过汇流关系形成单向网络结构。子流域（或干流）作为 SWAT 基本模拟和输出单元为流域各个部分模拟精确检验创造了可能。此外，SWAT 在子流域的基础上进一步按土地利用、土壤及地形的组合生成水文响应单元（HRU），以充分体现流域下垫面异质性而产生的径流和泥沙输移、营养物质循环的差异。

SWAT 研究的应用包罗万象，按不同的维度可以分成不同的应用方向。按 SWAT 模型研究的对象可分成水文过程模拟、蒸腾蒸发模拟、土壤侵蚀模拟、非点源污染模拟、植物生成与作物产量模拟、碳循环研究等。

按影响模型模拟变量的驱动因子可分成气候变化下水文响应研究、土地利用变化及其水文效应研究、不同精度输入数据对水文过程模拟影响、不同离散化方案对水文过程模拟影响、最佳流域管理措施评价等。

此外，还有一系列旨在提高模型构建速度、模拟效果及简化使用方式的相关研究，包括 SWAT 模型自动率、敏感性及不确定分析、SWAT 模型修正和优化研究、SWAT 模型区域适应性研究、SWAT 模型与其他模型耦合研究、SWAT 模型与其他系统（如 GIS）集成研究等。

近年来，国内外涌现了大量的 SWAT 的修正和扩展模型版本，进一步表明该模型具有很强的可塑性和生命力，同时也说明该模型在不同地区、不同应用领域的适应性是不同的。如何改进 SWAT 以提高其适应性、可靠性、可操作性，仍是水文和环境研究者普遍关注与开展的工作。

（二）AnnAGNPS 模型

AnnAGNPS 模型作为连续、分布式机理模型，能够连续模拟指定时间段内每天及累积的径流、泥沙、氮磷等营养物的形成及迁移转化过程，在流域农业非点源污染研究中得到广泛应用。

AnnAGNPS 是在 AGNPS（Agricultural Non-Point Source）的基础上开发出来的。与其前期版本 AGNPS 相比，AnnAGNPS 模型的改进之处在于，以日为基础，连续模拟一个时段内每天及累计的径流、泥沙、养分、农药等输出结果，可用于评价流域内非点源污染的长期影响，而 AGNPS 是单次降雨模拟模型：根据地形水文特征而非均等进行流域集水单元的划分，且模拟的流域尺度更大；与 GIS 的紧密集成，使模型参数大多可自动提取，模拟结果的显示度得以显著提高。

此外，AnnAGNPS 模型还包括一些特殊的模型，可以实现计算点源污染负荷、畜牧养殖场产生的污染物负荷，以及土坝、水库和集水坑对径流、泥沙的影响等功能。模拟的流域面积最大可达 3000km^2，输入参数包括 8 大类 31 小类，500 多个参数，用来描述流域和时间变量，主要包括气象、地形、土壤、土地利用和管理等。1998 年发布的 AnnAGNPS 1.0 版，

又称 AGNPS98，2001 年发布了 2.01 版（AGNPS2001），2005 年发布了 AnnAGNPS 3.51，完成了与 ArcView GIS 的紧密集成，所有的工作都可以在 Arc View 窗口下完成，大大提高了计算效率与可视化程度。

由于非点源污染机理过程的复杂性，AnnAGNPS 模型作了如下的假定：不考虑降水的空间变异，整个流域采用统一的降水参数，这也是模型模拟流域不宜过大的原因；单元格可以是任意形状，但是内部的径流只有唯一方向；单元格内的参数是均匀和统一的；模型的运行步长为 1 天，假定所有计算成分（径流、泥沙、营养盐和农药）在第 2 天模拟开始前都已到达流域出口；模拟期间点源的流量和营养盐浓度为常量；模型只考虑地面水，忽略地下水的影响；对于迁移中沉降在溪流的颗粒态营养盐和农药，模型忽略其以后的影响。

AnnAGNPS 模型以水文学为基础，主要考虑了流域的产汇流、基于产汇流的沉积物产生及迁移、基于产汇流和沉积物产生的养分及农药的迁移传输、污染物对受纳水体的影响等 4 个过程。降雨径流是形成非点源污染的直接动力，它是整个模型的基础。

AnnAGNPS 模型径流计算采用 SCS 曲线方程，考虑了灌溉、融雪、蒸发、渗漏等，并按每日的耕作状况、土壤水分和作物情况，调整曲线数，其中土壤前期水分条件（AMCI & AMCIII）由 SWRRB 和 EPIC 模型计算，渗漏计算采用了 Brooks-Corey 方程，流量峰值计算采用了 TR-55 模型，蒸发计算模型采用了 Penman 方程计算潜在蒸发量。

模型中使用修正的通用土壤侵蚀方程 RUSLE 计算各分式中的片蚀和沟蚀量（sheet&rill），这些侵蚀量向沟道的输移率是由水文几何通用土壤侵蚀方程（HUSLE）计算的。由 HUSLE 模型计算的沉积物量进入沟道后的迁移，是基于沉积输移和容量关系，使用了 Bagnold 沟道指数方程，分别计算基流和紊流下的泥沙量，输出结果按 3 种来源（sheet&rill、gully、bed&bank）分 5 级输出，即黏粒（clay）、粉砂（silt）、砂粒（sand）、小团粒（small aggregates）和大团粒（large aggregates）。

模型逐日计算各单元内氮、磷和有机碳的养分平衡，包括作物对氮磷的吸收、施肥和氮磷的迁移等。氮磷和有机碳的输出按可溶态和颗粒吸附态分别计算，并采用了一级动力学方程计算平衡浓度。

作物对可溶态养分的吸收计算，则采用了简单的作物生长阶段指数。采用与CREAMS模型相同的公式来计算碳、氮、磷3种营养物的颗粒吸附态和溶解态浓度。

采用GLEAMS模型计算各种杀虫剂的质量平衡，对每种杀虫剂按独立的方程进行计算。计算主要考虑了作物洗脱以及杀虫剂在土壤中的垂直迁移、降解过程，结果可按可溶态和颗粒吸附态逐日输出。

受纳水体水质模型主要考虑农业面源污染负荷对受纳水体的影响。AnnAGNPS采用后续的集成模型Stream Netiwork Watershed Scale Model、Stream Network Temperature Model(SNTEMP)、Conservation Channel Evolntion and Pollutant Transport System Model(CONCEPTS)等[1]对受纳水体的农业面源污染影响进行分析。

AnnAGNPS模型主要由数据输入和编辑模块、年污染物负荷计算模块、数据输出和显示模块3部分组成。在模型应用中，最主要的是数据准备，数据准备模型由4部分组成，即流网生成模块（Flownet Generator）、数据录入模块（Input Editor）、气象因子生成模块（Generation of Weather Elements Formultiple Application）和数据文件转换模块（AGNPS-to-AnnAGNPS Converter）。

（三）HSPF模型

水文模拟模型HSPF是美国环保署于1981年提出并研制，它起源于1966年的斯坦福模型（Stanford Watershed Model，SWM），是将数学方法应用于水文计算和水文预报的流域水文模型。HSPF模型在水旱灾害防治、水环境模拟和非点源防治等方面得到广泛应用，是国外应用成熟且非常广泛的流域模型之一。

HSPF模型是半分布式水文模型中的优秀代表，大量应用于模拟人为

[1] AGNPS Other Water Quality Models，https://www.hrcs.usda.gov/wps/portal/nrcs/detailfull/national/water/manage/hydrology/?cid=stelprd1043531。

因素影响下的自然水系统的水情和水质，同时 HSPF 模型捆绑于拥有众多插件、功能强大的 BASINS 系统中，从而为该模型所需的地形、地貌、土地利用 / 覆被、土壤、流域等数据的自动生成和叠加处理提供了更加方便、精准的手段，同时延长了数据处理、模拟预测的时间序列长度。

HSPF 模型将模拟地段分为透水地面、不透水地面、河流或完全混合型湖泊水库 3 部分，其主模块包括透水地段水文水质模拟模块（PERLND）、不透水地段水文水质模拟模块（IMPLND）以及地表水体模拟模块（RCHRES）。

三大模块下按照功能又分为水文模块、侵蚀模块和污染迁移转化模块等子模块，可以实现对径流、颗粒沉积物、营养盐、化学污染物、有机物质和微生物等的连续模拟。

1. 水文过程模拟

HSPF 模型水文模块在非点源模型中是最为完善的。它以 Stanford Ⅳ 机理模型为基础，将研究区域分为透水地面和不透水地面两种类型，针对不同地面水文过程进行模拟。

模型将研究区域自上而下分为树冠层、植被层和各土壤层（包括表层土壤、上土壤层、下土壤层和地下水涵养层）。降水在这些垂直的存储层间进行分配。透水地面的模拟考虑降雨或降雪、截留、地表填洼、渗透、蒸散发、地表径流、壤中流和地下水流等水文过程。

降雨或降雪被地面截留一部分，再扣除地表填洼、下渗、蒸发，最后形成地表径流。不透水地面的模拟考虑降雨或降雪、截留、蒸散发、地表径流。降雨或降雪经扣除屋顶集水、沥青变湿及植被截留后形成地表径流。降雨最终由地表径流、壤中流和地下水流进入河流。

2. 泥沙侵蚀模拟

相比目前很多模型采用的通用土壤流失方程（USLE），HSPF 模型对泥沙侵蚀的模拟更具有机理性。它将侵蚀过程分为雨滴溅蚀、径流冲刷和径流运移等若干子过程，分别对其进行模拟。

泥沙侵蚀模拟过程包括降雨对透水地面土壤的剥蚀，对不透水地面的冲刷以及地表径流对泥沙的输移过程。泥沙的传输按照泥沙粒径大小分类计算。粉砂和黏粒的传输、沉降和冲刷是根据临界剪切应力原理判断是产生沉积或是冲刷，沙粒的传输可以用 Toffaleti 公式、Collby 公式或幂函数法计算。

3. 污染物迁移模拟

HSPF 模型污染物迁移模块考虑了污染物在多种环境介质之间的迁移转化过程，考虑了污染物在土壤中的状态、含量，及其受到各种物理化学过程及生物过程的影响，可以模拟输出 BOD、DO、营养物、农药和微生物等多种污染物负荷。尤其对氮的模拟，模型综合考虑了溶解态、吸附态氮、有机氮和无机氮、氮素间的相互转化，以及氮素与环境介质间的迁移等多个过程。

HSPF 模型在流域降雨径流、污染物迁移转化、土地利用覆被及气候变化对流域水文水质的影响上有较多应用。

机理模型一般需要与 GIS 进行耦合，通过 GIS 进行地形分析和子流域划分。机理模型对数据量和数据精度要求较高，但如果经过规范的率定和验证，能够获得较高的计算精度，并且由于其机理和过程比较明晰，具有良好的可移植性，率定好的模型应用于其他条件类似的流域，也能获得理想的计算结果，机理模型对尺度较为敏感，更适合于中小流域。

平原河网区产汇流计算结果不理想是目前机理模型存在的主要问题之一，国内一些研究者在平原河网区的产汇流方面开展了探索性研究，针对模型无法在平原河网区自动划分汇流区的问题，提出了多边形河网划分法与河道嵌入算法（Burn-in algorithm）等解决方案，前者运用多边形河网来划分汇流区，将一些骨干河网构成的不规则多边形作为汇流区，多边形汇流区的产水量则根据一定的计算规则分别汇入四周的河道；河道嵌入法首先根据调查资料，概化并绘制研究区域的骨干河网，运用 GIS 软件的“Burn-in”功能，根据河网的空间分布格局，对 DEM 进行改造，使河道流经地区格点的高程低于周边地区，离河道越近，高程越低。通过这种方法，人为增加研究区的高程起伏，使子流域划分和汇流计算能够顺利完成。但国内在模型改进方面的研究目前主要局限于对水文模拟技术的改进，而水质模拟方面则较少涉及，总体上不够系统和深入。

目前，面源污染负荷量化的方法很多，但以引进国外模型、进行改进为主，特别是需要以大量的实证、试验数据为基础的统计模型，个性明显，今后需要加大针对我国本土特点的模型研发和创新。

参考文献

[1] JOHNES P J. Evaluation and management of the impact of land use change on the nitrogen and phosphorus load delivered to surface waters: the export coefficient modelling approach [J]. Journal of Hydrology, 1996, 183 (3-4): 323-349.

[2] 刘庄，晁建颖，张丽，等.中国非点源污染负荷计算研究现状与存在问题[J].水科学进展，2015，26（3）：432-442.

[3] 沈珍瑶，刘瑞民，叶闽，等.长江上游非点源污染特征及其变化规律[M].北京：科学出版社，2008.

[4] 应兰兰，侯西勇，路晓，等.我国非点源污染研究中输出系数问题[J].水资源与水工程学报，2010，21（6）：90-95.

[5] 李怀恩，庄咏涛.预测非点源营养负荷的输出系数法研究进展与应用[J].西安理工大学学报，2003，19（4）：307-312.

[6] 梁常德，龙天渝，李继承，等.三峡库区非点源氮磷负荷研究[J].长江流域资源与环境，2007，16（1）：26-30.

[7] 施为光.街道地表的累积与污染特征[J].环境科学，1991, 12(3)：18-23.

[8] 黄真理，李玉樑.三峡水库水质预测和环境容量计算[M].北京：中国水利水电出版社，2006.

[9] 常娟，王根绪.黑河流域不同土地利用类型下水体N、P质量浓度特征与动态变化[J].兰州大学学报，2005，41（1）：1-6.

[10] 陈亚荣，阮秋明，韩凤翔，等.基于改进输出系数法的长江流域面源污染负荷估算[J].测绘地理信息，2017，1（42）：96-99，104.

[11] 李娜，韩维峥，沈梦楠，等.基于输出系数模型的水库汇水区农业面源污染负荷估算[J].农业工程学报，2016，8（32）：224-230.

[12] 胡富昶，敖天其，胡正，等.改进的输出系数模型在射洪县的非点源污染应用研究[J].中国农村水利水电，2019，（6）：78-82.

[13] 段扬，蒋洪强，吴文俊，等. 基于改进输出系数模型的非点源污染负荷估算——以嫩江流域为例 [J]. 环境保护科学，2020,46(4): 48-55.

[14] 周睿，王博，林豪栋，等. 一维水质模型结合改进的输出系数法在流域非点源污染负荷估算中的应用 [J]. 吉林大学学报（地球科学版），2020, 50(3):1-11.

[15] 李怀恩. 估算非点源污染负荷的平均浓度法及其应用 [J]. 环境科学学报，2000（3）：35-39.

[16] 洪小康，李怀恩. 水质水量相关法在非点源污染负荷估算中的应用 [J]. 西安理工大学学报，2000，16（4）：384-386.

[17] 丁晓雯，刘瑞民，沈珍瑶. 基于水文水质资料的非点源输出系数模型参数确定方法及其应用 [J]. 北京师范大学学报（自然科学版），2006，42（5）：534-538.

[18] 杨育红，阎百兴. 降雨—土壤—径流系统中氮磷的迁移 [J]. 水土保持学报，2010，24（5）：27-30.

[19] 杨育红，阎百兴，沈波. 第二松花江流域非点源污染输出负荷研究 [J]. 农业环境科学学报，2009，28（1）：161-165.

[20] 刘全謌，齐明亮，马啸宙，等. 基于遥感和 GIS 的洮河流域面源污染流域尺度模拟及防治对策研究 [J]. 干旱区地理，2020，43（3）：706-714.

[21] 陈铁，孙飞云，杨淑芳，等. 基于 SWAT 模型的观澜河流域城市面源污染负荷量化及影响效应评估 [J]. 环境工程学报，2020，14（10）：2893-2902.

[22] 韩莉，刘素芳，黄民生，等. 基于 HSPF 模型的流域水文水质模拟研究进展 [J]. 华东师范大学学报（自然科学版），2015（2）：40-47.

[23] 薛利红，杨林章. 面源污染物输出系数模型的研究进展 [J]. 生态学杂志，2009，28（4）：755-761.

[24] Frink C R.Estimating nutrient exports to estuaries [J]. Journal of Environ Quality，1999，20：717-724.

第八章　农业面源污染控制技术

保障水安全，关键要转变治水思路，按照“节水优先、空间均衡、系统治理、两手发力”的方针治水。

——习近平

农业面源污染机理探索和模型研究的最终目的是有效控制污染产生、减少污染输移，实现流域水质功能达标和水生生态系统良好发展。我国“一控两减三基本”即严格控制农业用水总量，减少化肥和农药使用量，畜禽粪便、农作物秸秆、农膜基本资源化利用等，是具有中国特色的农业面源污染治理技术。

第一节　节水灌溉技术

水不是无限供给的资源，必须坚持节水优先，把节水作为水资源开发、利用、保护、配置、调度的前提，推动用水方式向节约集约转变。节水灌溉技术体系包括工程节水灌溉技术、农艺节水技术和管理技术节水。

一、工程节水灌溉技术

20 世纪五六十年代起，我国开展了农业节水灌溉技术研究。农业节水技术目前已经发展到第三代节水灌溉技术，研发了一批适合我国国情的现代农业节水技术和系列化产品，并实现从单一技术到综合技术应用的转变。[1]

我国常用工程节水灌溉技术有 12 种，分别是：①水平畦灌；②小畦灌；③长畦分段灌；④节水型沟灌；⑤波涌灌；⑥固定式管道喷灌；⑦半固定式管道喷灌；⑧移动式管道喷灌；⑨定喷式喷灌机；⑩行喷式喷灌机；⑪滴灌；⑫微喷灌。

2016 年《政府工作报告》明确提出 2016 年“新增高效节水灌溉面积 2000 万亩”建设任务，并列入国务院年度量化考核指标。截至 2016 年年底，全国新建高效节水灌溉面积 2182 万亩，全面完成《政府工作报告》提出

[1] （院士谈节水）王浩：科技与管理是驱动节水的“双轮”，http：//qgjsb.mwr.gov.cn/zdgz/kjtg/kjdt/202005/t20200507_1402704.html。

的建设任务，其中喷灌面积 305 万亩、微灌面积 723 万亩、管道输水灌溉面积 1154 万亩。

2016 年年底，全国灌溉面积 10.98 亿亩，耕地灌溉面积达到 10.07 亿亩，林地灌溉面积 0.36 亿亩，园地灌溉面积 0.39 亿亩，牧草地灌溉面积 0.16 亿亩。全国节水灌溉工程面积达到 4.93 亿亩，其中：低压管道输水灌溉面积 1.42 亿亩，占节水灌溉工程面积的 29%；喷灌面积 0.61 亿亩，占节水灌溉工程面积的 12%；微灌面积 0.88 亿亩，占节水灌溉工程面积的 18%；以管道化为主的高效节水灌溉面积占节水灌溉面积的比例达到 59%。[1]

索滢和王忠静（2018）采用文献调研与知识管理重构的方法分析了典型节水灌溉技术特点，提出以适应性和经济性作为节水灌溉技术综合性能评价指标。推荐优先使用滴灌、微喷灌、移动式管道喷灌等技术。

二、农艺节水技术

农艺节水是通过作物生理调控和农田土壤调控技术进行水的充分利用，节水潜力巨大，与工程节水相比，具有技术投资少、易于推行等优点。农艺节水技术措施主要包括耕作保墒、覆盖保墒、增施有机肥与秸秆还田、水肥耦合、调整作物布局和选用节水型品种、化学调控等技术措施。根据农艺节水机制，可分为保墒节水类措施、提高作物光合效率减少低效蒸腾类措施及二者相结合的措施。

深耕保墒、耙耱保墒、镇压保墒和提墒及中耕保墒技术统称为耕作保墒技术。这些耕作技术能够疏松土壤，切断水分通道，增加土壤活性，削弱土壤水分蒸发，提高土壤蓄水能力，减少地面径流，达到高效用水的目的。深松耕、中耕、免耕都可以提高土壤含水率，有利于土壤水的保持和提高。

覆盖保墒技术分为秸秆覆盖保墒、沙石覆盖保墒、地膜覆盖保墒及化

[1] 中国灌溉排水发展中心、水利部农村饮水安全中心，2016 年中国灌溉排水发展研究报告。

学覆盖保墒技术。适宜的覆盖保墒技术可以调节地温，提高土壤肥力，减少地表径流，抑制无效水分蒸发，起到蓄水保墒、提高水分利用率、促进作物生长发育的良好效果。目前，秸秆覆盖和地膜覆盖多，化学覆盖的应用研究相对少一些。

增施有机肥和秸秆还田技术是我国大力推广的节水技术。有机肥替代化肥是推进农业绿色发展、质量兴农、生态文明建设的重要举措。2017年，农业农村部启动了“农业绿色发展五大行动”，其中果菜茶有机肥替代化肥行动作为其中之一，选择100个果菜茶重点县并拿出10亿元作为补贴，开展有机肥替代化肥示范，在苹果、柑橘、设施蔬菜和茶叶优势区域推广相应技术模式。探索出“果（菜、茶）—沼—畜”“有机肥＋水肥一体化”“有机肥＋配方肥”“有机肥＋机械深施”“绿肥＋配方肥”等可借鉴、可复制、可推广的技术模式。

“落红不是无情物，化作春泥更护花”，农作物秸秆含有大量的有机质和矿物质养分，作为肥料还田，有利于培肥地力、促进农业稳产高产。

其他农艺节水技术还有水肥耦合技术、抗旱品种选用和调整作物布局，以及保水剂和作物蒸腾调控剂等应用的化学调控措施。

三、管理节水技术

现代节水管理体系是实现农业高效用水的重要措施之一。它可以实现灌溉水资源的合理配置和灌溉系统的优化调度，达到节水增产目的，使有限水资源获得最大的效益。管理节水包括了管理体制、管理层次和管理技术三方面。其中管理技术节水主要是通过硬件设备和软件设备的集成使系统良好地应用，从而实现高效、精准利用农田水分的技术。

通过对农田信息的实时监控和预报，根据作物需水规律、缺水诊断指标及灌溉控制指标进行水分调控，从而确保灌溉的适时适量，实现最佳效益。对农田水分利用进行管理是减少水资源浪费、合理高效管理利用水资源、发展可持续农业的根本途径之一，其主要技术有农田信息数据采集技术、农田土壤墒情监测预报、精确灌溉控制决策与管理技术、用水调度控制及管理（量水和配水技术）、节水灌溉自动控制技术以及农业水资源政策管理等方面。良好的管理技术可以充分发挥工程技术带来的效益，使整个节水系统处于最优状态。

管理技术与计算机信息技术的结合，可实现对农业用水的高效、精准管理。常用技术有地理信息系统（GIS）空间分析技术、信息采集监测预报技术、精确灌溉控制决策技术、用水调度控制及管理（量水和配水）技术、网络通信技术等。

管理技术节水又可分为节水组织管理、节水工程管理、节水经营管理。节水组织管理作为节水灌溉决策管理中的战略性措施，具有组织、计划、指挥、协调、控制等一系列职能，体现在很多方面，如节水战略规划、政策法规体系建设及机制建设投入等方面。

节水工程管理根据作物的需水规律，对水源进行控制与调配，最大限度地满足作物生长中水分的需求，实现区域效益最佳的农田水分调控。主要包括节水灌溉配水技术、土壤墒情自动监测技术、灌溉用水管理自动信息系统、节水灌溉灌水制度、输配水自动量测及监控技术及节水灌溉量水技术等方面。

节水经营管理通过建立农田高效用水的运行管理体系，形成适应社会主义市场经济条件下的农田用水管理机制和价格体系。

农业节水技术今后发展方向有三个：一是关键共性节水技术，如激光平地与田间节水技术、非充分精准灌溉技术、作物蒸腾抑制技术、灌区智能管理技术等；二是区域特色节水技术，如旱区限额灌溉技术、寒区水稻控灌技术、南方种植养殖生态节水技术、分地区农作物节水新品种研发等；三是颠覆性农业节水技术，如海水稻种植技术、微润灌溉技术等。

我国明确要严格控制入河湖排污总量，加强灌溉水质监测与管理，确保农业灌溉用水达到农田灌溉水质标准，严禁未经处理的工业和城市污水直接灌溉农田。实施“华北节水压采、西北节水增效、东北节水增粮、南方节水减排”战略，加快农业高效节水体系建设。加强节水灌溉工程建设和节水改造，推广保护性耕作、农艺节水保墒、水肥一体化、喷灌、滴灌

等技术，改进耕作方式，在水资源问题严重地区，适当调整种植结构，选育耐旱新品种。推进农业水价改革、精准补贴和节水奖励试点工作，增强农民节水意识。

我国2015—2019年农业用水量如图8-1所示。

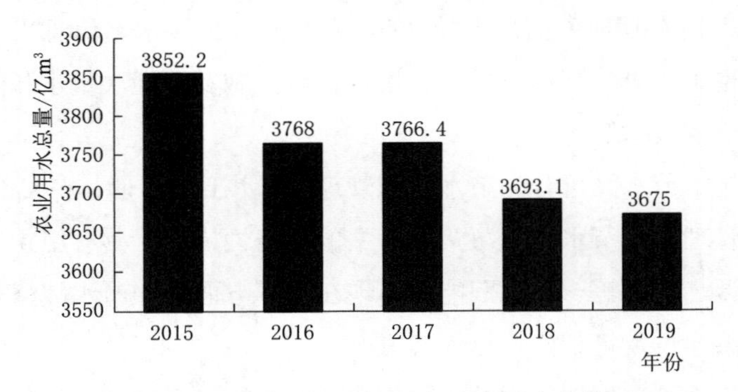

图8-1 我国2015—2019年农业用水总量

2018年我国农业用水3693.1亿m^3，占全国用水量的61.4%，农田灌溉水有效利用系数0.554[1]，提前两年实现2020年农业灌溉用水量保持在3720亿m^3，农田灌溉水有效利用系数达到0.55的目标。

第二节 化肥农药减量技术

提高化肥、农药的利用率是我国农业面源污染治理的关键技术。我国以保障国家粮食安全和重要农产品有效供给为目标，践行“增产施肥、经济施肥、环保施肥”理念，依靠科技进步，依托新型经营主体和专业化农化服务组织，集中连片整体实施，加快转变施肥方式，深入推进科学施肥，大力开展耕地质量保护与提升，增加有机肥资源利用，减少不合理化肥投入，通过加强宣传培训和肥料使用管理，走高产高效、优质环保、可持续

[1] 数据来源：中国水利部，2018年中国水资源公报。

发展之路，促进粮食增产、农民增收和生态环境安全。

一、化肥使用零增长技术

化肥是重要的农业生产资料，是粮食的“粮食”。适时、适度、适量施肥具有事半功倍的效力，然而，过量施用、盲目施用就会带来成本的增加和环境污染等过犹不及的问题。采用以下化肥使用零增长技术是修补历史欠账，应对农业健康发展的必选途径。

一是精，即推进精准施肥。根据不同区域土壤条件、作物产量潜力和养分综合管理要求，合理制定各区域、作物单位面积施肥限量标准，减少盲目施肥行为。

二是调，即调整化肥使用结构。优化氮、磷、钾配比，促进大量元素与中微量元素配合。适应现代农业发展需要，引导肥料产品优化升级，大力推广高效新型肥料。

三是改，即改进施肥方式。大力推广测土配方施肥，提高农民科学施肥意识和技能。研发推广适用施肥设备，改表施、撒施为机械深施、水肥一体化、叶面喷施等方式。

四是替，即有机肥替代化肥。通过合理利用有机养分资源，用有机肥替代部分化肥，实现有机无机相结合。提升耕地基础地力，用耕地内在养分替代外来化肥养分投入。

关键技术路径是采用测土配方施肥，即平衡施肥，这是联合国在全世界推行的先进农业技术。概括来说，一是测土，取土样测定土壤养分含量；二是配方，经过对土壤的养分诊断，按照庄稼需要的营养“开出药方、按方配药”；三是合理施肥，就是在农业科技人员指导下科学施用配方肥。

人们常说“食补好于药补”，补充土壤养分、施用农肥为“食补”，而施用化肥为“药补”。因为农家肥中含有大量的有机质，可以增加土壤团粒结构，改善土壤中水、肥、气热状况，不仅能补充土壤中含量不足的氮、磷、钾三大元素，又可以补充各种中、微量元素。实践证明，农家肥

和化肥配合施用，可以提高化肥利用率 5% ～ 10%。

针对农业生产中存在过量施肥、化肥利用效率低等问题，我国从 20 世纪 80 年代就开始进行测土配方施肥试验，目前该项技术已日趋成熟。截至 2016 年，中央财政累计投入 92 亿元。支持全国 2498 个农业县（场）开展测土配方施肥。通过项目实施，基本摸清了土壤养分状况和主要农作物需肥规律，建立了主要作物的施肥指标体系，普及了测土配方施肥技术，农民科学施肥意识不断增强。[1]

为切实推动配方肥落地下田，2012 年以来，农业部通过出台扶持政策，组织开展农企合作推广配方肥活动，不断完善企业参与测土配方施肥、促进配方肥下地的运行机制。据统计，2016 年，全国推广应用配方肥约 3000 多万 t（折纯），配方肥应用面积近 4 亿亩次。

2013 年，农业部、工业和信息化部、质检总局联合印发了《关于加快配方肥推广应用的意见》（农农发〔2013〕1 号），出台支持企业参与测土配方施肥，推动配方肥发展的一系列措施，建立了多部门共同推动配方肥发展的合作机制。

农业部与中化化肥、供销合作总社签订农企合作协议，在黑龙江、安徽、江苏等地建立 20 多个示范基地，探索化肥减量增效新技术和农化服务新模式。各级农业部门选择一批条件好、信誉强、积极性高的肥料企业作为农企合作推广配方肥企业，采取“百县连百企”的方式，实施整建制推进测土配方施肥，扩大配方肥推广应用，提高配方肥覆盖率和到位率。

为方便企业生产销售配方肥，农业部组织专家制定发布了小麦、玉米、水稻三大粮食作物的 32 个区域大配方和 156 条施肥建议，不仅为肥料企业“大配方制定、大规模生产、大区域推广”提供了便利，也为基层智能配肥网点因地制宜开展配方施肥服务提供了技术支撑。

为实现化肥使用量零增长，我国主要采取以下四种措施达到目的。

---

❶ 农业部对十二届全国人大五次会议第 2395 号建议的答复（农办议〔2017〕189 号）。

1. 施肥结构进一步优化

（1）氮、磷、钾和中微量元素等养分结构趋于合理，推进有机肥资源利用，积极探索有机养分资源利用的有效模式，加大支持力度，鼓励引导农民增施有机肥，使有机肥资源得到合理利用。支持规模化养殖企业利用畜禽粪便生产有机肥，推广规模化养殖＋沼气＋社会化出渣运肥模式，支持农民积造农家肥，施用商品有机肥。

（2）推进秸秆养分还田。推广秸秆粉碎还田、快速腐熟还田、过腹还田等技术，研发具有秸秆粉碎、腐熟剂施用、土壤翻耕、土地平整等功能的复式作业机具，使秸秆取之于田、用之于田。

（3）因地制宜种植绿肥。充分利用南方冬闲田和果茶园土肥水光热资源，推广种植绿肥。在有条件的地区，引导农民施用根瘤菌剂，促进花生、大豆和苜蓿等豆科作物固氮肥田。

2. 施肥方式进一步改进

（1）推进机械施肥。按照农艺农机融合、基肥追肥统筹的原则，加快施肥机械研发，因地制宜推进化肥机械深施、机械追肥、种肥同播等技术，减少养分挥发和流失。

（2）推广水肥一体化。结合高效节水灌溉，示范推广滴灌施肥、喷灌施肥等技术，促进水肥一体下地，提高肥料和水资源利用效率。

（3）推广适期施肥技术。合理确定基肥施用比例，推广因地、因苗、因水、因时分期施肥技术。

因地制宜推广小麦、水稻叶面喷施和果树根外施肥技术。通过以上措施的实施，盲目施肥和过量施肥现象基本得到遏制，传统施肥方式得到改变。

3. 推进新肥料新技术应用

（1）加强技术研发。组建一批产学研推相结合的研发平台，重点开展农作物高产高效施肥技术研究，速效与缓效、大量与中微量元素、有机与无机、养分形态与功能融合的新产品及装备研发。

（2）加快新产品推广。示范推广缓释肥料、水溶性肥料、液体肥料、叶面肥、生物肥料、土壤调理剂等高效新型肥料，不断提高肥料利用率，推动肥料产业转型升级。

（3）集成推广高效施肥技术模式。结合高产创建和绿色增产模式攻关，按照土壤养分状况和作物需肥规律，分区域、分作物制定科学施肥指导手册，集成推广一批高产、高效、生态施肥技术模式。

4. 提高耕地质量水平

加快高标准农田建设，完善水利配套设施，改善耕地基础条件。实施耕地质量保护与提升行动，改良土壤、培肥地力、控污修复、治理盐碱、改造中低产田，普遍提高耕地地力等级。通过加强耕地质量建设，提高耕地基础生产能力，确保在减少化肥投入的同时，保持粮食和农业生产稳步发展。

二、农药使用零增长技术

我国采用的农药使用零增长技术主要通过规划技术路径、划定区域重点加以实现。

1. 技术路径

我国实现农药使用量零增长主要是根据病虫害发生危害的特点和预防控制的实际，坚持综合治理、标本兼治，重点在“控、替、精、统”四个字上下功夫。

一是“控”，即控制病虫发生危害。应用农业防治、生物防治、物理防治等绿色防控技术，创建有利于作物生长、天敌保护而不利于病虫害发生的环境条件，预防控制病虫发生，从而达到少用药的目的。

二是“替”，即用高效低毒低残留农药替代高毒高残留农药、用大中型高效药械替代小型低效药械。大力推广应用生物农药、高效低毒低残留农药，替代高毒高残留农药。开发应用现代植保机械，替代跑冒滴漏落后机械，减少农药流失和浪费。

三是“精”，即推行精准科学施药。重点是对症适时适量施药。在准确诊断病虫害并明确其抗药性水平的基础上，配方选药，对症用药，避免乱用药。根据病虫监测预报，坚持达标防治，适期用药。按照农药使用说明要求的剂量和次数施药，避免盲目加大施用剂量、增加使用次数。

四是“统”，即推行病虫害统防统治。扶持病虫防治专业化服务组织、新型农业经营主体，大规模开展专业化统防统治，推行植保机械与农艺配套，提高防治效率、效果和效益，解决一家一户“打药难”“乱打药”等问题。

2. 区域重点

突出小麦、水稻、玉米、马铃薯、蔬菜、水果、茶叶等主要作物，实施作物分类指导、空间分区推进。

一是水稻、玉米、马铃薯、大豆等粮油作物一季种植区的东北地区，包括辽宁、吉林、黑龙江三省及内蒙古东四盟（市）。该区域是玉米螟常年重发区，稻瘟病、玉米大斑病和马铃薯晚疫病高风险流行区，黏虫和草地螟间歇暴发区，蝗虫偶发危害区。重点推广玉米螟生物防治、生物农药预防稻瘟病等绿色防控措施，发展大型高效施药机械和飞机航化作业。

二是小麦、夏玉米轮作区的黄淮海地区，包括北京、天津、河北、河南、山东及安徽与江苏淮北地区、山西与陕西中南部地区。该区域是小麦穗期蚜虫、吸浆虫、玉米螟常年重发区，东亚飞蝗、黏虫常年发生区，小麦条锈病、赤霉病扩展流行区，以及玉米二点委夜蛾突发危害区。重点推行绿色防控与化学防治相结合、专业化统防统治与群防群治相结合、地面高效施药机械与飞机航化作业相结合措施，大力推广蝗虫生物防治、药剂拌种、秸秆粉碎还田等技术。

三是稻麦、稻油轮作区，也是柑橘、茶、蔬菜等优势产区的长江中下游地区，包括上海、浙江、江西及江苏、安徽、湖北、湖南大部。该区域是水稻“两迁”害虫、小麦赤霉病、稻瘟病、柑橘黄龙病等病虫多发重发区。重点推行专业化统防统治，促进统防统治与绿色防控融合发展，实施综合治理。柑橘、茶叶、蔬菜作物上推行灯诱、性诱、色诱、食诱“四诱”措施，优先选用生物农药或高效低毒低残留农药。

四是双季稻种植区，也是水果、茶叶、甘蔗等优势产区和重要的冬季蔬菜生产基地的华南地区，包括福建、广东、广西、海南等4省（自

治区）。该区域是常年境外“两迁”害虫迁入我国的主降区，也是稻瘟病、南方水稻黑条矮缩病、柑橘黄龙病、小菜蛾、豆荚螟、甘蔗螟虫等多种病虫易发重发区。重点推行绿色防控与统防统治融合发展。水果、茶叶、冬季蔬菜生产基地重点推广灯诱、色诱、性诱、生态调控和生物防治措施。

五是稻麦（油）两熟区、春播马铃薯主产区，也是水果、蔬菜、茶叶优势产区的西南地区，包括重庆、四川、贵州、云南及湖北、湖南西部。该区域是小麦条锈病冬繁区，南部也是稻飞虱境外虫源初始迁入主降区，丘陵山区气候条件也非常适宜稻瘟病等多种病虫发生流行。重点培育病虫防治专业化服务组织，提高防控组织化程度，推行精准施药和绿色防控。水果、蔬菜、茶叶等重点推广“四诱”和生物防治等绿色防控技术。

六是马铃薯、春玉米、小麦、棉花等作物一季种植区，也是苹果、葡萄等优势产区的西北地区，包括陕西、甘肃、宁夏、新疆和山西中北部及内蒙古中西部地区。该区域是小麦条锈病主要越夏源头区，棉铃虫、草地螟和马铃薯晚疫病等重大病虫常年重发区。重点推行绿色防控措施，最大限度降低化学农药使用量。其中，小麦条锈病源头区推行退麦改种、药剂拌种等措施，减少大面积防治次数和外传菌源。

七是以牧业为主，种植业占比较小，病虫发生种类较少，危害程度较轻的青藏地区，包括西藏、青海及四川西北部。该区域重点推行以生物防治、生态调控为主的绿色防控措施。

三、成效

近年来，我国农业农村部深入开展化肥农药零增长行动取得成效。2017年，我国农药、化肥使用量提前三年实现零增长。2019年水稻、玉米、小麦三大粮食作物化肥利用率达到39.2%，比2017年提高1.4个百分点；农药利用率达到39.8%，比2017年提高1个百分点，可以预测，到2020年，可实现化肥、农药利用率40%的目标。

化肥农药利用率稳步提高是多项技术、多个因素聚合的结果。近年来科学施肥用药理念日益深入人心，节肥节药技术大面积推广，绿色高效产品加快应用，专业化服务快速发展。

我国大面积推广测土配方施肥、水肥一体化、机械深施、有机肥替代和生态调控、物理防治、生物防治等节肥节药技术。全国测土配方施肥技术应用面积达 19.3 亿亩次，绿色防控面积超过 8 亿亩。

同时，绿色高效产品加快应用。缓释肥、水溶肥等新型肥料推广应用面积达到 2.45 亿亩次，有机肥施用面积超过 5.5 亿亩次。各地肥料统配统施、病虫统防统治等专业化服务组织蓬勃发展。目前全国专业化服务组织超过 8 万个，三大粮食作物病虫害统防统治覆盖率达到 40.1%。

为确保实现到 2020 年化肥农药利用率达到 40% 的目标，农业农村部继续深入推进化肥农药减量增效，以粮食主产区、园艺作物优势产区和设施蔬菜集中产区为重点，集成推广侧深施肥、种肥同播、机械深施、水肥一体化等技术，应用绿色防控技术，研发推广高效缓释肥料、高效低毒低残留农药、生物肥料、生物农药等新型产品，加快培育有技术、有实力的社会化服务组织，引导大型农资企业开展农化服务。

第三节　“三基本”综合利用技术

畜禽养殖废弃物、农用地膜、农作物秸秆基本资源化利用是解决畜禽污染问题、地膜回收问题、秸秆焚烧问题的根本性措施。

一、畜禽养殖废弃物资源化利用

我国主要通过科学划定禁养区，推行种养结合和生态养殖模式，加强粪污处理设施建设，推进畜禽废弃物的无害化处理和利用。

开展畜牧业绿色发展示范县创建活动，以畜禽养殖废弃物减量化产生、

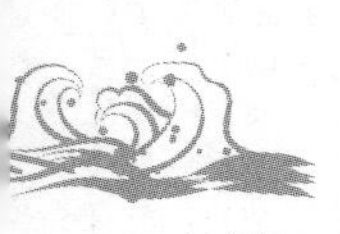

无害化处理、资源化利用为重点，“十三五”期间创建200个示范县，整县推进畜禽养殖废弃物综合利用。鼓励引导规模养殖场建设必要的粪污处理利用配套设施，对现有基础设施和装备进行改造升级。鼓励养殖密集区建设集中处理中心，开展专业化集中处理。印发畜禽粪污资源化利用技术指导意见和典型技术模式，集成推广清洁养殖工艺和粪污资源化利用模式，指导规模养殖场选择科学合理的粪污处理方式。

牲畜粪便既可以采用种养结合模式，根据环境的承载量，把养殖业和种植业结合起来，通过产业的发展来消纳牲畜粪便，也可以重点对规模养殖场进行改造，采取干湿分离、雨污分流的方法通过沼气工程充分利用。

按照农牧结合、种养平衡的原则，科学规划布局畜禽养殖。推行标准化规模养殖，配套建设粪便污水储存、处理、利用设施，改进设施养殖工艺，完善技术装备条件，鼓励和支持散养密集区实行畜禽粪污分户收集、集中处理。在种养密度较高的地区和新农村集中区因地制宜建设规模化沼气工程，同时支持多种模式发展规模化生物天然气工程。因地制宜推广畜禽粪污综合利用技术模式，规范和引导畜禽养殖场做好养殖废弃物资源化利用。加强水产健康养殖示范场建设，推广工厂化循环水养殖、池塘生态循环水养殖及大水面网箱养殖底排污等水产养殖技术。

具体技术分京津沪地区、东北地区、东部沿海地区、中东部地区、华北平原地区、西南地区和西北地区7个区域，提倡因地制宜，根据区域特征、饲养工艺和环境承载力的不同，分别予以推广。

二、农用地膜回收再利用

对于地膜太薄难以回收问题，有以下三种解决方法：

一是通过修订标准，严格规定地膜厚度和拉伸强度，严禁生产和使用厚度0.01mm以下地膜，从源头保证农田残膜可回收。

二是研发可降解的农膜，以及研发回收机械，科学回收。

三是加大旱作农业技术补助资金支持，对加厚地膜使用、回收加工利用给予补贴。通过开展农田残膜回收区域性示范，扶持农田地膜回收网点和废旧地膜加工能力建设，逐步健全地膜回收加工网络，创新地膜回收与再利用机制。鼓励加快生态友好型可降解地膜及地膜残留捡拾与加工机械的研发，建立健全可降解地膜评估评价体系。提出在重点地区实施全区域地膜回收加工行动，率先实现东北黑土地大田生产地膜零增长。

三、农作物秸秆资源化利用

2016年，“农作物秸秆综合利用率”被国家发展改革委、国家统计局、环境保护部、中央组织部四部委纳入《绿色发展指标体系》，作为生态文明建设评价考核的重要依据。2017年，中共中央办公厅、国务院办公厅联合印发《关于创新体制机制推进农业绿色发展的意见》，提出要完善秸秆资源化利用制度，严格依法落实秸秆禁烧制度，推进秸秆全量化综合利用，为深入促进秸秆综合利用工作指明了方向。

大力开展秸秆还田和秸秆肥料化、饲料化、基料化、原料化和原料化利用。建立健全政府推动、秸秆利用企业和收储组织为轴心、经纪人参与、市场化运作的秸秆收储运体系，降低收储运输成本，加快推进秸秆综合利用的规模化、产业化发展。完善激励政策，研究出台秸秆初加工用电享受农用电价格、收储用地纳入农用地管理、扩大税收优惠范围、信贷扶持等政策措施。选择京津冀等大气污染重点区域，启动秸秆综合利用示范县建设，率先实现秸秆全量化利用，从根本上解决秸秆露天焚烧问题。

自从2008年国务院办公厅印发《关于加快推进农作物秸秆综合利用的意见》（国办发〔2008〕105号）以来，各地区、有关部门大力推进秸秆综合利用，秸秆肥料化、饲料化、原料化、燃料化、基料化利用技术快速发展，一批秸秆综合利用技术经过产业化示范日益成熟，成为推进秸秆综合利用的重要支撑。我国推广的秸秆综合利用技术见表8-1。

表 8–1　　我国推广的秸秆综合利用技术

类　别	名　　称	类　别	名　　称
秸秆肥料化利用技术	秸秆直接还田技术	秸秆原料化利用技术	秸秆清洁制浆技术
	秸秆腐熟还田技术		秸秆木糖醇生产技术
	秸秆生物反应堆技术	秸秆燃料化利用技术	秸秆固化成型技术
	秸秆堆沤还田技术		秸秆炭化技术
秸秆饲料化利用技术	秸秆青（黄）贮技术		秸秆沼气生产技术
	秸秆碱化 / 氨化技术		秸秆纤维素乙醇生产技术
	秸秆压块饲料加工技术		秸秆热解气化技术
	秸秆揉搓丝化加工技术		秸秆直燃发电技术
秸秆原料化利用技术	秸秆人造板材生产技术	秸秆基料化利用技术	秸秆基料化利用技术
	秸秆复合材料生产技术		

长期以来，中国在国家重大科技专项中先后启动了一批重点研发项目，开发了秸秆栽培食用菌、压块燃料、生物柴油、田间快腐、饲料木质素降解等关键技术，研制了秸秆切碎装置、麦稻联合收割机配套打捆机、移动式生物质成型等关键设备。科技部、财政部和国家税务总局将农作物秸秆破碎、分选等预处理技术进一步纳入《国家重点支持的高新技术领域（2016）》，加大对该类科技型企业的政策扶持。原农业部编印《秸秆综合利用技术手册》和《区域农作物秸秆全量处理利用技术导则》，推介发布了秸秆深翻养地、粉碎旋耕还田、秸—饲—肥种养结合、秸—沼—肥能源生态、秸—菌—肥基质利用、秸—炭—肥还田改土等农用十大技术模式，推动成熟适用技术落地生效。

2017 年中国秸秆理论资源总量已达 10.2 亿 t，较 20 世纪 90 年代初增加了近 4 亿 t。其中玉米、水稻、小麦秸秆量分别为 4.3 亿 t、2.4 亿 t、1.8 亿 t，三大作物秸秆量占比达到 83.3%。全国秸秆可收集资源量为 8.4 亿 t，已利用量约达到 7 亿 t，秸秆综合利用率（已利用量与可收集量的比例）超过 83%，其中秸秆肥料化、饲料化、燃料化、基料化、原料化等利用率分别为 47.3%、19.4%、12.7%、1.9% 和 2.3%，已经形成了肥料化、饲料化等农用为主的综合利用格局。截至2018年，我国共建设试点县143个，试点县秸秆综合利用率均得到大幅提升或达到90%以上，区域秸秆处理技术模式初步构建，秸秆处理能力显著提升。

通过2015—2017年的“农业面源污染防治攻坚战”，我国乡村绿色发展加快推进，农村生态环境明显好转，农业农村污染治理工作体制机制基本形成，农业农村环境监管明显加强，农村居民参与农业农村环境保护的积极性和主动性显著增强。

2018年农业面源污染防治工作调整到生态环境部后，基于“一控两减三基本”目标，提出到2020年，实现“一保两治三减四提升”。“一保”，即保护农村饮用水水源，农村饮水安全更有保障；“两治”，即治理农村生活垃圾和污水，实现村庄环境干净整洁有序；“三减”，即减少化肥、农药使用量和农业用水总量；“四提升”，即提升主要由农业面源污染造成的超标水体水质、农业废弃物综合利用率、环境监管能力和农村居民参与度。[1]

第四节　农业退水及养殖废水处理

农业面源污染已成为面源污染的主要贡献者，农业面源污染中又以农田退水与养殖废水的污染最为普遍。氮磷是主要农业面源污染物，是水体富营养化的主要污染因子，其浓度和负荷控制是水环境质量改善的关键。从自然氮循环可知，合成氨、生产氮肥过量施用，不仅导致水体污染，而且农业氮源（NH_3和N_2O）进入大气，会形成PM2.5，加剧大气污染，也会成为温室气体，影响气候变化。

[1] 生态环境部　农业农村部《关于印发农业农村污染治理攻坚战行动计划的通知》（环土壤〔2018〕143号），2018年11月6日。

一、农田退水处理

农田退水作为农业污染源的媒介，一直以来是水环境治理的关键内容。近几年水权制度的出现，促使灌溉水管理者尽可能地优化灌溉制度，节约灌溉用水。因此农田尾水的处理逐步受到重视。

（一）通过发展精细灌溉体系控制入田流量

精细地面灌溉技术体系是以激光控制土地精细平整技术为支撑条件，以地面灌溉过程精量控制技术为控制手段，以精细地面灌溉系统设计与评价方法为核心基础构建的一体化技术集合体。其中“土地精平、灌溉精量、控制精准”是其核心，精细灌溉注重灌溉水从水源到输、配、灌、耗各环节的合理配置、适时灌溉、精量灌溉和精准控制。通过计算机模拟及其对整个灌溉的自动化控制，合理实时、适量地引水灌溉，最大限度地减少过剩水的输入。这样既可以提高水资源的利用效率，又可以防止在田间产生尾水。

同时，还可以通过对田间的土壤水分参数和田面糙率系数的测定来反馈控制，即根据田面参数来分析控制精量灌溉量，此技术首先要求对土地实施精平，在此基础上根据估算的田面水分参数对地面灌溉过程进行实时反馈控制的灌溉效率可达到85%以上。另外，还需要精细地面灌溉控制设备，一般由末级输配水管道和灌溉自动化控制设备组成。

（二）在渠道尾部建集水井

虽然近几年来提出了诸如微喷灌、波涌灌等先进的灌溉技术，大大提高了农田水利用率，但是目前我国在精细灌溉方面的研究远远滞后，加上我国现阶段主要采用粗放的地面灌溉和落后的管理制度，很难做到田间引水量的精确控制，势必造成灌溉过剩水。对于尾水不是很多的灌区，可以在整个灌区设置一个集水井或者一个轮灌组修建一个集水井，然后在农渠尾部修建集水沟，通过集水沟把全灌区或一个轮灌组的尾水收集在集水井集中处理。尾水经净化、过滤后可以再利用，也可以把水权转让给工业等对水质要求比较低的部门。

（三）在容泄区开发湿地

农田退水中主要的污染物为氨氮与磷。氨氮与磷的浓度比较低且随季节变化而变化，针对农田退水污染的这些特点并对比分析目前脱氮除磷技术，采用工程措施是较好的选择。

应用于处理农田退水的工程性措施主要有人工湿地、生态滤池、土地渗滤系统、生态沟渠与缓冲带等，其中研究开展最多也最常用的是人工湿地。人工湿地是 20 世纪 70 年代发展起来的一种污水处理技术，具有投资少、操作简单、环境效益好等优点，人工湿地是具有独特水文、土壤与生物特征的生态系统。湿地具有调节气候、涵养水源、保持水土、净化环境、保持生物多样性等多种生态功能。

用湿地作为拦截农业尾水的最后一道防线可以有效地阻止农田退水进入相邻流域。人工湿地的应用前景逐渐由工业废水、污水治理方面转向农业面源污染治理。伴随人工湿地处理效果与工艺改良方面的研究，人工湿地建设中也逐步加入了景观要素，并针对具体治污实践目标采取多样化的组合结构。目前人工湿地治理农田退水处理污染物类型主要集中在以Ｎ、Ｐ为主要控制元素的营养物质、农药、杀虫剂与消毒副产物前体、细菌性污染物等。

二、养殖废水处理

不同于低浓度的农田退水，养殖废水是富含大量病原体、成分复杂的有机废水。畜禽规模化养殖场每天排放的废水量大、集中，并且废水中含有大量污染物，如重金属、残留的兽药和大量的病原体等，因此如不经过处理就排放于环境或直接农用，将会造成当地生态环境和农田的严重污染。

（一）畜禽养殖粪污处理

在农业生产中，畜禽粪便是宝贵的肥料，因此作为特殊的污染物，畜

禽养殖废水不能采用其他工业废水的处理方式，而是应按照减量化、资源化、无害化原则，综合考量选择合适的废水处理模式。畜禽养殖废水不同于生活污水和工业废水，是具有高有机物浓度，高 N、P 含量和高有害微生物数量的“三高”废水，不宜于采用传统管网收集、污水处理厂集中处理的模式。目前比较适宜的做法有以下四种：

（1）更新观念，从源头控制废水产生，采取“干清粪”工艺，可减少 80% 以上的废水产生量；关注输水管线、用水器具的维护，减少漏水现象发生。

（2）利用“生物除臭”技术，处理地面等污染面的臭味产生问题，可有效地降低消毒用药、呼吸道和消化道保健用药等。

（3）粪污就地“资源化”处理，实现污染物“零排放”，技术路线可采用异位发酵床消纳法，利用异位发酵床，消纳养殖场每天产生的粪污，一般可使用一年以上，发酵产物可作为“优质的农家肥”出售，其销售收入基本上可以与运行成本持平，还可以成为养殖场“新的盈利点”；也可采用粪污直接发酵法，基本工艺路线是收集—过滤—有氧发酵—干湿分离—腐熟，产品有“固体有机肥”和“液体灌施有机肥”两种；采用最简单的设施和设备投入；一般经 21 ～ 28 天，可完成一个批次的生产；养殖场“无废弃物排出”。

（4）充分利用城镇污水处理厂污泥处置装备，让城市生活污水处理厂的污泥“搭车”养殖废弃物高有机质进行协同处理，既可消化畜禽粪便，又可增加沼气产气量、发电量。

（二）水产养殖废水处理

水产养殖废水的特点是污染物浓度低，废水排放量大。相比于物理法的 BOD、N、P 去除效率低、化学法费用高且易造成二次污染等的问题，以生物为核心的技术，既能有效去除养殖废水中污染物，又不会对环境造成二次污染。目前，藻类、微生物等生物法已被广泛应用于水产养殖废水处理及其他污水治理中。主要是对养殖废水中有机物和 N、P 进行吸收降解。

鉴于水产养殖废水在水处理中不能在处理设备中有较长的停留时间的

问题，宜建立人工湿地生态系统进行集中处理。

另外，我国明确各地要统筹考虑环境承载能力及畜禽养殖污染防治要求，按照农牧结合、种养平衡的原则，科学规划布局畜禽养殖，以实现绿色养殖、科学养殖。

三、氮磷污染防治

无论是农田退水还是养殖废水处理，目前影响最大的污染物就是氮磷去除。2018 年，生态环境部印发《关于加强固定污染源氮磷污染防治的通知》，依据《水污染防治行动计划》《“十三五”生态环境保护规划》提出的实施氮磷排放总量控制区域，结合流域水质现状和改善需求，确定实施氮磷排放总量控制的流域控制单元及对应行政区域。对于氮磷超标流域控制单元内新建、改建、扩建涉及氮磷排放的建设项目，要求按相关规定实施排放指标减量替代。同时，明确将肥料制造、污水集中处理、规模化畜禽养殖等 18 个行业作为氮磷污染防治的重点行业，全面推进氮磷达标排放。

1. 继续推进城镇污水处理

住房和城乡建设部会同发展改革委印发了《全国城市市政基础设施建设“十三五”规划》《“十三五”全国城镇污水处理及再生利用设施建设规划》，明确城镇污水处理厂及其配套管网建设与改造的目标任务，对提高脱氮除磷能力提出技术要求，鼓励将污水处理厂尾水经人工湿地等生态处理达标后作为生态和景观用水，并督促各地落实具体实施项目。据初步统计，截至 2017 年年底，长三角建成污水处理厂 879 座，污水处理能力达 4323 万 m^3/d，氨氮、总氮削减量分别达 29 万 t、27 万 t。

2. 创新推动农业面源污染综合治理示范

原农业部印发《重点流域农业面源污染综合治理示范工程建设规划（2016—2020 年）》，积极推动农业面源污染综合治理。2016—2018 年，农业农村部联合发展改革委启动农业突出问题治理项目，在三峡库区等重点流域建设 65 个农业面源污染综合治理示范区，其中，在浙江省、江苏省选

择 7 个县，开展农田面源污染防治、畜禽养殖污染治理、水产养殖污染减排以及地表径流污水净化利用工程建设，探索农业面源污染综合治理模式。

四、耕地重金属污染治理

2014 年《全国土壤污染状况调查公报》显示，全国土壤环境状况总体不容乐观，部分地区土壤污染较重，耕地土壤环境质量堪忧，工矿业废弃地土壤环境问题突出。工矿业、农业等人为活动以及土壤环境背景值高是造成土壤污染或超标的主要原因。

中国土壤总超标率为 16.1%。从污染分布情况看，南方土壤污染重于北方，长江三角洲、珠江三角洲、东北老工业基地等部分区域土壤污染问题较为突出，西南、中南地区土壤重金属超标范围较大。

不同土地利用类型中，耕地土壤点位超标率最高，占调查点位数量的 19.4%，主要污染物为镉、镍、铜、砷、汞、铅、滴滴涕和多环芳烃。

2016 年《土壤污染防治行动计划》和 2019 年《土壤污染防治法》施行，我国耕地周边工矿污染源得到有力整治，土壤污染加重趋势得到初步遏制，土壤生态环境质量保持总体稳定。

我国正在加快推进全国农产品产地土壤重金属污染普查，启动重点地区土壤重金属污染加密调查和农作物与土壤的协同监测，切实摸清农产品产地重金属污染底数，实施农产品产地分级管理。加强耕地重金属污染治理修复，在轻度污染区，通过灌溉水源净化、推广低镉积累品种、加强水肥管理、改变农艺措施等，实现水稻安全生产；在中、重度污染区，开展农艺措施修复治理，同时通过品种替代、粮油作物调整和改种非食用经济作物等方式，因地制宜调整种植结构，少数污染特别严重区域，划定为禁止种植食用农产品区。实施好耕地重金属污染治理修复和种植结构调整试点工作。

土壤污染治理初期，绝大多数采用水泥窑协同焚烧处置或安全填埋等相对简单的技术方式处理。如今，应用热解吸、土壤淋洗、原位热脱附、原位化学氧化、生物修复等先进技术已经成为主流，整体水平与国外同步。

生物修复是目前比较好的土壤修复方式，包括种植超积累植物、微生物等方法。如种植伴矿景天等超积累植物，可以快速将镉（Cd）元素向地上部分运输。通过冬春修复、夏秋稻作的循环方式，植物修复后的土壤重金属镉含量将降低50%。一些特殊的植物焚烧后，还可以收集提炼金属。

根据《土壤污染防治行动计划》，中央财政设立了土壤污染防治专项资金，2016—2019年累计下达280亿元，有力地支持了土壤污染状况详查、土壤污染源头防控、土壤污染风险管控和修复、土壤污染综合防治先行区建设、土壤污染治理与修复技术应用试点、土壤环境监管能力提升等工作。

农田重金属污染防治中广泛使用的污染治理方法，存在投资成本高无法大面积治理，可能带来二次污染，效果不明显等问题。土壤污染具有隐蔽性、潜伏性和长期性的特点，发展多元化的修复技术迫在眉睫。

2018年《中共中央　国务院关于全面加强生态环境保护坚决打好污染防治攻坚战的意见》提出，坚决打赢蓝天保卫战，着力打好碧水保卫战，扎实推进净土保卫战。我国采取的一系列行动、举措和技术对推进打好升级版的污染防治攻坚战，建设美丽中国具有重要意义。

参考文献

[1] 张翠玲．农田退水和养殖废水中氮磷及重金属去除方法研究[D]．兰州：兰州交通大学，2019.

[2] 王腊芳，蔡正平，岳有福．农业氮污染：责任与控制[J]．农业经济问题（月刊），2019（6）：23-36.

[3] 单飞飞，郑文刚，周平，等．农业管理节水技术应用分析[J]．农机化研究，2010（8）：7-11.

[4] 高传昌，王兴，汪顺生，等．我国农艺节水技术研究进展及发展趋势[J]．南水北调与水利科技，2013，11（1）：146-150.

[5] 索滢，王忠静．典型节水灌溉技术综合性能评价研究[J]．灌溉排水学报，2018，37（11）：113-120.

[6] 石祖梁．中国秸秆资源化利用现状及对策建议[J]．世界环境，2018（5）：15-17.

第九章 农业绿色发展

绿色发展是构建高质量现代化经济体系的必然要求，是解决污染问题的根本之策。

——习近平

第一节 概　　述

绿色是农业的本色。推进农业绿色发展，是贯彻新发展理念、推进农业供给侧结构性改革的必然要求，是加快农业现代化、促进农业可持续发展的重大举措，是守住绿水青山、建设美丽中国的时代担当，对保障国家食物安全、资源安全和生态安全，维系当代人福祉和保障子孙后代永续发展具有重大意义。

一、绿色发展内涵

党的十八大以来，党中央国务院高度重视绿色发展。习近平总书记多次强调，绿水青山就是金山银山。农业发展应该以农业供给侧结构性改革为主线，以绿色发展为导向，以体制改革和机制创新为动力，走出一条产出高效、产品安全、资源节约、环境友好的农业现代化道路[1]。

生态环境问题归根结底是发展方式和生活方式问题。要从根本上解决生态环境问题，必须贯彻绿色发展理念，坚决摒弃损害甚至破坏生态环境的增长模式，加快形成节约资源和保护环境的空间格局、产业结构、生产方式、生活方式，把经济活动、人的行为限制在自然资源和生态环境能够承受的限度内，给自然生态留下休养生息的时间和空间。

（1）更加注重资源节约。这是农业绿色发展的基本特征。长期以来，我国农业高投入、高消耗，资源透支、过度开发。推进农业绿色发展，就是要依靠科技创新和劳动者素质提升，提高土地产出率、资源利用率、劳动生产率，实现农业节本增效、节约增收。

---

[1] 农业绿色发展，http：//www.moa.gov.cn/ztzl/nylsfz/。

（2）更加注重环境友好。这是农业绿色发展的内在属性。农业和环境最相融，稻田是人工湿地，菜园是人工绿地，果园是人工园地，都是“生态之肺”。近年来，农业快速发展的同时，生态环境也亮起了“红灯”。推进农业绿色发展，就是要大力推广绿色生产技术，加快农业环境突出问题治理，重显农业绿色的本色。

（3）更加注重生态保育。这是农业绿色发展的根本要求。山水林田湖草是一个生命共同体。长期以来，我国农业生产方式粗放，农业生态系统结构失衡、功能退化。推进农业绿色发展，就是要加快推进生态农业建设，培育可持续、可循环的发展模式，将农业建设成为美丽中国的生态支撑。

（4）更加注重产品质量。这是农业绿色发展的重要目标。习近平总书记强调，推进农业供给侧结构性改革，要把增加绿色优质农产品供给放在突出位置。当前，农产品供给大路货多，优质的、品牌的还不多，与城乡居民消费结构快速升级的要求不相适应。推进农业绿色发展，就是要增加优质、安全、特色农产品供给，促进农产品供给由主要满足“量”的需求向更加注重“质”的需求转变。

二、着力解决突出问题

我国用世界 10% 的耕地、6% 的淡水资源、40% 的化肥农药，生产了全球 21% 的粮食，养活了世界 20% 的人口。连年增产，是长期超强度开发利用的结果，使资源利用越来越紧，生态环境“红灯”开始警示。绿色农业发展就是要一手抓资源保护，一手抓废弃物的治理，要努力把农业资源过高的利用强度缓下来，把面源污染加重的趋势降下来。

（一）农业资源趋紧问题

耕地、淡水等资源是农业发展的基础。我国人多地少水缺，人均耕地面积和淡水资源分别仅为世界平均水平的 1/3 和 1/4。习近平总书记强调，要像保护大熊猫一样保护耕地。近年来，我国实施高标准农田建设和耕地

质量保护与提升行动，发展节水农业，取得积极成效。但也要看到，随着工业化、城镇化加快推进，耕地数量减少、质量下降，水资源总量不足且分配不均。要实施藏粮于地、藏粮于技战略，坚持最严格的耕地保护制度和最严格的水资源管理制度，全面划定永久基本农田，统筹推进工程节水、品种节水、农艺节水、管理节水、治污节水。到2020年，确保建成高标准农田8亿亩、力争完成10亿亩，全国耕地质量提升0.5个等级以上，农田灌溉水有效利用系数超过0.55。

（二）农业面源污染问题

习近平总书记指出，农业发展不仅要杜绝生态环境欠新账，而且要逐步还旧账，要打好农业面源污染治理攻坚战。我们提出了到2020年实现农业用水总量控制，化肥、农药使用量减少，畜禽粪便、秸秆、农膜基本资源化利用的“一控两减三基本”目标。目前，各项工作有力推进，农业面源污染加剧的趋势得到遏制，但问题仍然突出，长效机制尚未建立。要坚持投入减量、绿色替代、种养循环、综合治理，力争到2020年，化肥、农药利用率均达到40%以上，畜禽养殖废弃物综合利用率达到75%以上，秸秆综合利用率达到85%以上，农膜回收率达到80%以上。

（三）农业生态系统退化问题

农业生态系统是整个生态系统的重要组成部分。近年来，我们调整优化种养业结构，实施草原生态保护补助奖励、休渔禁渔等制度，逐步修复农业生态系统。但农田、草原、渔业等生态系统退化，农业生态服务功能弱化的问题仍然突出。要优化农业生产布局，坚持宜农则农、宜牧则牧、宜渔则渔、宜林则林，逐步建立起农业生产力与资源环境承载力相匹配的生态农业新格局。实施新一轮草原生态保护补助奖励政策，加快推进退牧还草、退耕还林还草，到2020年，全国草原综合植被盖度达到56%。

（四）农产品质量安全问题

农产品质量安全是关系老百姓身体健康和生命安全的重大民生工程。

近年来，我国农产品质量安全形势稳中向好，2016 年全国主要农产品例行监测总体合格率达到 97.5%。但问题和风险隐患仍然存在，农兽药残留超标和产地环境污染问题在个别地区、品种和时段还比较突出。要坚持“产出来”“管出来”两手抓、两手硬，大力推进质量兴农，加快标准化、品牌化农业建设，强化质量安全监管，实现“从田头到餐桌”可追溯。到 2020 年，主要农产品例行监测合格率稳定在 97% 以上，保障人民群众“舌尖上的安全”。

三、农业绿色发展五大行动

农业农村部为贯彻党中央、国务院决策部署，落实新发展理念，加快推进农业供给侧结构性改革，增强农业可持续发展能力，提高农业发展的质量效益和竞争力，决定启动实施畜禽粪污资源化利用行动、果菜茶有机肥替代化肥行动、东北地区秸秆处理行动、农膜回收行动和以长江为重点的水生生物保护行动等农业绿色发展五大行动。[1]

（一）畜禽粪污治理行动

习近平总书记在中央财经领导小组第十四次会议上提出，要解决好畜禽养殖废弃物处理和资源化等人民群众普遍关心的突出问题。农业部认真贯彻落实习近平总书记重要指示精神，坚持政府支持、企业主体、市场化运作方针，以畜牧大县和规模养殖场为重点，以就地就近用于农村能源和农用有机肥为主要使用方向，按照一年试点、两年铺开、三年大见成效、五年全面完成的目标。首批选择 100 个畜牧大县整县开展试点，出台规模养殖场废弃物强制性资源化处理制度，严格环境准入，加强过程监管，落实地方责任。力争“十三五”时期，基本解决大规模畜禽养殖场粪污处理和资源化问题。

[1] 农业部关于实施农业绿色发展五大行动的通知（农办发〔2017〕6 号）。

（二）果菜茶有机肥替代化肥行动

近年来，我们大力推进秸秆还田、增施有机肥，测土配方施肥进村入户到田，成效明显。2016 年，全国农用化肥自改革开放以来首次接近零增长。考虑到水果、蔬菜、茶叶等园艺作物化肥用量大，约占总用量的 40%，我们启动实施果菜茶有机肥替代化肥行动，在苹果、柑橘、设施蔬菜、茶叶优势产区，选取 100 个县开展试点示范，实现种养结合、循环发展。力争到 2020 年，果菜茶优势产区化肥用量减少 20% 以上，果菜茶核心产区和知名品牌生产基地（园区）化肥用量减少 50% 以上。

（三）东北地区秸秆处理行动

东北地区秸秆总量大，处理办法少，利用率仅为 67%，比全国低 13 个百分点。要大力推进秸秆肥料化、饲料化、燃料化、原料化、基料化利用，加快建立产业化利用机制，不断提升秸秆综合利用水平。2017 年，在东北地区 60 个玉米主产县开展试点，推动出台秸秆还田、收储运、加工利用等补贴政策，探索可复制、可推广的综合利用模式。力争到 2020 年，东北地区秸秆综合利用率达到 80% 以上，露天焚烧基本杜绝。

（四）农膜回收行动

农膜是我国第四大农业生产资料。随着使用数量的增加，大量残膜造成了“白色污染”，特别是西北地区用膜量大，治理任务重。要推进加厚地膜使用，落实“以旧换新”补贴政策，建立完善的回收利用体系，推进机械化捡拾。2017 年，以甘肃、新疆、内蒙古等为重点区域，以棉花、玉米、马铃薯为重点作物，开展试点示范，整县推进，综合治理，率先实现农膜基本资源化利用。

（五）以长江为重点的水生生物保护行动

习近平总书记强调，要把修复长江生态环境摆在压倒性位置，共抓大保护、不搞大开发。为推进以长江为重点的水生生物保护指明了方向。要继续强化休渔禁渔、“绝户网”和涉渔“三无船舶”清理整治，修复沿江近海渔业生态环境。从今年开始，率先在长江流域水生生物保护区实行全面禁捕，逐步实现长江干流和重要支流全面禁捕，在通江湖泊和其他重要水域实行限额捕捞制度。

第二节　绿色发展技术导则

围绕实施乡村振兴战略和可持续发展战略，加快支撑农业绿色发展的科技创新步伐，提高绿色农业投入品和技术等成果供给能力，按照“农业资源环境保护、要素投入精准环保、生产技术集约高效、产业模式生态循环、质量标准规范完备”的要求，到2030年，全面构建以绿色为导向的农业技术体系，在稳步提高农业土地产出率的同时，大幅度提高农业劳动生产率、资源利用率和全要素生产率，引领我国农业走上一条产出高效、产品安全、资源节约、环境友好的农业现代化道路，打造促进农业绿色发展的强大引擎。

一、发展目标

（1）绿色投入品创制步伐加快。选育和推广一批高效优质多抗的农作物、牧草和畜禽水产新品种，显著提高农产品的生产效率和优质化率。研发一批绿色高效的功能性肥料、生物肥料、新型土壤调理剂，低风险农药、施药助剂和理化诱控等绿色防控品，绿色高效饲料添加剂、低毒低耐药性兽药、高效安全疫苗等新型产品，突破我国农业生产中减量、安全、高效等方面瓶颈问题。创制一批节能低耗智能机械装备，提升农业生产过程信息化、机械化、智能化水平。肥料、饲料、农药等投入品的有效利用率显著提高。

（2）绿色技术供给能力显著提升。研发一批土壤改良培肥、雨养和

节水灌溉、精准施肥、有害生物绿色防控、畜禽水产健康养殖和废弃物循环利用、面源污染治理和农业生态修复、轻简节本高效机械化作业、农产品收储运和加工等农业绿色生产技术，实现农田灌溉用水有效利用系数提高到0.6以上，主要作物化肥、农药利用率显著提高，农业源氮、磷污染物排放强度和负荷分别削减30%和40%以上，养殖节水源头减排20%以上，畜禽饲料转化率、水产养殖精准投喂水平较目前分别提升10%以上，农产品加工单位产值能耗较目前降低20%以上。

（3）绿色发展制度与低碳模式基本建立。形成一批主要作物绿色增产增效、种养加循环、区域低碳循环、田园综合体等农业绿色发展模式，技术模式的单位农业增加值温室气体排放强度和能耗降低30%以上，构建绿色轻简机械化种植、规模化养殖工艺模式，基本实现农业生产全程机械化，清洁化、农业废弃物全循环、农业生态服务功能大幅增强。

（4）绿色标准体系建立健全。制定完善与产地环境质量、农业投入品质量、农业产品产后安全控制、作业机器系统与工程设施配备、农产品质量等相关的农业绿色发展环境基准和技术标准，主要农产品标准化生产覆盖率达到60%以上。

（5）农业资源环境生态监测预警机制基本健全。研发应用一批耕地质量、产地环境、面源污染、土地承载力等监测评估和预警分析技术模式，完善评价监测技术标准，以物联网、信息平台和IC卡技术等为手段的农业资源台账制度基本建立，农业绿色发展的监测预警机制基本完善。

二、主要任务

我国农业绿色发展技术的主要任务是通过重点研发、集成示范、推广应用的路径加以实现。

（一）研制绿色投入品

1. 高效优质多抗新品种

（1）重点研发：转基因技术、全基因组选择和多性状复合育种等高新技术；资源高效利用、优质多抗、污染物低吸收、适宜轻简栽培和机械化的农作物和牧草新品种；高效优质多抗专用畜禽水产品种等。

（2）集成示范：高效优质新品种及良种良法配套技术熟化与集成示范；抗病虫品种区域技术示范；开展品种生产与生态效益评估，建立以优质和绿色为重点的市场准入制度。

（3）推广应用：在适宜区域推广优质高效多抗农作物和牧草新品种、畜禽水产新品种和良种良法配套绿色种养技术。

2. 环保高效肥料、农业药物与生物制剂

（1）重点研发：高效液体肥料、水溶肥料、缓/控释肥料、有机无机复混肥料、生物肥料、肥料增效剂、新型土壤调理剂等；高效低毒低风险化学农药、新型生物农药、植物免疫诱抗剂、害虫理化诱控产品、种子生物制剂处理产品和天敌昆虫产品等；微生物、酶制剂、高效植物提取物等新型绿色饲料添加剂；新型中兽药、动物专用药、动物疫病生物防治制剂、诊断制品及工程疫苗等生物制剂；纳米智能控释肥料、绿色环保型纳米农药；新型可降解地膜及地膜制品、农产品包装材料与环境修复制品。

（2）集成示范：高效复合肥料、生物炭基肥料、新型微生物肥料等新产品及其生产工艺；新型植物源、动物源、微生物源农药、捕食螨和寄生虫等天敌昆虫产品；土壤及种子处理、理化诱控、植物免疫调控等新产品及绿色施药助剂；低毒低耐药性新型兽用化学药物；畜禽水产无抗环保饲料产品。开展相关产品评估和市场准入标准研究。

（3）推广应用：高效低成本控释肥料；高效低抗疫苗；新型蛋白质农药、昆虫食诱剂等新型生物农药；害虫性诱剂和天敌昆虫、绿色饲料添加剂、中兽医药等新型绿色制品。

3. 节能低耗智能化农业装备

（1）重点研发：种子优选、耕地质量提升、精量播种与高效移栽、作物修整、精准施药、航空施药、精准施肥、节水灌溉、低损收获与清洁处理、秸秆收储及利用、残膜回收、坡地种植收获、牧草节能干燥、绿色高效设施园艺，精准饲喂、废弃物自动处理、饲料精细加工、采收嫁接、

分级分选、智能挤奶捡蛋、屠宰加工、智能化水产养殖以及农产品智能精深加工关键技术装备，农业机器人。

（2）集成示范：轻简节本减排耕种管技术装备、低损保质收储运与产后处理技术装备；规模化农场全程机械化生产工艺及机器系统；不同区域适度规模种养循环设施技术装备；植物工厂绿色高效生产设施技术装备；畜禽水产生态循环养殖与安全卫生保质储运技术装备。开展相关装备评估和市场准入标准研究。

（3）推广应用：智能化深松整地、高效免耕精量播种与秧苗移栽装备；高效节水灌溉设备；化肥深施和有机肥机械化撒施装备；高效自动化施药设备；残膜回收机械化装备；秸秆综合利用设备；农业废物厌氧发酵成套设备；畜禽养殖、水产加工废弃物资源化利用装备；智能催芽装备；水产养殖循环水及水处理设备。

（二）研发绿色生产技术

1.耕地质量提升与保育技术

（1）重点研发：合理耕层构建及地力保育技术、作物生产系统少免耕地力提升技术、作物秸秆还田土壤增碳技术、有机物还田及土壤改良培肥技术、稻麦秸秆综合利用及肥水高效技术、盐渍化及酸化瘠薄土壤治理与地力提升技术、土壤连作障碍综合治理及修复技术、盐碱地改良与地力提升技术、稻渔循环地力提升技术等。

（2）集成示范：有机肥深翻增施技术、绿肥作物生产与利用技术、东北地区黑土保育及有机质提升技术、北方旱地合理耕层构建与地力培育技术、西北地区农田残膜回收技术、西南水旱轮作区培肥地力及周年高效生产技术、黄淮海地区与内陆砂姜黑土改良技术、黄淮海地区盐碱地综合改良技术。开展技术评估和市场准入标准研究。

（3）推广应用：机械化深松整地技术、保护性耕作技术、秸秆全量处理利用技术、大田作物生物培肥集成技术、生石灰改良酸性土壤技术、秸秆腐熟还田技术、沼渣沼液综合利用培肥技术、脱硫石膏改良碱土技术、机械化与暗管排碱技术、盐碱地渔农综合利用技术。

2. 农业控水与雨养旱作技术

（1）重点研发：农业用水生产效率研究与监测技术、作物需水过程调控与水分生产率提升技术、农田集雨保水和高效利用技术、土壤墒情自动监测传输与图示化技术、不同作物灌溉施肥制度、多水源高效安全调控技术、非常规水循环利用技术、集雨补灌技术、机械化提排水技术。

（2）集成示范：田间水分信息采集诊断技术、农业多水源联网调控技术、土壤墒情自动监测技术、测墒灌溉技术、作物精细化地面灌溉技术、多年生牧草雨养混播技术、设施园艺智能水肥一体化技术、新型软体窖（池）集雨高效利用技术、机械化旱作保墒技术、垄膜沟植集雨丰产技术、秸秆还田秋施肥高效栽培技术。开展技术评估和市场准入标准研究。

（3）推广应用：非充分灌溉优化决策与实施技术、高效输配水技术、水肥一体化自动控制技术、作物精细化地面灌溉技术、设施园艺智能水肥一体化节水减污及水质提升技术、旱作全膜覆盖技术、保护性耕作与节水技术、多年生牧草雨养栽培技术、适雨型立体栽培技术。

3. 化肥农药减施增效技术

（1）重点研发：智能化养分原位检测技术、基于化肥施用限量标准的化肥减量增效技术、基于耕地地力水平的化肥减施增效技术、新型肥料高效施用技术、无人机高效施肥施药技术、化学农药协同增效绿色技术、农药靶向精准控释技术、有害生物抗药性监测与风险评估技术、种子种苗药剂处理技术、天敌昆虫综合利用技术、作物免疫调控与物理防控技术、有害生物全程绿色防控技术模式、农业生物灾害应对与系统治理技术、外来入侵生物监测预警与应急处置技术。

（2）集成示范：农作物最佳养分管理技术、水肥一体化精量调控技术、有机肥料定量施用技术、农田绿肥高效生产及化肥替代技术、农药高效低风险精准施药技术、主要作物病虫害综合防治新技术。开展技术评估和市场准入标准研究。

（3）推广应用：高效配方施肥技术、有机养分替代化肥技术、高效

快速安全堆肥技术、新型肥料施肥技术、作物有害生物高效低风险绿色防控技术、草原蝗虫监测预警与精准化防控集成技术、土传病虫害全程综合防控技术。

4. 农业废弃物循环利用技术

（1）重点研发：秸秆肥料化、饲料化、燃料化、原料化、基料化高效利用工程化技术及生产工艺；畜禽粪污二次污染防控健全利用技术；粪污厌氧干发酵技术；粪肥还田及安全利用技术；农业废弃物直接发酵技术。

（2）集成示范：农作物秸秆发酵饲料生产制备技术、秸秆制取纤维素乙醇技术、畜禽养殖污水高效处理技术、规模化畜禽场废弃物堆肥与除臭技术、秸秆—沼气—发电技术、沼液高效利用技术。开展技术评估和市场准入标准研究。

（3）推广应用：秸秆机械化还田离田技术、全株秸秆菌酶联用发酵技术、秸秆成型饲料调制配方和加工技术、秸秆饲料发酵技术、秸秆食用菌生产技术、秸秆新型燃料化技术、畜禽养殖场三改两分再利用技术、畜禽养殖废弃物堆肥发酵成套设备推广、家庭农场废弃物异位发酵技术、池塘绿色生态循环养殖技术。

5. 农业面源污染治理技术

（1）重点研发：农业面源污染在线监测及污染负荷评价技术；地表径流污水净化利用技术；农田有毒有害污染物高通量识别和防控污染物筛选技术；典型农业面源污染物钝化降解新技术；农田残膜污染综合治理配套技术；农药使用风险监测、评价、控制技术。

（2）集成示范：农业面源污染物联网监测与预警平台技术；农业废弃物高效炭化、定向发酵、种养一体化循环利用技术；有机肥替代化肥技术；典型有机污染化学修复技术；微生物化学降解技术；农田有机污染植物－微生物联合修复技术。开展技术生态评估、市场准入和第三方修复治理与效果评估标准研究。

（3）推广应用：农田有机污染物绿色生物及物理联合修复技术、池塘养殖尾水多级湿地处理技术、坡耕地径流集蓄与再利用技术、农药包装废弃物回收技术、畜禽养殖污染减量与高效生态处理技术、新型标准地膜与农田高强度地膜回收技术。

6. 重金属污染控制与治理技术

（1）重点研发：重金属低积累作物品种筛选、粮食作物重金属低积累种质资源关键基因挖掘利用与品种培育、绿色高效低成本土壤重金属活性钝化产品和叶面阻控产品研发、重金属污染快速诊断等技术。

（2）集成示范：作物轮作栽培与减污技术、重金属低活性的农田土壤管理技术、降低作物重金属吸收的水分管理技术、降低作物重金属吸收的肥料运筹技术、重金属污染生态修复技术。开展技术生态评估和市场准入标准研究。

（3）推广应用：土壤重金属污染治理复合技术集成、土壤重金属活性钝化剂产品及施用技术、重金属叶面阻控产品及施用技术。

7. 畜禽水产品安全绿色生产技术

（1）重点研发：畜禽水产饲料营养调控关键技术、饲料精准配方技术、发酵饲料应用技术、促生长药物饲料添加剂替代技术、兽用抗生素耐药性鉴别与风险预警技术、兽药残留监控技术、新型疫苗及诊断制品生产关键技术、禁用药物替代技术、兽药合理应用技术、动物重要疫病综合防控技术、重要人兽共患病免疫与监测等防治技术、畜禽水产疫病快速检测技术、养殖屠宰过程废弃物减量化和资源化利用技术、肉品品质检验技术、畜禽冷热应激调控技术、畜禽水产健康养殖及清洁生产关键技术、新型水产品减菌剂开发技术、新型高效疫苗规模化生产技术。

（2）集成示范：饲料原料多元化综合利用技术、非常规饲料原料提质增效技术、重大动物疫病和人兽共患病综合防控与净化技术、畜禽废弃物资源化利用技术、规模化畜禽水产养殖场环境设施技术、无抗水产养殖环境技术、集装箱养鱼技术、深远海大型养殖设施应用技术、深水抗风浪网箱养殖技术、大型围栏式养殖技术、外海工船养殖技术。开展技术评估和市场准入标准研究。

（3）推广应用：畜禽水产绿色提质增效养殖技术、畜禽水产营养精准供给技术、饲料营养调控低氮减排技术、饲料霉菌毒素防控技术、畜禽

绿色规范化饲养技术、规模化养殖场环境控制关键技术、畜禽水产疫病监测诊断与防控技术、受控式集装箱高效循环水养殖技术、水生动物无规定疫病菌种场建设技术。

8. 水生生态保护修复技术

（1）重点研发：水环境生态修复技术、海洋牧场立体养殖技术、水产养殖外来物种防控技术、生态养殖和环境监测技术、水生生物资源评估与保护恢复技术。

（2）集成示范：工厂化循环水养殖技术、池塘工程化循环水养殖技术、渔农复合综合种养技术、人工鱼巢/礁构建技术、人工藻（草）场移植技术。开展技术评估和市场准入标准研究。

（3）推广应用：水产标准化健康养殖技术、大水面生态增养殖技术、水生生物资源养护技术。

9. 草畜配套绿色高效生产技术

（1）重点研发：豆科牧草根瘤菌高效接种与长效管理技术、沙质土壤多年生人工草地越冬率提升技术、盐碱土壤多年生牧草栽培技术、优质高产牧草混播组合筛选技术、无人机坡地撒播施药技术、产草量和放牧牲畜体尺信息自动采集技术、互联网+种养一体生产信息化管理技术。

（2）集成示范：种养一体资源配置与设施布局技术、种肥一体坡地喷播技术、沙质土盐碱土多年生人工草地高产技术、培肥地力饲草轮作技术、牧草低营养损耗收获加工储存技术、牧区暖牧冬饲设施建设与经营管理技术、饲草型全混日粮调制技术、不同饲草粪肥化肥复合配方施肥技术。开展技术评估和市场准入标准研究。

（3）推广应用：饲草免耕补播技术、豆科牧草根瘤菌接种技术、苜蓿等温带多年生牧草优质高产栽培技术、狗牙根等热带优质多年生牧草建植技术，苜蓿青储技术、饲草农副产品混合青贮技术、移动围栏高效划区轮牧技术、坡地种植收获机械及作业技术、不同年龄畜群饲草料配方技术、易扩散牧草病虫害统防统治技术、牛羊分群放牧管理设施与配套技术、草畜生产经营关键参数监测与调控技术。

（三）发展绿色产后增值技术

1. 农产品低碳减污加工储运技术

（1）重点研发：绿色农产品质量监测控制技术、农产品质量安全监管与溯源关键技术、农产品产地商品化处理和保鲜物流关键技术、农产品物理生物保鲜和有害微生物绿色防控关键产品和技术、鲜活水产品绿色运输与品质监控技术、新型绿色包装材料制备技术、农产品智能化分级技术。

（2）集成示范：农产品新型流通方式冷链物流关键技术、农产品储藏与物流环境精准调控技术、农产品冰温储藏技术、畜禽肉绿色冷藏保鲜技术、鲜活水产品绿色运输和冷藏保鲜技术。开展技术评估和市场准入标准研究。

（3）推广应用：农产品联合清洗杀菌技术和储藏过程主要有害微生物快速检测技术；鲜活和特色农产品节能高效储藏、冰温气调保鲜、分级和加工技术；果蔬保鲜新产品制备技术；大宗农产品不控温保鲜技术；畜禽胴体无损分级技术；鲜活淡水产品绿色运输保活技术。

2. 农产品智能化精深加工技术

（1）重点研发：加工过程中食品的品质与营养保持技术、食品功能因子的高效利用技术、过敏原控制技术、食品 3D 打印技术、超微细粉碎技术、真菌毒素脱毒酶制剂和菌制剂的开发技术、畜禽血脂综合利用关键技术研发及营养数据库构建、营养调理肉制品和水产品加工关键技术。

（2）集成示范：食品品质与安全快速无损检测技术、食品全程清洁化制造关键技术、畜禽肉计算机视觉辅助分割技术、非传统主食产品及其原料绿色高效营养加工技术、薯类营养强化系列食品绿色制造技术。开展技术评估和市场准入标准研究。

（3）推广应用：新型薯类食品绿色制造技术、食品加工副产物高效回收技术、新型食品发酵技术、绿色休闲食品加工制造技术、畜禽水产品加工副产物综合利用关键技术、食品精准杀菌高效复热技术、节能干

燥技术。

（四）创新绿色低碳种养结构与技术模式

1. 作物绿色增产增效技术模式

（1）重点研发：用养结合的种植制度和耕作制度、雨养农业模式、东北玉米大豆合理轮作间作制度与模式、华北玉米花生 / 玉米豆类间轮作模式、禾本科豆科牧草轮作模式、重金属污染区稻—油菜降镉增效优化技术和轮作模式、轮作休耕与草田轮作培肥种植制度与模式、重金属污染防治与熟制改革相结合的种植模式、农田及农林复合固碳技术、增产增效与固碳减排同步技术，农业干旱风险规避与能力提升技术、农业气象灾害风险与主要作物种植制度区划、气象灾害伴生生物灾害风险评估与农田生态治理模式。

（2）集成示范：华北地下水漏斗区夏季雨养农业模式、玉米大豆轮作间作培肥地力模式、西南丘陵区麦 / 玉 / 豆间套轮作培肥地力及周年高效生产模式、作物多样性控害技术与模式、农业风险转移技术、抗低温高温化学 / 生物阻抗技术、不同尺度水土环境等资源承载力测算技术模式。开展技术模式评估和推广应用标准研究。

（3）推广应用：绿肥—作物交替培肥种植制度与模式、酸性土壤改良种植制度与技术模式、盐碱地改良种植制度与技术模式、农闲田种草技术模式、主要农作物绿色增产增效模式。

2. 种养加一体化循环技术模式

（1）重点研发：养殖废弃物肥料化与农田统筹消纳技术、规模养殖废弃物无害化高值化开发利用技术、秸秆高效收集饲料化利用技术、稻田综合立体化种养技术、盐碱地高效生产技术、循环农业污染物减控与减排固碳关键技术、人工草场建设与环境友好型牛羊优质高效养殖技术等。

（2）集成示范：主要作物和畜禽的种养加一体化模式、优势产区粮经饲三元种植模式、农牧渔结合模式，种产加销结合技术模式、多功能农业技术模式。开展技术模式评估和推广应用标准研究。

（3）推广应用：规模化种养结合模式（猪—沼—菜 / 果 / 茶 / 大田作物模式、猪—菜 / 果 / 茶 / 大田作物模式、牛—草 / 大田作物模式、牛—沼—草 / 大田作物模式、渔菜共生养殖模式）；种养结合家庭农场模式（稻—虾 / 鱼 / 蟹种养模式、牧草—作物—牛羊种养模式、粮—菜—猪种养模式、稻—菇—鹅种养模式）。

（五）绿色乡村综合发展技术与模式

1. 智慧型农业技术模式

（1）重点研发：天空地种养生产智能感知、智能分析与管控技术；农业传感器与智能终端设备及技术；分品种动植物生长模型阈值数据和知识库系统；农作物种植与畜禽水产养殖的气候变化适应技术与模式；农业农村大数据采集存储挖掘及可视化技术。

（2）集成示范：基于地面传感网的农田环境智能监测技术、智能分析决策控制技术、农业资源要素与权属底图研制技术、天空地数字农业集成技术、数字化精准化短期及中长期预警分析系统、草畜平衡信息化分析与超载预警技术、智慧牧场低碳生产技术、主要农作物和畜禽智慧型生产技术模式、草地气候智慧型管理技术模式、农牧业环境物联网、天空地数字牧场管控应用技术。开展技术模式评估和市场准入标准研究。

（3）推广应用：数字农业智能管理技术、智慧农业生产技术及模式、智慧设施农业技术、智能节水灌溉技术、水肥一体化智能技术、农业应对灾害气候的综合技术、养殖环境监控与畜禽体征监测技术、网络联合选育系统、粮食主产区气候智慧型农业模式、西北地区草地气候智慧型管理模式、有害生物远程诊断 / 实时监测 / 早期预警和应急防治指挥调度的监测预警决策系统。

2. 乡村人居环境治理技术模式

（1）重点研发：农村生产生活污染物源头减量、无害化处理和资源化利用技术；农村清洁能源开发利用与综合节能技术；农村田园综合体建设、绿色庭院建设、绿色节能农房建造、农田景观生态工程技术；田园景

观及生态资源优化配置技术；山水林田湖草共同体开发与保护技术模式；一二三产业融合发展技术模式。

（2）集成示范：基于清洁能源供给和综合节能技术的绿色村镇建设、农村生物质资源高效循环利用技术、绿色农房建设及周边环境生态治理技术、农田景观生态保护与控害技术及模式。开展技术模式评估和市场准入标准研究。

（3）推广应用：生态沟渠与湿地水质净化和循环利用模式、城乡有机废弃物发酵沼气技术、秸秆固化成型燃料技术、太阳能利用技术、农村省柴节煤炉灶炕技术、节能砖生产与利用技术、绿色农房及配套设施建设技术。

（六）加强农业绿色发展基础研究

1. 重大基础科学问题研究

开展生物固氮机理、植物纤维分解机制、作物高光效机理、动植物机器系统互作机理等重大科学研究，突破一批制约农业绿色发展的重大科技问题，形成一批原创性成果，开辟绿色发展新前沿新方向。

2. 颠覆性前沿技术研究

开展信息技术、生物技术、环境技术、新材料技术、新能源技术、纳米技术、智能制造等应用基础和关键核心技术研究，推动以绿色、智能、泛在为特征的群体性重大技术变革，培育一批新产业新业态。

（七）完善绿色标准体系

1. 农业资源核算与生态功能评估技术标准

研究制定农业生态产品价格、农业资源承载力核算技术标准；评估农林草植被在水源涵养、土壤保持、土壤沉积和大气净化中功能的技术标准；评估农田生态系统对城市中水、城市温室气体排放的固持利用功能的技术标准；评估农作物固碳、防风蚀水蚀等功能的技术标准；评估人工种草固碳、抑尘、改良土壤等功能的技术标准；农业资源利用效益评估技术标准，建立农业生态环境损害赔偿、农业生态产品市场交易与农业生态保护补偿标准体系。

2. 农业投入品质量安全技术标准

研究制定优良品种评价标准；常用肥料和土壤调理剂中有害物质及未知添加物检测分类与安全性评价技术标准；新型肥料生产质量控制技术标准；农药产品质量及检测方法标准；农药产品剂型标准；农药中有毒有害杂质、隐性添加成分分类检测与安全性评价技术标准；饲料质量评价与分级技术标准；生物饲料功能与安全评价技术标准；饲料、兽药中违禁添加物检测、筛查技术标准；农业投入品产品质量、生产质量控制和安全使用及风险评估技术规范；动物源细菌耐药性监测技术标准。研究制定智能精准化种植设施机械的建设运行控制管理等共性技术标准；机械化作业与机器配置规范；主要水产养殖工程设施建造生产和管理等共性技术标准；农业专用传感器设备质量控制技术规范；农业生产经营物联网云服务平台建设管理数据共享等技术标准。

3. 农业绿色生产技术标准

研究制定大宗农产品污染物全过程削减管控技术规范、养殖精准控制共性技术标准、农业光热等资源综合循环利用标准、农业投入品选用技术和病虫害综合防控技术标准、机械化减排与作业标准、农业废弃物全元素资源化循环利用和再加工技术规范、农畜水产品废弃物无害化处理与控制技术标准、水产养殖尾水排放标准、种养加结合技术标准、气候智慧型农业评价方法标准、循环农业质量与效率评价方法。

4. 农产品质量安全评价与检测技术标准

研究制定大宗农产品质量规格标准；特色农产品质量规格标准及营养功能成分识别与检测技术标准；草畜产品质量标准；农产品—土壤重金属污染协同评价与分类技术标准；畜禽产品中药物残留标志物检测技术标准；兽药残留追溯技术规范；常用渔用药物残留标志物检测技术标准；畜禽水产重大疫病诊断与病原检测技术标准；植物源和动物源产品农药限量、检测及安全使用技术标准；农产品生产智能化技术通则标准；农产品产地初加工产品安全性评价及通用技术标准；动植物副产物中活性物质精深加工技术标准；主要农产品种养殖和加工过程废弃物综合利用共性技术标准；鲜活农产品保鲜剂、防腐剂、添加剂使用准则；包装产品检测、包装标识

技术等共性技术及专用技术标准；农产品收储运、产地准出、标识要求等通用管理控制技术标准。

5. 农业资源与产地环境技术标准

研究制定农业产地环境监测评估与分级标准和危害因子的快速甄别与检测方法标准；耕地质量监测与调查评价技术标准、农业面源污染监测防治与修复等标准和技术规范体系；农业水资源开发工程论证评价监测技术标准；耕地质量提升与典型农业土壤保育措施关键技术标准；草场环境质量监测测报和草场改良利用等技术标准；畜牧场粪污土地承载能力评估有害气体排放评价标准；水产种质资源保护区规划建设管理评估技术标准、农业清洁小流域建设标准与规范。

这 7 大项 25 个主要任务涵盖了我国农业绿色发展的方方面面，利用新时代科技创新驱动，既可实现扎实推进各项工作，又能通过弯道超车，后来居上，走出具有中国特色的农业绿色发展新路子。

第三节　绿色发展的意义

推进农业绿色发展是农业发展观的一场深刻革命，对农业科技创新提出了更高更新的要求。围绕提高农业质量效益竞争力，破解当前农业资源趋紧、环境问题突出、生态系统退化等重大瓶颈问题，实现农业生产生活生态协调统一、永续发展，形成节约资源和保护环境的空间格局、产业结构、生产方式、生活方式，迫切需要强化创新驱动发展，转变科技创新方向，优化科技资源布局，改革科技组织方式，构建支撑农业绿色发展的技术体系。

（一）构建农业绿色发展技术体系是推进农业供给侧结构性改革、提高我国农业质量效益竞争力的必由之路

推进农业绿色发展是农业供给侧结构性改革的重要内容。推进农业

供给侧结构性改革，提高我国农业质量效益竞争力，必然要求以科技创新作为强大引擎，着力解决制约“节本增效、质量安全、绿色环保”的科技问题。

近年来，我国通过研究与示范果菜茶有机肥替代化肥、奶牛生猪健康养殖、测土配方施肥、病虫害统防统治、稻渔综合种养等绿色技术和模式，农产品质量安全水平大幅提高，效益不断增加。

但是，问题和风险隐患依然存在，农兽药残留超标和产地环境污染问题在个别地区、品种和时段还比较突出，化肥、农药过量使用导致农业生产成本较快上涨、农产品竞争力下降和农业发展不可持续，迫切需要建立农业投入品安全无害、资源利用节约高效、生产过程环境友好、质量标准体系完善、监测预警全程到位为特征的农业绿色发展技术体系，全面激活农业绿色发展的内生动力，大力增加绿色优质农产品供给，变绿色为效益，切实提高我国农业的质量效益竞争力。

（二）构建农业绿色发展技术体系是实施可持续发展战略，破解我国农业农村资源环境突出问题的根本途径

牢固树立节约集约循环利用的资源观，像对待生命一样对待生态环境，实现人与自然和谐共生，是落实可持续发展战略、建设生态文明的战略选择。

随着工业化、城镇化加快推进，耕地数量减少、质量下降的问题并存，农业水、土等资源约束日益严重，农业面源污染不断加剧，农业生态服务功能弱化，农业生态系统退化等问题较为突出。

实施农业可持续发展战略，必然要求依靠科技创新改变高投入、高消耗、资源过度开发的粗放型发展方式，迫切需要依靠科技进步推动农业绿色生产、种养循环、生态保育和修复治理，有效防控农业面源污染，有力支撑退牧还草、退耕还林还草、生物多样性保护和流域治理，推动建立起农业生产力与资源环境承载力相匹配的生态农业新格局，把农业建设成为美丽中国的生态支撑，坚持走农业绿色发展之路，实现环境友好和生态保育，破解我国农业农村资源环境等方面突出问题。

（三）构建农业绿色发展技术体系是实施乡村振兴战略，实现我国农业农村“三生”协调发展的必然选择

人与自然是生命共同体，人类必须尊重自然、顺应自然、保护自然。遵循自然规律，实现农业绿色发展，必然要求农业农村走生产发展、生活富裕、生态宜居的“三生”协调发展道路。

长期以来，在农业农村发展过程中，由于“重开发轻保护、重利用轻循环、重产量轻质量”，致使农业不够强、农村不够美、农民不够富的问题难以解决。

实施乡村振兴战略，迫切需要依靠科技推动形成绿色生产方式，加强绿色农产品供给，支撑特色优势产业做大做强，引领乡村农业多功能发展，助推农村环境整洁优美，提高农民科技文化素质和乡居生活幸福指数，实现“产业兴旺、生态宜居、乡风文明、治理有效、生活富裕”的目标，加快推进农业农村现代化。

（四）构建农业绿色发展技术体系是实施创新驱动发展战略，培育壮大农业绿色发展新动能的迫切需要

创新是引领发展的第一动力，是建设现代化经济体系的战略支撑。新时代推动农业绿色发展，实现农业农村现代化，必须加快科技创新，强化科技供给，构建农业绿色发展技术体系。

近年来，我国农业科技进步有力支撑了农业农村产业发展，但与加快推进农业绿色发展的新要求相比，仍然存在很多问题。基础性长期性科技工作积累不足，我国在生物资源、水土质量、农业生态功能等方面还缺乏系统的观测和监测，重要资源底数不清。绿色投入品供给不足，节本增效、质量安全、绿色环保等方面的新技术还缺乏储备，先进智能机械装备和部分重要畜禽品种长期依赖进口，循环发展所需集成技术和模式供给不足。

支撑引领农业绿色发展，迫切需要以目标和问题为导向，着力突破一批绿色发展关键技术和重大产品，大力培育战略性新兴产业，以新业态、新模式、新产业改造提升传统产业，实现从传统要素驱动为主向科技创新

驱动为主的转变，加快实现农业绿色发展。

第四节 你我有责

生态环境问题归根结底是发展方式和生活方式问题。中国具有其他任何国家都没有的特殊国情，与其他国家存在的巨大要素禀赋差异，使我们不可能效法彼此。如何将带来生态环境损失和食品安全失控双重负外部性的“大规模＋集约化生产”模式的“石油现代农业”扭转为能够消纳城市生活污染、长期创造正外部效应的可持续农业、绿色农业，事关我们每一个人。

人人都是生态环境的保护者、建设者、受益者，没有哪个人是旁观者、局外人、批评家，谁也不能只说不做、置身事外。谁也不要做“口的巨人，行动的矮子”。

从生态的角度看，现代农业根本是不可持续的。机械化耕作、化学肥料的使用、大规模单一栽培等都导致了土壤的退化。农药的使用致使害虫产生了对杀虫剂的抗药性。终年不休的灌溉导致涝灾、盐碱化以及地下蓄水层的枯竭。从长期来看，所有现代农业的要素都经历着报酬递减。中国工业化、城镇化快速发展，城市迅速扩张带来的是农业的迅速萎缩。生态治理必须遵循自然规律、经济规律、生态规律，科学规划，因地制宜，统筹兼顾，打造多元共生的生态系统。中国特色社会主义进入新时代，“节水优先、空间均衡、系统治理、两手发力”的治水方针，突出强调要从改变自然、征服自然转向调整人的行为、纠正人的错误行为。只有赋之以人类智慧，地球家园才会充满生机活力。

保护环境，防治污染，从我做起！

雪崩时，没有一片雪花是无辜的。

——伏尔泰

参考文献

[1] 韩长赋. 大力推进农业绿色发展[EB/OL].(2017-05-11)[2020-08-19]. http://www.moa.gov.cn/ztzl/nylsfz/xwbd_lsfz/201705/t20170511_5603586.htm.

[2] 中华人民共和国农业农村部. 农业农村部关于印发《农业绿色发展技术导则(2018—2030年)》的通知(农科教发〔2018〕3号)[EB/OL].(2018-07-02).[2020-08-19].http://www.gov.cn/gongbao/content/2018/content_5350058.htm.

[3] 刘连馥. 中国绿色农业发展报告2018[M]. 北京:中国农业出版社,2019.

[4] 薛利红,杨林章. 面源污染物输出系数模型的研究进展[J]. 生态学杂志,2009,28(4):755-761.

[5] Frink C R. Estimating natrient exports to estuaries[J].Journal of Environ Quality,1999,20:717-724.